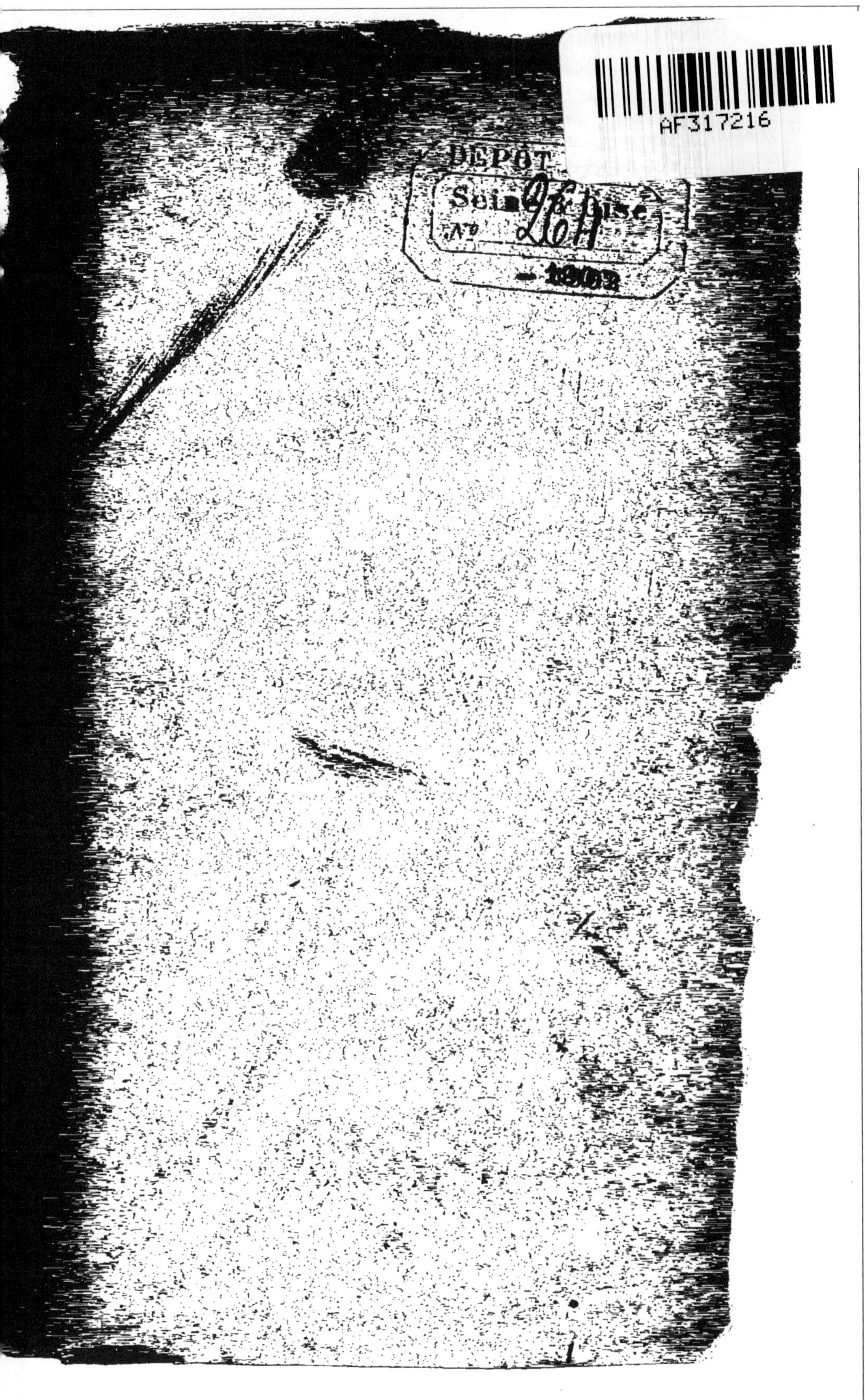

GUIDE MÉTHODIQUE

DE

RÉSOLUTION DES PROBLÈMES

DE

GÉOMÉTRIE ÉLÉMENTAIRE

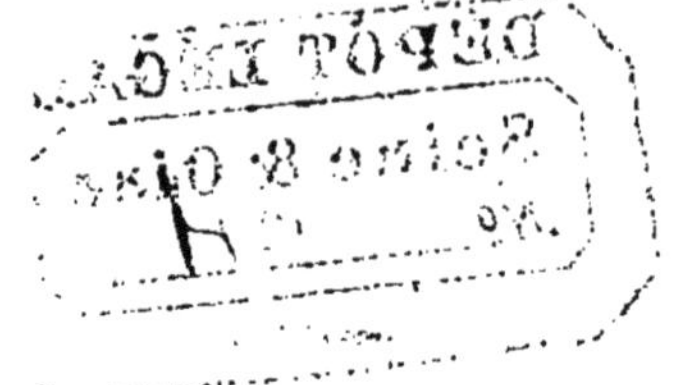

GUIDE MÉTHODIQUE

DE

RÉSOLUTION DES PROBLÈMES

DE

GÉOMÉTRIE ÉLÉMENTAIRE

PAR

P. SIMON

ANCIEN ÉLÈVE DE L'ÉCOLE NORMALE SUPÉRIEURE, PROFESSEUR
AU COLLÈGE STANISLAS

DEUXIÈME ÉDITION
revue et corrigée

PARIS

LIBRAIRIE CLASSIQUE EUGÈNE BELIN
BELIN FRÈRES
RUE DE VAUGIRARD, 52

1902

Tout exemplaire de cet ouvrage non revêtu de notre griffe sera réputé contrefait.

Belin frères

SAINT-CLOUD. — IMPRIMERIE BELIN FRÈRES.

PRÉFACE

En général, les élèves ont de grandes difficultés pour résoudre les problèmes de géométrie, même les problèmes faciles. Ils se figurent qu'il faut d'abord en avoir vu faire un grand nombre, puis en avoir « fait » soi-même beaucoup. Or pour eux, faire un problème, c'est, procédant au hasard et sans idée, mener des lignes, considérer des triangles, et attendre l'inspiration. Celle-ci ne venant pas, c'est alors d'ordinaire le voisin qui intervient, de telle sorte que la plupart du temps, ce qu'ils appellent faire un problème, c'est le *copier*.

Sans doute, cela n'est pas tout à fait inutile ; mais, dans ces conditions, combien faut-il en avoir fait pour arriver à un résultat ?

Cette façon de travailler, si fâcheuse, tient peut-être à ce que les élèves n'ont pas suffisamment vu que, pour résoudre un problème facile, tout au moins pour l'essayer intelligemment, il n'y a, dans la plupart des cas, qu'un nombre très restreint de façons de procéder.

Aussi ces méthodes spéciales, inhérentes à chaque genre de questions, les avons-nous, dans ce livre, très soigneusement mises en évidence, en les groupant sous forme de tableaux, tableaux très nets et faciles à retenir. Nous avons ensuite fait suivre l'exposé de chaque méthode d'exemples appropriés, exemples gradués, faciles pour commencer et que nous nous sommes attachés à détailler minutieusement, ne faisant rien au hasard et montrant chaque fois comment on est naturellement conduit à mener les lignes ou à considérer les triangles nécessaires.

Bien entendu, nous avons systématiquement laissé presque toujours de côté, dans ces exemples, les problèmes à artifices. Car ceux-ci échappent à toute règle et, pour arriver à les résoudre, il faut ou un grand acquit ou des aptitudes toutes spéciales. Seulement, une fois l'inspiration nécessaire produite, ces problèmes se traitent alors presque tous à l'aide des méthodes que nous avons indiquées.

Malheureusement, dans un travail de ce genre, le champ est immense. Notre exposé sera donc loin d'être complet. Nous n'avons pas non plus la prétention de donner une méthode infaillible de résolution de tous les problèmes de géométrie. Mais nous avons du moins cette conviction que si les élèves veulent bien traiter les problèmes de la même façon que nous les avons (dans notre petit traité de géométrie élémentaire) invités à traiter les questions du cours, à savoir : voir chaque fois le genre de question à résoudre, puis songer tranquillement aux quelques méthodes susceptibles d'être employées, ne pas manquer non plus d'utiliser chaque fois toutes les données de la question et aussi de regarder soigneusement la figure, nous avons, disons-nous, la conviction qu'ils arriveront en général assez vite, d'abord à résoudre tous les problèmes faciles, puis à résoudre la plupart des problèmes de force moyenne.

Dans tous les cas jamais un élève, imbu de ces méthodes, ne devra rester en présence d'un problème, quel qu'il soit, sans y rien voir, et sans pouvoir y rien dire. Peut-être ne trouvera-t-il pas le problème, même s'il n'est pas difficile. Mais, dans ce problème, il aura certainement vu et dit quelque chose de sensé. Mieux que cela : les éliminations successives s'étant produites dans son esprit, il arrivera même souvent que, s'il reprend à nouveau le problème, celui-ci, à sa grande surprise, pourra être résolu aisément le soir ou le lendemain.

C'est dans cet espoir que nous publions ce livre, espérant qu'il ne pourra manquer d'être utile aux élèves débutants, ainsi qu'aux élèves moyens, à quelque classe et à quelque ordre d'enseignement qu'ils appartiennent.

Il n'a pas été écrit pour les élèves forts, qui, eux, n'ont pas besoin qu'on fasse de livre de problèmes à leur usage, car ils marchent toujours tout seuls de l'avant et sans grands conseils.

Nous espérons aussi que les maîtres verront d'un œil favorable ce livre entre les mains de leurs élèves, car les programmes sont aujourd'hui tellement surchargés que réellement, dans les classes, on n'a guère le temps de s'attarder à parler longuement de la façon de résoudre les problèmes de géométrie. Ce livre, consulté fréquemment et de façon intelligente, pourra donc, nous l'espérons, et simplifier la tâche du professeur et rendre fructueux le travail personnel de l'élève.

GUIDE MÉTHODIQUE

DE

RÉSOLUTION DES PROBLÈMES

DE

GÉOMÉTRIE ÉLÉMENTAIRE

En géométrie plane, il y a trois sortes de questions à résoudre :

Ou démontrer une propriété d'une figure (en d'autres termes établir un théorème);

Ou trouver un lieu géométrique;

Ou construire une figure.

Cela nous amène naturellement à diviser les problèmes de géométrie en trois chapitres :

CHAPITRE Ier. — Démonstration d'une propriété d'une figure.

CHAPITRE II. — Recherche d'un lieu géométrique.

CHAPITRE III. — Construction d'une figure plane.

CHAPITRE Ier

Démonstrations d'une propriété d'une figure.

NOTIONS PRÉLIMINAIRES.

1° Des méthodes employées.

Quand les yeux ne suffisent pas pour démontrer un théorème de géométrie, on a à sa disposition trois moyens détournés, c'est-à-dire trois méthodes :

La méthode dite par l'absurde;

La méthode synthétique;

La méthode analytique.

La *méthode par l'absurde* consiste toujours à prouver qu'une chose est d'une certaine façon en prouvant qu'elle ne peut pas être autrement, l'état contraire ne pouvant coexister avec certaines choses antérieurement établies d'une façon absolue. — Ce procédé par l'absurde s'emploie faute de mieux. — Il est en quelque sorte rudimentaire et on le rencontre surtout au début des diverses théories.

La *méthode synthétique* (1) consiste à joindre des points, à mener des lignes, à considérer des triangles égaux ou semblables, etc., tout cela, brusquement, sans dire pourquoi — quitte à vérifier après que cela sert à démontrer la vérité énoncée.

Il est clair que cette façon de faire exige d'ordinaire un effort de mémoire, et qu'il faut se souvenir que les autres ont agi de la sorte, ou qu'on l'a fait soi-même.

Mais ce procédé est dangereux. Car on est arrêté net dès que la mémoire fait défaut (et cela risque d'arriver souvent). De plus, ce procédé est totalement inapplicable aux questions qu'on n'a pas encore vues, que ces questions soient des théorèmes ou des problèmes ou encore qu'elles se rapportent à des constructions géométriques.

La *méthode analytique* (2) n'a pas les mêmes dangers et les mêmes inconvénients que la méthode synthétique. Celui qui l'emploie est à peu près sûr, même s'il est doué de peu de mémoire, pourvu qu'il soit accessible à l'appel naturel des idées, de trouver la solution du problème proposé.

De telle sorte que la méthode dite d'analyse est bien supérieure à la méthode synthétique. C'est la méthode de recherche par excellence en mathématiques.

---

(1) Cette méthode s'appelle *synthétique* (des mots grecs σύν, τίθημι, je place ensemble) parce qu'elle consiste à mettre ensemble tout de suite, et la question et la réponse complète.

(2) (Du mot grec ἀνά, λύω, je cesse de lier, je délie, je décompose, je simplifie) parce que la question toujours plus ou moins compliquée du début se trouve décomposée, simplifiée et finalement transformée en une autre ou évidente ou plus facile à traiter.

Pour l'employer, la première phrase à dire est toujours celle-ci : « Supposons le problème résolu. » Et cela veut dire que l'on dessine aussi bien que possible la figure à laquelle on sait qu'on doit arriver une fois le problème fait. — Puis, ayant sous les yeux cette figure, songeant d'autre part à ce que l'on veut démontrer, on transforme petit à petit, lentement, par des procédés à peu près certains (comme nous allons le montrer) la question du début, en une série d'autres, jusqu'à ce qu'on arrive à une dernière question très facile à démontrer.

REMARQUE 1. — Quand on transforme la propriété A à démontrer en une autre nouvelle B, il faut toujours choisir cette nouvelle B de façon qu'elle entraîne à son tour la première A.

Ce n'est que si cette condition de réciprocité existe que la propriété A sera démontrée quand on aura démontré la propriété B.

Pour démontrer la vérité B, à son tour, on pourra en démontrer une autre C, puis au besoin une autre D, ainsi de suite jusqu'à ce qu'on arrive à une vérité évidente.

Si donc les vérités successives A, B, C, D... L sont toutes deux à deux réciproques, il est clair qu'une fois la dernière L démontrée, la première A le sera.

C'est en raison de ces transformations successives à employer pour établir par l'analyse une vérité mathématique que l'on dit que les mathématiques sont une science de transformations continuelles.

REMARQUE 2. — Il est bien évident que quand on aura, par une analyse naturelle et rigoureuse, vu comment il faut s'y prendre pour résoudre le problème, on pourra, après coup, pour se résumer, faire de la synthèse, — c'est-à-dire sans rien expliquer, donner, brusquement comme on le fait dans la méthode synthétique, ou la suite des lignes à mener, ou la suite des triangles à considérer.

La méthode synthétique pourra ainsi souvent servir à résumer et à condenser en quelque sorte dans un exposé rapide et parfois plus clair, les résultats d'un travail préalable d'analyse.

Remarque 3. — On dit parfois qu'un problème se fait *d'inspiration*. En y regardant d'un peu près, ce n'est pas le hasard ou l'imagination qui est réellement intervenu pour mener la ligne ou pour considérer le rapport ou le triangle inattendu nécessaire. D'abord si un travail antérieur d'analyse s'est produit, donnant ensuite naissance à une rédaction synthétique, ce n'est évidemment qu'une inspiration apparente. Dans le cas contraire, on peut être sûr que, la plupart du temps, il s'est produit dans l'esprit un fait de mémoire judicieux mais très rapide et en quelque sorte inconscient. Aussi généralement, cette inspiration heureuse ne se produit-elle dans les problèmes que pour les esprits déjà cultivés — et possédant un certain acquit. — Et les débutants feront bien de ne pas y recourir — c'est-à-dire de ne jamais d'ordinaire mener une ligne ou considérer de triangles sans bien savoir au préalable pourquoi. C'est du reste aux débutants que s'adresse ce livre.

Dans ce qui va suivre, laissant de côté la méthode par l'absurde et aussi la méthode synthétique, nous allons essayer de montrer comment on peut souvent, presque à coup sûr, et sans grande science, grâce à une analyse minutieuse bien conduite, parvenir à résoudre un grand nombre de problèmes élémentaires de géométrie.

Bien entendu, nous ne parlons pas ici des problèmes à artifices, qui exigent, ou une très grande habitude de la géométrie, ou une aptitude toute spéciale.

Nous ne parlons pas non plus de cette catégorie de problèmes où les énoncés sont tels que le problème est impossible — problèmes qui n'ont pour but que d'exercer la sagacité des élèves.

2° Classification.

Nous allons partager les problèmes de ce chapitre Iᵉʳ en quatre grandes catégories :

1re *catégorie.* — Problèmes où, dans l'énoncé, on dit d'avance le but à atteindre, ce but étant simple et unique, une méthode très nette s'y adaptant.

2e *catégorie.* — Problèmes où, dans l'énoncé, le but à atteindre paraît simple et unique, où on voit la méthode à suivre, mais où il y a des sous-entendus sérieux, c'est-à-dire où il faut, au préalable, de soi-même démontrer des choses qu'on ne dit pas.

3e *catégorie.* — Problèmes où on ne voit pas du tout la marche à suivre,

(C'est-à-dire celle des méthodes connues qui paraît pouvoir convenir).

4e *catégorie.* — Problèmes où on ne dit pas ce qu'il faut démontrer, mais où on demande simplement d'étudier une figure donnée (disant tout au plus dans quel sens général il faut l'étudier).

3º Façon d'utiliser les données d'une question.

Quelle que soit la catégorie dans laquelle rentre un problème de géométrie, il y a toujours une figure spéciale qui lui correspond.

Une figure de géométrie étant constituée par des points, des lignes, des surfaces, des solides, placés d'une certaine façon nettement énoncée, dans toute figure géométrique, il y a des éléments connus et des éléments inconnus.

Tout élément connu constitue ce qu'on appelle *une hypothèse* ou *une donnée* (et on emploie ce mot *hypothèse*, non pas parce qu'il y a doute, mais parce que *l'on suppose qu'on est sûr* que la chose existe comme on dit) (1). Une figure n'est donc constituée que quand on y a fait un certain nombre d'hypothèses.

---

(1) Du reste le mot *hypothèse*, venant des mots grecs ὑπό, τίθημι (je place dessous), peut fort bien signifier *fondement*.

L'hypothèse d'un problème est bien en effet le fondement de la question.

Cette étymologie a quelque raison d'être, si l'on se rapporte à ce fait que les premiers géomètres étaient Grecs.

Or il est clair que, pour étudier les propriétés des figures (ce qui est l'objectif de la géom⸍trie), il faut absolument utiliser toutes ces hypothèses, sans en omettre une seule. Car sans cela dans l'énoncé il y aurait des inutilités et le problème serait mal posé.

Il est de toute importance d'utiliser *toutes* les données de la question posée, car il est facile de constater que la plupart du temps, quand on est arrêté au milieu d'un problème, cela tient à ce qu'il y a au moins une hypothèse dont on a oublié de tenir compte.

La première question qui se pose à nous dans la résolution des problèmes est donc celle-ci :

Comment faire pour utiliser les données ou les hypothèses d'un problème?

Pour le montrer, remarquons que chaque hypothèse, quelle qu'elle soit, entraîne une ou plusieurs conséquences — conséquences établies dans le cours.

Exemples :

1. Si un point donné est sur la perpendiculaire élevée à une droite en son milieu, il en résulte immédiatement que ce point est à égale distance des extrémités de la droite, et réciproquement.

2. Si une droite donnée de la figure est tangente à une circonférence, il en résulte qu'elle est perpendiculaire à l'extrémité du rayon et réciproquement.

3. Si un triangle donné est équilatéral, c'est que ses trois angles sont égaux, ses trois hauteurs sont médianes et bissectrices, la somme des distances d'un point aux trois côtés est constante, les centres des cercles inscrit et circonscrit sont confondus, sa hauteur est triple du rayon du cercle inscrit, etc., et réciproquement si l'une de ces propriétés est vraie, le triangle est équilatéral, etc., etc.

Il résulte de là que, quand dans un problème énoncé il y a une seule hypothèse, on peut remplacer l'énoncé de cette hypothèse par l'énoncé d'une propriété qui revient au même. Quand il y aura dans l'énoncé deux hypothèses, on pourra, s'il y a lieu, les remplacer par deux propriétés nouvelles équivalentes, propriétés qu'on pourra parfois choisir parmi d'autres selon les besoins de la cause, etc., etc.

Il nous est dès lors facile de dire ceci :

Pour *utiliser les données* dans un problème, ou on les conserve telles qu'elles sont énoncées, ou *on les remplace par des propriétés équivalentes (plus utiles au point de vue de la solution ultérieure de la question).*

Nous allons donner des exemples de la façon dont on peut utiliser, en les transformant, les données dans un grand nombre de questions :

1. Supposons que dans une figure on se donne deux droites parallèles. On devra songer aux *cinq propriétés caractéristiques* des parallèles et voir laquelle peut servir à la solution du problème.

2. Supposons que, dans l'énoncé du problème, on se donne un quadrilatère inscriptible. On songera aux propriétés caractéristiques suivantes :

Angles opposés supplémentaires. — Produit des diagonales égal à la somme des produits des côtés opposés (c'est le théorème de Ptolémée). Angles égaux formés par une diagonale et un côté. — Et on verra laquelle de ces propriétés peut servir.

3. Si dans la figure on se donne deux tangentes issues du même point P, à un cercle de centre O, on se rappellera qu'elles sont perpendiculaires aux rayons, et égales entre elles, que la droite PO est bissectrice de l'angle des rayons et de l'angle des tangentes et, de plus, est perpendiculaire en son milieu à la corde de contact... et on fera encore son choix, s'il y a lieu de modifier ces données.

4. Si dans un triangle on se donne une médiane, on songera à la formule $b^2 + c^2 = 2m^2 + \dfrac{a^2}{2}$, ou encore on prolongera la médiane d'une longueur égale à elle-même, d'où parallélogramme très souvent utile, et on verra à laquelle de ces transformations il conviendra de donner la préférence, etc., etc.

L'élève fera bien de s'exercer de lui-même à grouper ainsi ensemble toutes les propriétés d'une même figure, afin de les avoir bien présentes à l'esprit. Et, pour cela, il devra donc étudier au préalable soigneusement son cours.

Il faudra aussi enfin que certains mots éveillent en lui immédiatement certaines autres idées très nettes, quoique détournées.

Exemples :

1. Quand dans un Δ (1) on parle des milieux de deux côtés, pour utiliser ce fait, on joindra les milieux et on songera que la droite formée est parallèle au troisième côté et égale à sa moitié.

2. La hauteur dans un triangle devra éveiller l'idée de surface, ou faire songer à la formule

$$bc = 2Rh.$$

Le périmètre d'un triangle éveillera de même l'idée de cercle ex-inscrit.

3. La bissectrice d'un triangle devra faire songer au rapport des segments ou à la formule $bc = uv \pm l^2$, ou encore à ce fait que la bissectrice passe par le milieu de l'arc du cercle circonscrit au triangle.

4. Si dans un Δ on connaît une bissectrice en position, on devra se dire que la deuxième bissectrice extérieure est immédiatement connue, et alors songer à ce fait que les deux bissectrices déterminent sur le côté opposé une division harmonique.

5. Si on a un quadrilatère circonscrit à un cercle, on songera à la relation $a + c = b + d$, ou encore à la relation $S = pr$, r désignant le rayon du cercle inscrit, a, b, c, d étant les nombres qui mesurent les quatre côtés.

6. Quand on se donne un quadrilatère à la fois inscriptible et circonscriptible, cela fait songer à la formule

$$S = \sqrt{abcd}.$$

7. Si on a dans la figure deux tangentes parallèles AC, BD, coupées par une troisième tangente CD, on devra se

______

(1) La notation Δ est un abréviatif du mot *triangle*.

rappeler que CD est vue du centre sous un angle droit et qu'on a la relation

$$R^2 = AC \times BD.$$

8. Si un triangle donné a un angle droit, on pourra utiliser une des relations suivantes, u et v étant les deux segments formés par la hauteur :

$$a^2 = b^2 + c^2 \text{ ou } b^2 = a \times u \text{ ou } \frac{u}{v} = \frac{b^2}{c^2}$$

ou encore que la médiane qui correspond à l'hypoténuse est égale à la moitié de l'hypoténuse.

9. De même, quand deux Δ ont un angle égal ou deux angles supplémentaires, on pourra utiliser cette hypothèse en songeant au rapport des surfaces des deux Δ.

Et dans le même ordre d'idées, pour utiliser que deux angles sont égaux, quelquefois on pourra songer au rapport des surfaces des deux Δ formés.

10. Quand on se donne un cercle inscrit ou ex-inscrit, on devra songer aux binômes $p - a$, $p - b$, $p - c$, qui mesurent les segments ou au 1/2 périmètre p, ou à la formule $S = pr$.

11. De même encore, si dans une figure on a un cercle O et une tangente PA, issue d'un point P extérieur, on fera bien de se servir de la relation $R^2 = OP \times OI$, I étant le pied de la perpendiculaire menée de A sur OP.

12. Enfin, si un rectangle est circonscrit à un autre, on devra songer à ce fait : que les triangles opposés sont égaux, et les triangles adjacents, semblables, etc., etc.

On pourrait multiplier les exemples. Mais ce que nous venons de dire suffit pour bien montrer de quelle façon on peut transformer les hypothèses (quand on a intérêt à le faire), pour utiliser les données.

Ces préliminaires établis, nous allons maintenant apprendre à résoudre successivement, par l'analyse, les différentes catégories de problèmes que nous avons établis, en ne nous occupant que *des problèmes de géométrie plane*.

Toutefois, comme les méthodes que nous allons indiquer conviennent aussi à la géométrie dans l'espace, il nous arrivera parfois, mais rarement, de prendre quelques exemples empruntés à la géométrie dans l'espace. Nos exemples seront, les uns (mais très rares) empruntés au cours, les autres, pour la plupart, seront pris en dehors.

I^{ro} CATÉGORIE DE PROBLÈMES

Des problèmes où la question proposée est simple et unique, la méthode très nette qui s'y adapte devant être prise dans un groupe très restreint de méthodes.

Parmi les principaux genres de questions simples proposables en géométrie plane, nous croyons pouvoir noter les douze genres suivants qui vont constituer douze paragraphes :

§ 1. Prouver que deux longueurs d'une figure sont égales.
§ 2. Prouver que deux angles   —   égaux.
§ 3. Prouver que deux longueurs   —   inégales.
§ 4. Prouver que deux angles   —   inégaux.
§ 5. Prouver que des longueurs, sommes ou différences de longueurs sont égales ou inégales entre elles.
§ 6. Prouver que deux droites d'une figure sont parallèles.
§ 7. Prouver que trois points sont en ligne droite ou que deux demi-droites sont en prolongement.
§ 8. Prouver que plusieurs droites sont concourantes (ou passent par un point fixe).
§ 9. Prouver que quatre longueurs d'une figure forment une proportion (ou déterminent des produits égaux).
§ 10. Calculer une longueur.
§ 11. Prouver qu'un angle est droit.
§ 12. Transformer une expression qui est une somme, différence, produit, ou quotient, de longueurs, angles, carrés, ou surfaces, en une autre expression équivalente donnée (ou prouver qu'elle est constante).

§ 1er. — Prouver que dans une figure donnée deux longueurs sont égales.

Nous pouvons d'abord formuler deux méthodes principales qui sont d'un usage continuel :

1° *La méthode des Δ égaux;*

2° *La méthode du Δ isocèle.*

La première consiste à considérer deux Δ renfermant les longueurs en question, Δ qui aient l'air d'être égaux, et dont on puisse prouver l'égalité (parce qu'ils satisfont aux deux premiers cas d'égalité des Δ).

La deuxième, qui ne doit être employée que quand les deux longueurs ont une extrémité commune A, consiste à joindre les extrémités libres et à prouver cette autre chose que les angles à la base sont égaux. —

Remarque. — On pourra se dispenser d'appliquer les deux méthodes précédentes quand les longueurs en question, étant par rapport à une certaine droite des obliques, ou étant dans un cercle des cordes, on pourra prouver ou qu'elles sont également distantes du pied de la perpendiculaire, ou que les arcs sous-tendus sont égaux ou, enfin, que les distances au centre sont égales. —

On pourra aussi s'en dispenser, quand les droites pourront être considérées comme *des sommes ou des différences de deux longueurs évidemment égales.* —

Dans un petit nombre de cas, on pourra encore appliquer l'un des trois procédés suivants :

Quand les deux longueurs à étudier sont placées bout à bout, on pourra démontrer leur égalité par la méthode des Δ semblables.

Quand on découvre dans la figure une droite qui paraît être un axe de symétrie, on pourra replier la figure autour de cette droite.

Enfin, on pourra encore calculer séparément les deux ongueurs, et montrer que les résultats sont identiques.

Total : Huit méthodes différentes, dont deux principales et six secondaires.

La nécessité d'utiliser les. données du problème indiquera en général chaque fois celle des huit méthodes précédentes à laquelle il faudra donner la préférence.

(Il y a pourtant des cas où la démonstration peut se faire à volonté par plusieurs des méthodes indiquées.)

A l'appui de ce que nous venons de dire, nous allons maintenant donner des exemples appropriés, nous attachant à ne jamais mener une ligne ou considérer un Δ, sans bien savoir au préalable pourquoi.

Exemples relatifs au § 1er

I. *Comme application de la méthode dite des Δ égaux, nous donnerons les exemples suivants :*

Ex. 1. Dans un Δ isocèle la bissectrice est médiane.

Nous avons à prouver que $BD = DC$, en utilisant que $AB = AC$ et que les deux angles en A sont égaux.

Il est logique de considérer les deux Δ ABD et ADC qui renferment ces longueurs BD et DC et qui ont l'air d'être égaux.

Ex. 2. Sur les deux côtés d'un angle O on prend $OA = OA'$ et $OB = OB'$. On joint en croix. Prouver 1° que $AB' = BA'$, 2° que $IA = IA'$.

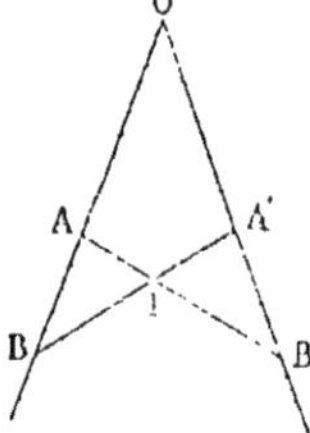

1° Pour prouver que $B'A = BA'$, il est naturel d'employer la méthode des deux Δ égaux, OB'A et OBA'. Les données nous prouvent qu'ils satisfont au deuxième cas d'égalité des Δ. Donc $B'A = BA'$.

2° Pour prouver que $IA = IA'$, considérons les Δ IAB et IA'B' qui paraissent être égaux et qui renferment ces longueurs. On a : $AB = A'B'$ par hypothèse. Et c'est tout ce qui résulte des données.

Mais de l'égalité précédemment démontrée des Δ OBA' et OAB', il résulte que $B = B'$ et que $OAB' = OA'B$. Donc BAI sera égal à B'A'I comme suppléments de deux angles égaux. Par conséquent, les Δ considérés sont égaux, et $IA = IA'$.

Ex. 3. Dans un Δ isocèle, d'un point O de la base BC on mène les pps (1) OH et OK, puis du point B la pp. BI. Prouver que BH $=$ KI.

BH entre dans le Δ OBH. Voyons si nous ne pourrions pas faire entrer IK dans un Δ qui lui soit égal. Pour cela, menons par K la droite KS plle (2) à BC. Le Δ IKS étant comparé au Δ BOH, on voit que KS $=$ BO. De plus IKS $=$ OBH (car tous deux sont égaux à C). D'ailleurs ils sont tous deux rectangles. Par conséquent IK $=$ BH.

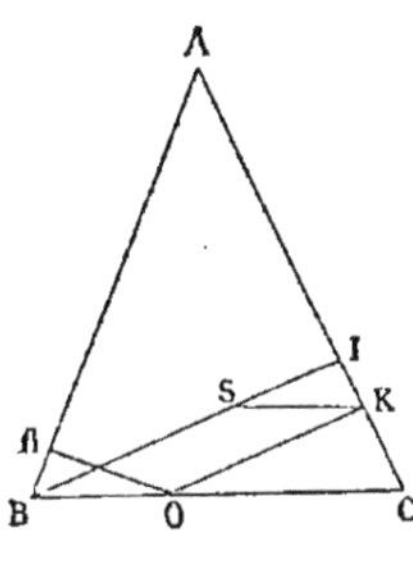

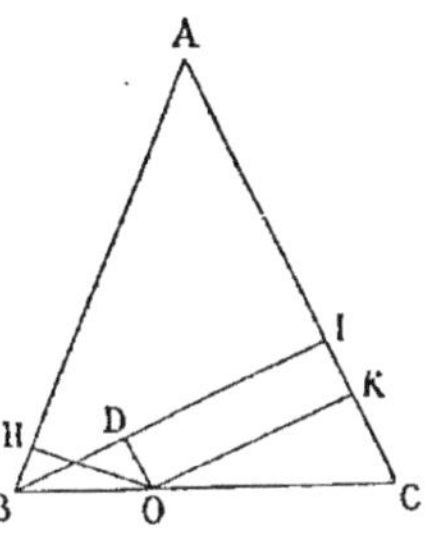

REMARQUE. — On aurait pu prouver que IK $=$ BH en remplaçant IK par une longueur qui lui soit égale, à savoir la plle OD. La question revient alors à prouver que OD $=$ BH, ce qui se fera par la méthode des deux Δ égaux, ODB et OBH.

Ex. 4. On mène à un cercle des tgs égales Aα et Bβ. Prouver que les points α et β sont à même distance du centre O.

Comme on a à prouver que Oα $=$ Oβ et que ces longueurs entrent dans deux Δ OAα et OBβ qui ont l'air d'être égaux, étudions ces Δ.

Les droites étant tgs, il convient de remplacer cette donnée par une autre équivalente, à savoir que les angles en A et B sont droits.

Il en résultera immédiatement, Aα étant égal à Bβ par hypothèse, que les deux Δ sont égaux. Donc Oα $=$ Oβ.

Ex. 5. Par un point A extérieur à un cercle O, on mène une sécante ABC. Aux points de rencontre B et C, on mène les tgs, qui rencontrent en M et N la droite menée par A pp. au diamètre AO. Prouver que BM $=$ CN.

Comme il faut utiliser les données, il faut avant tout s'ap-

---

(1) *pp.* est un abréviatif du mot *perpendiculaire*.
(2) *plle* est un abréviatif du mot *parallèle*.
(3) *tg.* est l'abréviatif du mot *tangente*.

puyer sur ce que l'on a deux tgs, en d'autres termes sur ce que l'on a deux angles droits OBM et OCN. Mais alors pourquoi ne pas essayer de considérer les Δ rectangles OBM et OCN? Ils ont déjà OC = OB comme rayons. Cherchons un autre élément égal, en utilisant (ce que nous devons nous garder d'oublier, puisque c'est une hypothèse) que MN est pp. à AO. Après un petit examen de la figure, nous voyons que le quadrilatère OANC a deux angles opposés droits. Il est donc inscriptible. Mais un quadri-

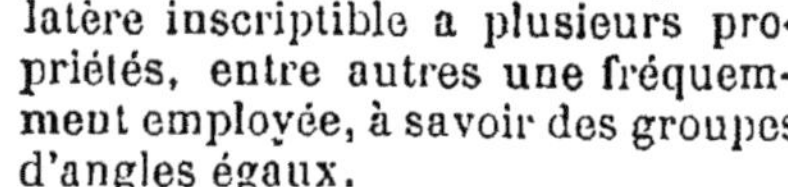

latère inscriptible a plusieurs pro- priétés, entre autres une fréquem- ment employée, à savoir des groupes d'angles égaux.

Par conséquent l'angle CNO sera égal à l'angle CAO.

Il résulte de là que, si les Δ om- brés sont réellement égaux, nous sommes conduits à voir si l'angle BMO ne serait pas égal à CNO, c'est- à-dire à CAO. Pour y arriver, re- marquons que BM est tg., c'est-à- dire pp. à BO. Donc de B on voit OM sous un angle droit. Du point A aussi on voit OM sous un angle droit. Donc B et A sont sur le segment capable de 90° placé sur OM. Donc le quadrilatère OBAM est lui aussi inscriptible. Mais alors, à cause des groupes d'angles égaux, on a : OMB = OAB.

Et maintenant le problème est fini, car les deux Δ ombrés sont rectangles, ont un côté de l'angle droit égal et un angle aigu égal. Donc CN = BM.

Comme exercices, et comme application de la méthode des deux Δ égaux, on résoudrait aisément les problèmes suivants :

Pr. 6. Sur les quatre côtés d'un carré on porte, à partir de chaque sommet et dans le même sens, une même lon- gueur. Prouver que les quatre droites ainsi obtenues sont égales.

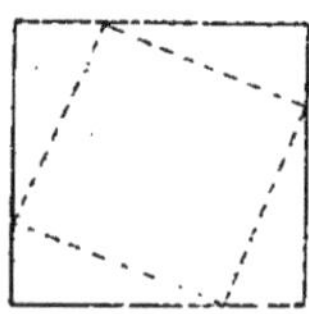
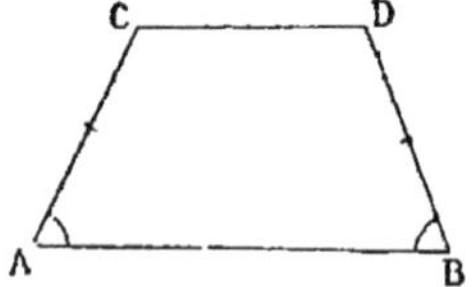

Pr. 7. Dans un quadrilatère ABCD, les angles le long

de AB sont égaux ainsi que les côtés AC et BD. Prouver que les diagonales sont égales.

Pr. 8. Sur les deux côtés d'un $\triangle$ ABC on construit des $\triangle$ équilatéraux. Prouver que les droites Cγ et Bβ sont égales.

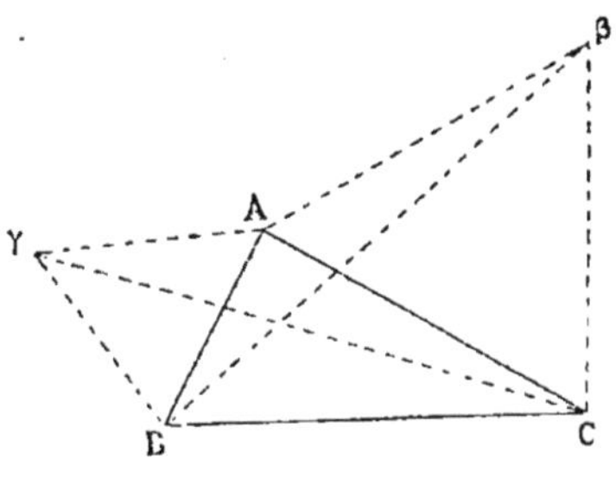

Pr. 9. Quand on coupe deux plles par deux autres, la distance des deux premières étant la même que celle des deux autres, elles se coupent suivant un losange.

Pr. 10. Si du centre O d'un hexagone on mène une pp. à AB, cette droite coupe le côté CD en un point M tel que MN = OH.

Ex. 11. Un trapèze qui a à la base un angle de 45° étant inscrit dans un cercle, prouver que la distance de sa grande base au centre est égale à la moitié de la petite base.

Soit CAB = 45°. Je dis OI = CH. Si nous essayons la méthode des $\triangle$ égaux, nous ne savons pas trop quels $\triangle$ employer.

Mais si nous remarquons que A valant 45°, l'arc intercepté CDB vaut 90°, nous en déduirons que OB est pp. à OC. Mais alors l'angle OIB sera égal à l'angle OHC; les $\triangle$ cherchés seront donc CHO et OIB.

Ils sont égaux. Donc OI = CH. C. q. f. d.

Ex. 12. Etant donné un losange ABCD, des produits C et D on mène les droites CH et DP pps à AB; puis on trace les deux diagonales AD et CB et enfin par D on mène la droite DN pp. sur AD. N étant le point où cette pp. DN rencontre AB, prouver que l'on a : 1° PN = BH; 2° AP = 2OP, O étant le milieu de BH.

(Ce problème sert à prouver que dans une parabole la sous-normale est constante, la sous-tangente étant le double de l'abscisse.)

Ex. 13. Etant donnée une parabole de foyer F et de directrice D, on considère une tg. MΘ qui coupe la directrice en I. Du point de contact M, on mène la pp. MH sur la directrice. Prouver que IH = IF.

II. *Comme application de la méthode dites du △ isocèle, nous donnerons les exemples suivants :*

Ex. 1. Dans un △ isocèle on mène la droite DE plle à AC. Prouver que BE = DE.

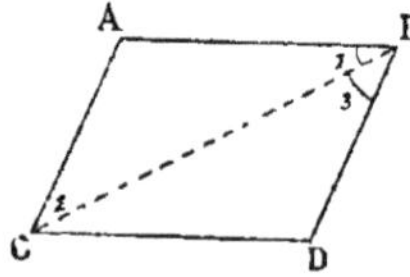

Nous avons ici à prouver que deux droites ayant une extrémité commune E sont égales. Il est donc assez naturel de chercher à voir si dans le △ formé les angles en B et D sont égaux. Or ils le sont. Car si nous utilisons la donnée, qui est double (ABC △ isocèle et DE plle à AC), nous en déduisons par transformation de ces deux données : B = C, puis C = EDB.

Par conséquent on voit que B = EDB. Donc : DE = BE.

Ex. 2. Si dans un parallélogramme la diagonale est bissectrice, la figure est un losange.

On sait qu'un losange est un parallélogramme qui a deux côtés adjacents égaux.

Il suffit donc de prouver que l'on a deux longueurs égales, AB et AC.

Essayons d'employer la méthode du △ isocèle (puisque ces deux droites ont une extrémité commune), et pour cela, tâchons de prouver que les angles numérotés 1 et 2 sont égaux.

Nous devons utiliser les données, à savoir que 1 = 3 et que AC est plle à BD, c'est-à-dire que angle 2 = angle 3 (comme angles alternes-internes).

Mais alors on voit tout de suite que angle 1 = angle 2.

Donc AB = AC, et la figure est un losange.

Ex. 3. Prouver que le côté de l'hexagone inscrit est égal au rayon.

Il faut prouver que $AB = AO$, c'est-à-dire, en employant la méthode du $\triangle$ isocèle, que $AOB = ABO$.

Pour utiliser la donnée, à savoir que AB est le côté de l'hexagone, il faut dire que l'arc AB est le sixième de la circonférence, c'est-à-dire vaut 60°. — Mais il y a une autre hypothèse à utiliser, c'est que $AO = BO$, c'est-à-dire que le $\triangle$ ABO est isocèle. — Or quand dans un $\triangle$ isocèle un des angles vaut 60°, on sait que tous les autres valent 60°. Donc $B = 60°$. Donc $B = O$. Donc $AB = AO$.

Ex. 4. Dans un cercle on prend deux cordes égales AB et CD qui se coupent en I. Prouver que $IA = ID$.

Employons encore la méthode du $\triangle$ isocèle, et prouvons que $IAD = IDA$.

Ces angles étant inscrits valent l'un $\frac{1}{2}$ arc BD, l'autre $\frac{1}{2}$ arc AC. — Or, corde $AB =$ corde CD par hypothèse.

Il en résulte :   arc $AB =$ arc CD

et encore arc $AC =$ arc BD (car on a eu le droit de retrancher l'arc commun CB).

Par conséquent $IA = ID$.

Ex. 5. Si deux arcs de cercle, ayant mêmes extrémités, renferment le même nombre de degrés, les rayons sont égaux.

Pour démontrer que $OA = O'A$, tâchons encore de voir si les angles AOO' et AO'O sont égaux.

Par hypothèse, les arcs ayant même mesure, les angles au centre AOB et AO'B sont égaux. Mais la ligne des centres OO' est pp. à la corde commune. Donc OO' est bissectrice de l'angle AOB et de l'angle AO'B. Dès lors les angles dont nous nous occupons étant les moitiés de deux angles égaux sont égaux. Donc $OA = O'A$.

Ex. 6. Dans un $\triangle$ ABC on a : $B = 2C$. On mène la hauteur AH et on prend sur le prolongement de AB une longueur BD égale à BH. Prouver que, si on joint DH et si DH rencontre AC en O, on a :

$$HO = OC = OA.$$

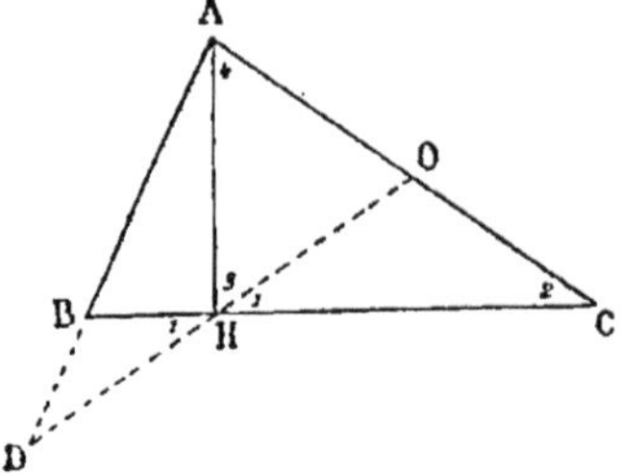

Ici l'hypothèse est multiple :

$$B = 2C.$$
AH est pp.
$$BH = BD.$$

Pour prouver que HO = OC, il est naturel d'essayer d'employer la méthode du $\triangle$ isocèle, et de prouver que les angles numérotés 1 et 2 sont égaux, ou ce qui revient au même, évidemment, que I' et 2 sont égaux. L'angle 2 étant la moitié de B, il est naturel de voir si 1' est la moitié de B. — Nous sommes donc conduits à comparer B à 1'. Or B est extérieur au $\triangle$ BHD. Donc $B = 1' + D = 2$ fois 1' (puisque BH = BD par hypothèse). Donc $1 = \dfrac{B}{2}$. Donc angle 1 = angle 2 et OH = OC.

REMARQUE. — Comme nous ne nous sommes servi en rien de l'hypothèse que AH est hauteur, on voit que pour une droite

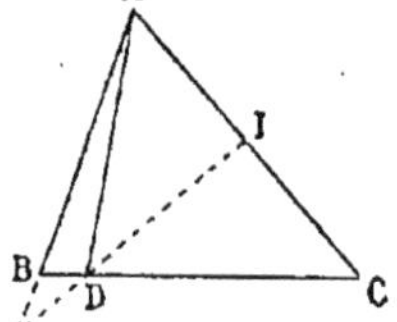

quelconque AD, si $BD = BD'$, et si $B = 2C$, on aura toujours $DI = IC$.

Proposons-nous maintenant de prouver que $AO = HO$, dans l'hypothèse de AH hauteur. Il suffit de prouver que les angles numérotés 3 et 4 sont égaux. — Ce qui est facile. Car 3 est le complément de 1.

4 est le complément de 2.

Or on a vu tout à l'heure que angle 1 = angle 2. Donc angle 3 = angle 4 et AO = HO.

On traiterait par la même méthode (du $\triangle$ isocèle) les problèmes suivants :

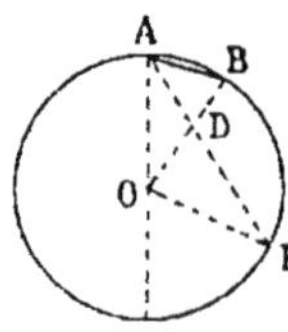

1. Si AB est le côté d'un décagone régulier et qu'on mène la bissectrice de l'angle OAB, on a :

$$AB = AD = OD.$$

Prouver ensuite que si on prolonge OD en E, on a : $DE = OE.$

2. Etant donné un $\triangle$ inscrit dans un cercle, si on mène la bis-

sectrice de l'angle A et qu'on la prolonge jusqu'au point I où elle coupe la circonférence, prouver que O étant le centre du cercle inscrit dans le Δ on a :

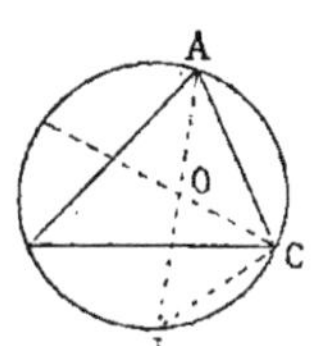

$$OI = IC.$$

3. Si par le centre du cercle inscrit dans un Δ, on mène une parallèle MN au côté BC, prouver que $OM = MB$, puis que $MN = BM + NC$.

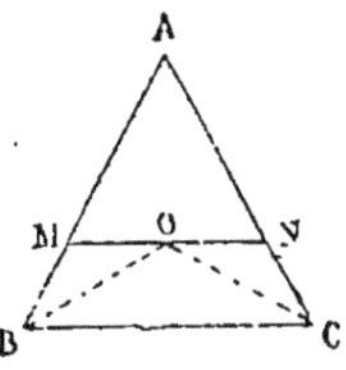

III. Comme exemples de la méthode secondaire prouvant que des longueurs sont égales parce qu'elles sont des obliques également écartées du pied de la pp., nous traiterons les problèmes suivants :

Ex. 1. Dans un Δ rectangle, la médiane qui correspond à l'hypoténuse est égale à la moitié de cette hypoténuse.

Soit M le milieu de BC. Je dis que $MA = MB$. Le mot milieu de côté d'un Δ faisant assez naturellement songer à la droite des milieux, il est ici naturel, pour utiliser cette donnée que M est le milieu de BC, de mener la pᴵᴵᵉ MD et de remarquer que D est aussi le milieu de BD. — Mais alors MA et MB sont deux obliques par rapport à MD, obliques également écartées.

Donc :

$$MA = MB.$$

Ex. 2. On prolonge une corde AC d'une longueur CD égale à elle-même, et on joint l'extrémité D à l'extrémité du diamètre passant par A. Prouver que

$$BD = BA.$$

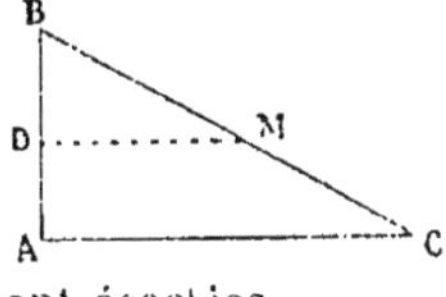

Il faut utiliser : 1° que C est un point du cercle, ce qui se fait en disant que l'angle ACB est droit.

2° que

$$CD = AC.$$

Mais alors BD et AB sont par rapport à la pp. BC deux obliques également écartées.

Donc :

$$BD = BA.$$

Ex. 3. Prouver que dans un trapèze birectangle ABCD le milieu M du côté CD est à égale distance de A et de B.

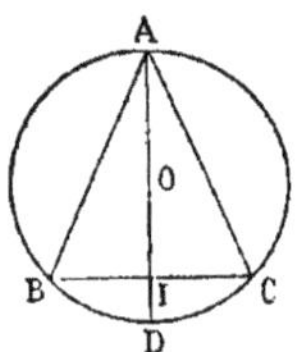

Le mot milieu du côté non pple à un autre dans un trapèze éveillant en moi assez naturellement l'idée de la base moyenne, menons à tout hasard la pple MI. I sera le milieu de AB.

Mais alors MA et MB seront deux obliques également écartées. Donc MA = MB.

Ex. 4. Prouver que si une corde BC est pp. au diamètre AOD, le Δ formé ABC est isocèle.

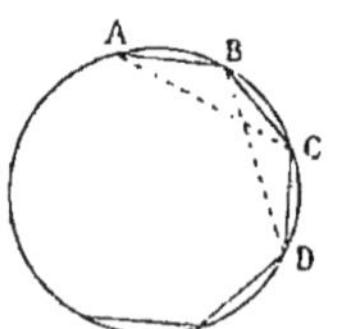

Pour prouver que AB = AC, il suffit de remarquer que toute pp. BC au rayon OD est partagée par ce rayon en deux parties égales. Il en résulte que AB et AC sont deux obliques également écartées du pied I de la pp. AI. Donc le Δ ABC est isocèle.

Ex. 5. Etant donnés un cercle O, une tg. en AB et un point A pris sur cette tg. On joint A à l'extrémité C du diamètre OB et de O on mène la pp. OH sur AC. Cette pp. OH coupe en M la tg. en C. Prouver que le point M est à même distance du milieu I de AB et du point K où IO coupe la tg. en C.

(Il suffira de faire la figure, et de dire que les deux droites MI et MK sont égales comme obliques également écartées du pied de la pp., bien entendu après avoir montré que OK = OI.)

IV. Comme exemples de la méthode prouvant que deux longueurs sont égales parce que ce sont des cordes égales, nous indiquerons les problèmes suivants :

Pr. 1. Dans un polygone régulier on joint les sommets de deux en deux. Prouver que les droites obtenues sont égales.

Pour prouver que AC = BD, il suffit de remarquer que ces droites sont des cordes. Mais, comme on utilisera les données en remarquant que les arcs sous-tendus AC et BD sont égaux, on en conclura immédiatement que AC = BD.

Pr. 2. On donne deux cercles concentriques, et deux

tgs au cercle intérieur. Prouver que les droites AC et BD sont égales.

Ces droites AC et BD sont des cordes. Cherchons donc à voir si elles sont égales, c'est-à-dire par exemple si les arcs AC et BD sont égaux.

Pour le voir, il faut utiliser l'hypothèse, à savoir que les droites AB et CD sont des tangentes, c'est-à-dire des droites pps à l'extrémité du rayon. Mais alors AB et CD sont des cordes également distantes du centre, donc des cordes égales. — Les arcs sous-tendus AB et CD sont donc égaux (et ceci est une conséquence des données). — Par conséquent les arcs AC et BD sont égaux (car il a suffi de retrancher l'arc commun CB). Donc AC = BD.

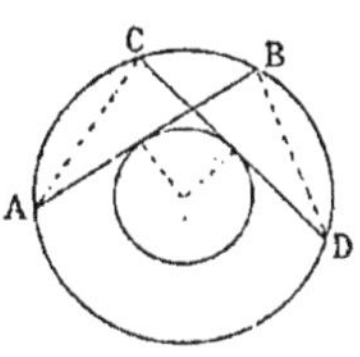

Ex. 3. Quand un trapèze est inscriptible dans un cercle, il est isocèle.

En effet les arcs AC et BD sont égaux.

V. *Comme exemples de la méthode consistant à prouver que deux longueurs sont égales parce qu'elles sont la différence de deux longueurs égales :*

Pr. 1. Quand deux cercles concentriques sont coupés par une sécante MABN, on a :

$$MA = BN.$$

En effet si on mène la pp. OI, on a :

$$MI = NI \text{ et } AI = IB.$$

Donc : MI — AI = NI — BI et MA = BN.

Pr. 2. Dans un trapèze ABCD si on mène la droite BA' plle à la diagonale AC puis la plle BD' au côté CD, prouver que le milieu I de la droite AD' est en même temps le milieu de A'D.

Supposons que IA = ID'.
Pour prouver que IA' = ID, remarquons que si cela a lieu, on doit avoir EA = DD'.

Nous sommes donc conduit à voir si AA' = DD'. Or cela est vrai, car ils valent tous deux BC. On a donc IA' = ID (comme somme de deux longueurs deux à deux égales).

VI. *Comme exemples de la méthode des $\triangle$ semblables à employer pour prouver que deux longueurs placées bout à bout ou non sont égales, nous traiterons les problèmes suivants :*

Pr. 1. On prend $OB = \dfrac{OA}{2}$ puis $OD = \dfrac{OC}{2}$, prouver que dans le $\triangle$ formé ACE les deux longueurs BC et BE sont égales.

Pour prouver que $CB = BE$, nous ne voyons pas comment on pourrait utiliser la méthode des deux $\triangle$ égaux ni celle du $\triangle$ isocèle. — Mais, comme nous devons utiliser les données, nous devons nous appuyer sur ce que $\dfrac{OB}{AO} = \dfrac{1}{2}$ et que $\dfrac{OD}{OC} = \dfrac{1}{2}$. Mais alors si nous joignons BD, les angles en O étant égaux, on voit que les deux $\triangle$ OBD et OCA sont semblables. — Par conséquent BD est parallèle à AC et égal à sa moitié. — Mais alors les deux $\triangle$ EBD et EAC sont semblables. On a donc :

$$\frac{EB}{EC} = \frac{BD}{AC} = \frac{1}{2}.$$

Donc EB étant la moitié de EC, il en résulte que AB est une médiane.

Pr. 2. Dans un $\triangle$ ABC par le milieu M du côté AB on mène MN plle à BC, prouver que

$$AN = NC.$$

Il suffit pour cela de prouver que

$$\frac{AN}{AC} = \frac{1}{2},$$

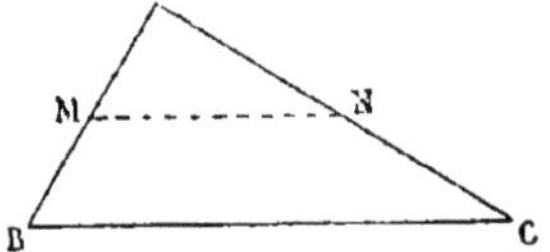

ce qui se fera par la méthode des $\triangle$ semblables AMN et ABC.

Pr. 3. Étant donné un cercle O de diamètre AB, on mène une corde plle CD, on joint son milieu I au point A et son extrémité C au centre O. Ces deux droites se rencontrant en un point M, prouver que $MC = OP$, P étant le pied de la pp. menée de M sur AB.

Il faut utiliser que IC est plle à AB. Les Δ semblables nous donnent donc :

$$\frac{MO}{PO} = \frac{MC}{CQ} \quad (1)$$

Q étant le point où IC coupe MP.

Mais les Δ semblables qui se croisent en C donnent encore :

$$\frac{MC}{CQ} = \frac{OC}{IC} = \frac{R}{IC} = \frac{AO}{IC}$$

(en remplaçant R par AO).

Or :
$$\frac{AO}{IC} = \frac{MO}{MC}.$$

Donc :
$$\frac{MC}{CQ} = \frac{MO}{MC}.$$

Et par conséquent, en se reportant à la proportion (1), on a :

$$PO = CM. \qquad C. \; q. \; f. \; d.$$

VII. *Exemples de la démonstration de deux longueurs faite à l'aide de la symétrie* (*en repliant la figure*).

Ex. 1. Quand deux cercles sont concentriques, si une droite coupe le cercle intérieur, les portions interceptées entre les deux circonférences sont égales.

En effet si nous menons la pp. OI et que nous fassions tourner la portion de la figure située à gauche, IB s'appliquera sur IC, et IA sur ID. Donc AB recouvre exactement CD. Donc AB = CD.

Ex. 2. Quand deux points M et N sont symétriques par rapport à la bissectrice d'un angle droit xoy, si des points M et N on abaisse les pps MP et NQ, elles sont égales.

En effet si nous replions autour de OI la partie supérieure, IM s'applique sur IN. Mais l'angle IMP est égal à l'angle INQ (car

ces angles sont les suppléments des deux angles placés en O).
Donc MP tombe le long de NQ, et le point P tombe quelque part
sur NQ. — Mais oy s'appliquant sur ox, le point P tombe aussi
quelque part sur ox. — Et dès lors le point P tombe au point Q.
Donc MP recouvre exactement NQ. Donc $MP = NQ$.

Ex. 3. Même problème si l'angle xoy est aigu.

Replions en effet autour de OI, IM vient en IN. Mais les deux

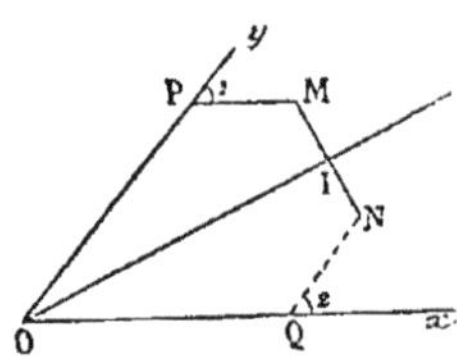

angles IMP et INQ sont égaux, car les
angles P_1 et Q_1 sont égaux (angles à
côtés plles). Dès lors $MPO = NQO$ (comme
suppléments d'angles égaux) et par conséquent trois des angles étant égaux
dans les deux quadrilatères, les qua-
trièmes le sont. Donc MP s'applique le
long de NQ, oy s'appliquant sur ox,
P tombe en Q. Donc $MP = NQ$.

Ex. 4. Dans un cercle on mène une corde MN plles au
diamètre AB et de ses extrémités M et N on mène les pps
à AB qui coupent le cercle aux points P et Q. Prouver
que PQ est plle et égal à MN, c'est-à-dire que la figure est
un rectangle (on repliera autour de AB).

VIII. *Exemple de méthode consistant à prouver que
deux longueurs sont égales en les mesurant séparément.*

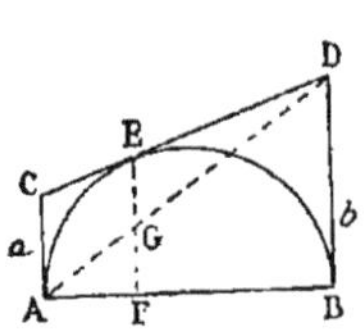

Du point de contact E d'une tg. CD, on
mène la pp. EF au diamètre AB. Prouver
que si on joint AD, AD coupe EF en son
milieu.

Pour prouver que $EG = GF$, calculons-les
séparément par la méthode naturellement indiquée des $\triangle$ semblables.

On a :
$$\frac{EG}{a} = \frac{DE}{DC} = \frac{b}{b+a}, \quad \text{d'où } EG = \frac{ab}{b+a}.$$

$$\frac{GF}{b} = \frac{AF}{AB} = \frac{CE}{CD} = \frac{a}{a+b}, \quad \text{d'où } GF = \frac{ba}{a+b}.$$

Donc $EG = GF$.

§ 2. — Prouver que deux angles d'une figure sont égaux.

On a trois principales méthodes à sa disposition :

La méthode des deux Δ égaux ;
La méthode du Δ isocèle ; ·
La méthode des Δ semblables.

La première méthode consiste à chercher deux Δ renfermant les angles en question, Δ qui aient l'air d'être égaux, et dont on puisse prouver l'égalité.

La deuxième méthode consiste à considérer un Δ qui renferme comme angles les angles en question, et à prouver cette autre chose : que les côtés opposés sont égaux.

La troisième méthode consiste à considérer deux Δ renfermant les angles en question, Δ qui se ressemblent, et dont on puisse démontrer la similitude.

REMARQUE. — On pourra se dispenser de chercher à appliquer les méthodes précédentes quand, en examinant attentivement la figure et se préoccupant d'utiliser les données, on verra :

Ou que ces angles *ont leurs côtés perpendiculaires ou parallèles ;*
Ou que ces angles *sont des sommes ou des différences d'angles deux à deux égaux* (et on utilisera alors souvent le théorème sur l'angle extérieur d'un Δ) ;
Ou que ces angles *entrent dans un quadrilatère inscriptible.*

De même, si dans la figure il y a un cercle, on montre d'ordinaire l'égalité des angles *en mesurant les arcs interceptés.*

La *méthode de rotation autour d'un axe de symétrie* permet parfois aussi *de prouver que deux angles* sont égaux.

Total : huit méthodes.

Nous allons encore donner des exemples appropriés à chacune de ces huit méthodes. Nous verrons que souvent, pour prouver que deux angles sont égaux, on les remplace par d'autres plus commodes dont on devra prouver l'égalité.

La nécessité d'utiliser les données de la question prouvera, en général, laquelle de ces huit méthodes il faudra adopter. Donc total : **8** méthodes, dont **3** principales, et **5** secondaires.

EXEMPLES RELATIFS AU § 2

I. *Comme application de la méthode des Δ égaux à employer pour démontrer l'égalité de deux angles, nous allons donner les exemples suivants :*

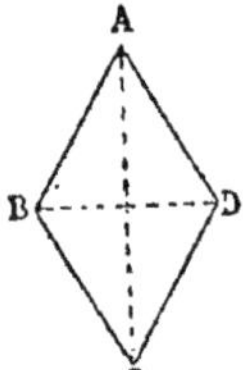

Ex. 1. Démontrer que dans un losange les diagonales sont des bissectrices.

Soit ABCD un losange, c'est-à-dire un quadrilatère ayant ses quatre côtés égaux. Pour prouver que les deux angles BAC et DAC sont égaux, considérons les Δ ABC et ADB. Ils ont leurs trois côtés égaux deux à deux. Donc AC est bissectrice.

Ex. 2. Dans un trapèze ABCD, où les deux côtés non parallèles sont égaux, prouver que les angles à la base sont égaux.

Pour prouver que les angles en A et B sont égaux, il serait assez naturel de considérer les deux Δ ACB et ADB. Mais il est

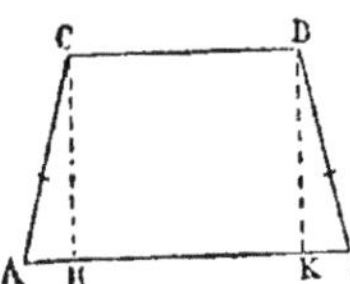

impossible de prouver leur égalité. — D'ailleurs dans ces Δ on ne voit pas comment on pourrait utiliser l'hypothèse que CD est plle à AB. — Or, en passant en revue les propriétés des droites plles, on en découvre une qui pourrait bien servir, c'est celle qui dit que ces droites sont partout à égale distance. On a donc CH = DK.

On est dès lors amené, pour prouver que A = B, à considérer les deux Δ ACH et DBK — Δ qui sont égaux. Donc A = B.

Ex. 3. Si on joint le sommet A d'un Δ équilatéral ABC inscrit dans un cercle au centre O, cette droite AO est bissectrice.

En effet les deux Δ AOB et AOC sont égaux, comme ayant les angles en O égaux, les côtés qui comprennent ces angles étant égaux aussi.

II. *Exemples de la méthode du Δ isocèle employée pour démontrer que des angles sont égaux.*

Ex. 1. Sur les deux côtés d'un Δ ABC où A = B on prend

des longueurs égales AM et BN et on joint MN. Prouver que les angles CMN et CNM sont égaux.

Tâchons de prouver que le Δ CMN est isocèle, c'est-à-dire que CM = CN.

Puisque par hypothèse les angles en A et B sont égaux, on a : CA = CB.

Mais alors CM = CN comme différences de deux longueurs égales. Donc les angles sont égaux.

Ex. 2. Dans un Δ rectangle ABC on mène la médiane AM partant du sommet de l'angle droit. Prouver que les angles MAB et B sont égaux.

Il suffirait pour cela de prouver que BM = MA. Or cela est évident. Car si sur BC comme diamètre on place une demi-circonférence, elle doit passer par A. Donc MA et MB sont deux rayons, et par conséquent MAB = B.

Ex. 3. Dans tout Δ la bissectrice est bissectrice de l'angle formé par la hauteur et le rayon qui aboutissent au sommet de l'angle.

Je dis que les deux angles HAD et DAO sont égaux, si AD est la bissectrice de l'angle BAC.

On n'aperçoit pas de Δ renfermant les angles en question. Mais on sait que dans un grand nombre de questions on utilise qu'une droite est bissectrice en exprimant qu'elle passe par le milieu de l'arc sous-tendu par le côté opposé. — Il est donc naturel de prolonger AD jusqu'au cercle, en I. Mais alors la droite IO étant pp. à BC, les angles OIA et HAD sont égaux comme alternes-internes formés par des plles. Donc, au lieu de démontrer l'égalité des angles proposés, il suffit de prouver que DAO = OIA, ce qui est évident puisque les angles entrent dans le Δ isocèle AOI. Donc

$$HAD = DAO.$$

III. *Exemples de la démonstration de l'égalité de deux angles faite à l'aide de deux Δ semblables.*

Ex. 1. Etant donné un angle *xoy*, si l'on prend sur *ox*

2.

deux points B et B', puis qu'on mène les plles BA et B'A' telles que

$$\frac{BA}{OB} = \frac{B'A'}{OB'},$$

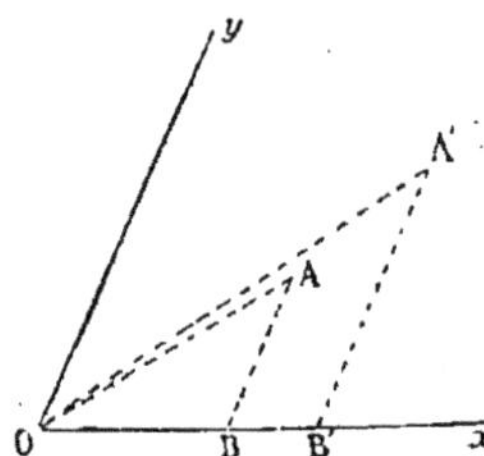

les deux angles formés AoB et A'oB' sont égaux.

En effet, les Δ oAB et oA'B' sont semblables comme ayant un angle égal compris entre deux côtés proportionnels. Par conséquent aux côtés homologues sont opposés des angles égaux. Donc AoB $=$ A'oB'.

Ex. 2. Si dans un Δ ABC on mène une droite BD telle que $\overline{AB}^2 = AC \times AD$, les angles ABD et C sont égaux.

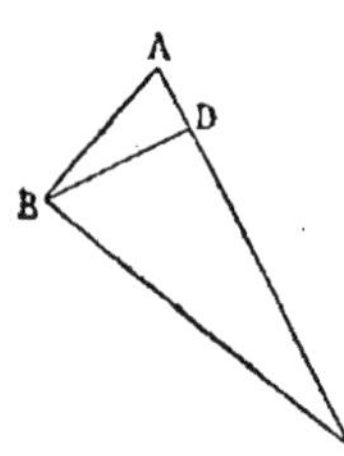

Pour le voir, remarquons que les données transformées peuvent s'écrire

$$\frac{AB}{AC} = \frac{AD}{AB}.$$

Essayons donc la méthode des Δ semblables. Les deux Δ ABD et ABC ont un angle égal compris entre deux côtés proportionnels, donc sont semblables. Ce qui prouve que

$$ABD = C.$$

Ex. 3. Etant donnés deux cercles O et O" tangents en A et une droite xy tangente en B à l'un de ces cercles O', si de O on mène une pp. OH sur xy, les deux angles HAO et O'AB sont égaux.

Ces angles entrant dans deux Δ qui ont l'air d'être semblables, essayons cette méthode des Δ semblables.

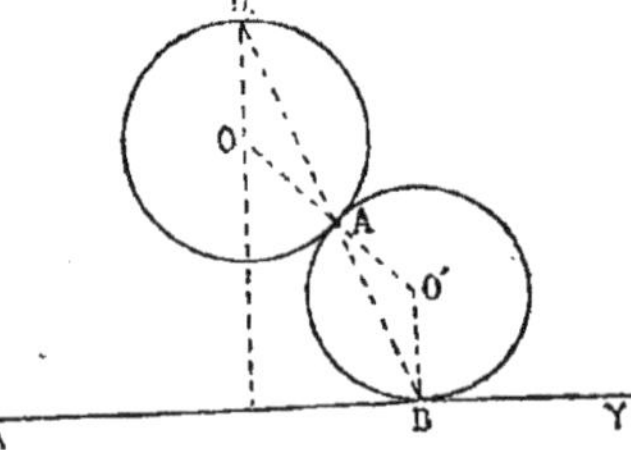

Par hypothèse OH est pp. à xy, mais O'B l'est aussi. Donc OH est plle à O'B. Mais à cause de la troisième hypothèse (les deux cercles tangents) OAO' est une ligne droite.

Il résulte de là que les angles obtus HOA et BO'A sont égaux comme alternes-internes. — Mais le rapport des côtés $\dfrac{OH}{OA}$ est

égal au rapport $\dfrac{O'B}{O'A}$, puisque ces rapports valent tous deux 1.
Donc les Δ sont semblables, et par conséquent les angles HAO et O'AB sont égaux.

Ex. 4. D'un point P pris sur l'hypoténuse d'un Δ rectangle isocèle, on mène les deux pps PH et PK et on prend le symétrique P' du point P par rapport à la droite HK. Prouver que les angles BP'H et AP'K sont égaux.

Ces angles appartiennent à deux Δ BHP' et KAP', qui sont tous deux obtusangles et pourraient bien être semblables.

Voyons si, en utilisant les données, cette idée préconçue pourrait bien se vérifier.

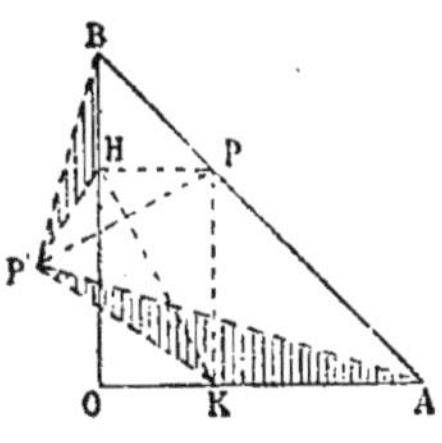

D'abord BH est pp. à AK. Voyons donc si P'H est pp. à P'K. — P' étant le symétrique de P, les figures P'HK et PHK seraient superposables. Or, HPK est droit, donc HP'K aussi. Ainsi donc déjà les deux angles obtus sont égaux (comme ayant leurs côtés pps).

Nous ne savons rien sur les autres angles. Nous devons donc nous occuper du rapport des côtés qui comprennent les angles obtus, c'est-à-dire de $\dfrac{BH}{P'H}$ et de $\dfrac{AK}{P'K}$.

Nous n'avons pas encore utilisé que $B = A = 45°$.

Mais alors PH $=$ BH. Donc comme P'H $=$ PH, le rapport $\dfrac{P'H}{BH}$ vaudra 1, *Idem* pour le rapport $\dfrac{AK}{P'K}$.

Par conséquent les deux Δ ombrés sont semblables. — Donc les deux angles sont égaux.

IV. *Exemples de la méthode prouvant que des angles sont égaux parce qu'ils ont leurs côtés plles ou pps.*

Ex. 1. Quand un trapèze isocèle est circonscrit à un cercle, si on mène la corde de contact MN, le rayon OM et la pp. DI, les deux Δ formés OMH et BDI ont leurs angles deux à deux égaux.

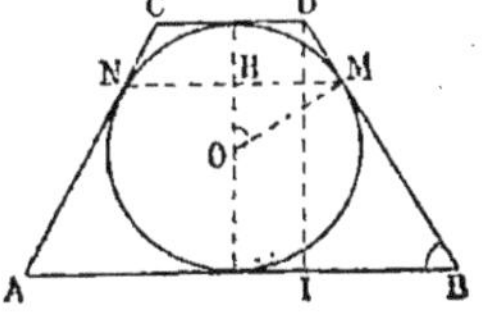

En effet, les côtés DI et HM d'une part, DB et OM d'autre part sont pps.

Donc $\qquad$ B $=$ HOM et IDB $=$ HMO.

Ex. 2. Si par le sommet A d'un $\triangle$ on mène des demi-droites AH et AK pps aux côtés AC et AB, puis qu'on prolonge la médiane AM d'une longueur MA' égale à elle-même, les angles ABA' et HAK sont égaux.

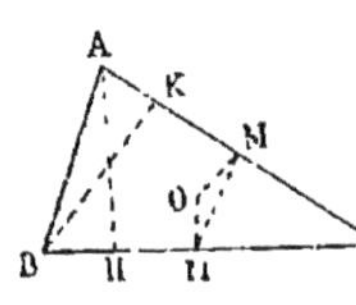

En effet, la figure ABA'C est un parallélogramme, donc BA' est plle à AC, donc BA' est pp. à AH. Comme AK l'est aussi à AB, les deux angles en question ont leurs côtés respectivement pps et sont égaux.

Ex. 3. Si l'on mène dans un $\triangle$ les deux hauteurs AH et BK qui se coupent en I, puis par les milieux M' et M les deux pps aux côtés, les angles des deux $\triangle$ formés AIB et MOM' sont deux à deux égaux.

En effet, la droite des milieux MM' étant plle à AB, les angles ont leurs côtés deux à deux plles, donc sont égaux.

Ex. 4. Si sur l'hypoténuse d'un $\triangle$ rectangle ABC on construit le carré BCMN, puis qu'on mène les plles ainsi que l'indique la figure, tous ces $\triangle$ ont leurs angles égaux.

En effet :

1° MBO $=$ ABC (angles à côtés pps);
2° IMN $=$ ABC (angles à côtés plles);
3° NCK $=$ MBO (angles à côtés plles).

REMARQUE. — On peut déduire de là une démonstration très simple du théorème du carré de l'hypoténuse.

V. *Comme exemples de la méthode consistant à prouver que deux angles sont égaux, parce qu'ils sont la différence d'angles égaux, nous allons traiter les problèmes suivants :*

Ex. 1. Etant donné un angle D, du point A on décrit un arc de cercle B'B''. Au milieu M de B'D on mène la pp. MC'. On joint B'C' et par B'' on mène la plle B''C''.

Prouver que les deux $\triangle$ ombrés $AB'C'$ et $AB''C''$ ont leurs angles égaux.

Les angles C' et C'' étant égaux comme correspondants, tout revient évidemment à prouver que les angles numérotés 1 et 2 sont égaux.

Or on a :

$$1 = AB''D - C''B''D.$$

Mais il faut utiliser les hypothèses, et celles-ci entraînent l'égalité des angles marqués d'une croix ; ainsi que celle des angles $AB'B''$ et $AB''B'$.

On a donc d'une part :

$$1 = AB''D - D,$$

d'autre part, l'angle 2, augmenté de D, donnant une somme égale à l'angle $AB'B''$ extérieur au $\triangle$,

$$2 = AB'B'' - D.$$

Or : $\qquad AB''D = AB'B''.$

Donc : $\qquad$ angle $1 =$ angle 2.

Ex. 2. Étant donnés deux cercles qui se coupent en A, par ce point A on mène deux sécantes et on joint leurs extrémités. Prouver que, si ces deux droites se coupent en O, l'angle EOX est supplémentaire de l'angle des deux tangentes en A.

L'angle EOX étant extérieur au $\triangle$ OED, il est logique d'appliquer le théorème sur l'angle extérieur.

On aura donc :

$$EOX = E + EDO,$$

ou en mesurant ces angles :

$$EOX = \frac{1}{2} \text{ arc } AB + \frac{1}{2} \text{ arc } ADC.$$

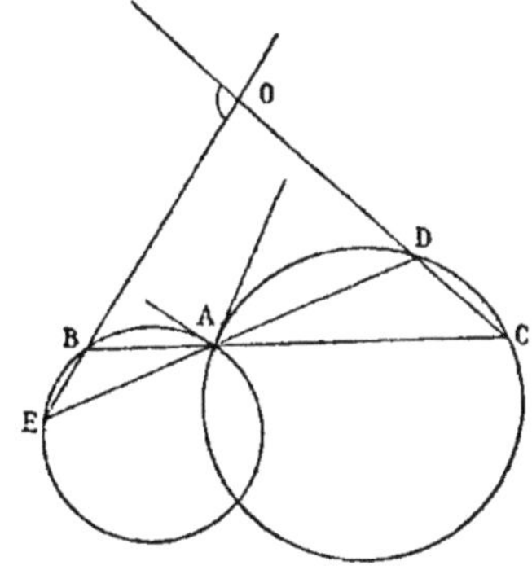

(Car l'angle formé par une corde et le prolongement d'une autre corde a pour mesure la $\frac{1}{2}$ somme des arcs interceptés par les deux cordes.)

Cela posé, si nous nous occupons de l'angle $\theta A\theta'$ formé par les

tangentes, afin de le comparer à EOX, nous voyons que $\theta A\theta'$ vaut deux droits, moins $(\theta AB + \theta'AC)$,
ou encore :

$$180° - \left(\frac{1}{2}\, \text{arc AB} + \frac{1}{2}\, \text{arc ADC}\right),$$

ou enfin : $\qquad\qquad\qquad\qquad 180° - \text{EOX}.$

Cette relation $\theta A\theta' = 180 - \text{EOX}$, nous prouve que l'angle EOD est égal à l'angle des tgs en A.

Ex. 3. Etant donné un $\triangle$ ABC obtusangle en A inscrit dans un segment de cercle, prouver que du point de rencontre des hauteurs on voit BC sous un angle égal à A.

Soit O le point de rencontre des trois hauteurs. Je dis que l'on a :

$$\text{BOC} = \text{BAC}.$$

Je dois utiliser les hypothèses, à savoir que les angles en I, K, sont droits. On aura donc :

$$\text{BOC} = 90° - \text{OBI}.$$
$$\text{BAC} = 90° - \text{ABK}.$$

Mais $\text{OBI} = \text{ABK}$ comme opposés par le sommet.

Donc les angles en A et en B sont égaux, comme différences de deux angles égaux.

VI. Comme exemples de l'emploi du quadrilatère inscriptible, pour démontrer que deux angles sont égaux, citons les problèmes suivants :

Ex. 1. Etant données deux tgs issues du point A, si d'un point D de l'arc (convexe vers le point A) on mène une pp. DH sur la corde de contact BC, puis des pps DI et DK sur AB et AC, les deux $\triangle$ formés DIH et DHK ont leurs angles égaux deux à deux.

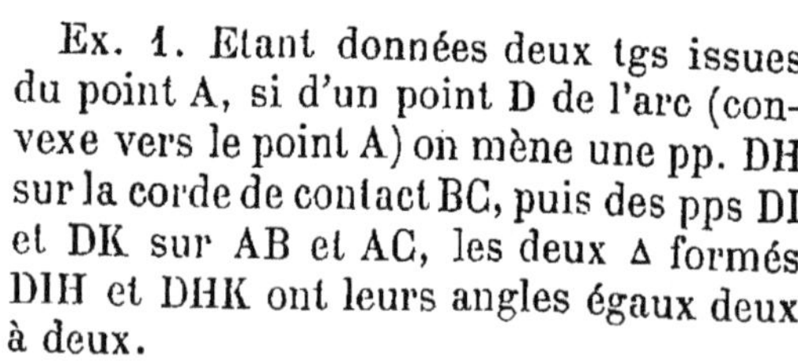

D'abord les angles obtus en D sont égaux comme suppléments de deux angles égaux B et C (puisque les deux quadrilatères formés DIBH et DKHC sont inscriptibles par hypothèse). — Maintenant, pour prouver que l'on a $\text{IHD} = \text{HKD}$, il suffit de remarquer que les quadrilatères étant inscriptibles, on y trouve deux groupes d'angles égaux, à savoir :

$$\text{IHD} = \text{IBD} \quad \text{et} \quad \text{HKD} = \text{DCH}.$$

On est donc ramené à prouver que $\text{IBD} = \text{DCH}$, ce qui est évident, ces angles ayant même mesure.

Donc les angles demandés sont égaux.

N. B. — Dans cet exemple, nous avons remplacé les angles dont on demande de prouver l'égalité respectivement par d'autres angles qui leur sont égaux.

Ex. 2. Dans tout Δ, les hauteurs sont bissectrices des angles du Δ formé par les pieds de ces hauteurs.

1er Cas. — *Supposons le Δ acutangle.* Je dis que $\text{IHA} = \text{KHA}$. Nous devons utiliser les données, à savoir que l'on a trois hauteurs. Mais alors on a des quadrilatères inscriptibles — et ces quadrilatères donnent naissance à des groupes d'angles égaux. — Il est donc naturel de remplacer les angles en H par leurs égaux IBO et KCO, et de prouver l'égalité de ces derniers. Ce qui sera facile, car ils entrent chacun dans un Δ rectangle, et ces Δ rectangles ont un angle commun A. Donc

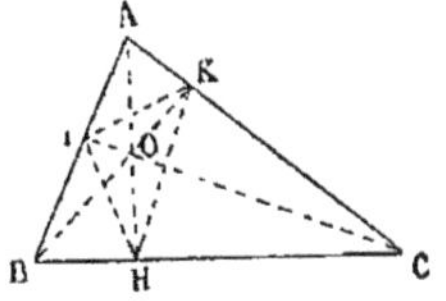

AH est bissectrice.

Mais la hauteur AH ne peut pas avoir une propriété que n'aient aussi les deux autres hauteurs (puisque le Δ est quelconque). Donc les deux autres hauteurs sont elles aussi des bissectrices dans le Δ HKI.

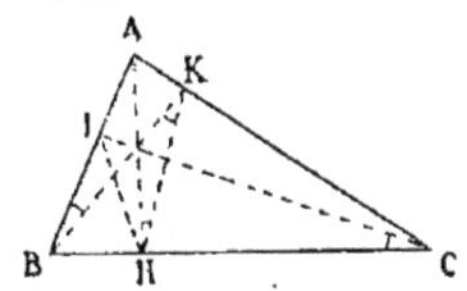

2e Cas. — *Le Δ proposé est obtusangle.* Nous allons montrer que, dans ce cas, une des hauteurs est bissectrice intérieure du Δ HKI (ce sera la hauteur qui part du sommet de l'angle obtus) et que les deux autres hauteurs sont des bissectrices extérieures de ce même Δ.

Pour le voir, servons-nous de la figure précédente, mais où nous supposerons que le Δ donné est non plus le Δ ABC, mais le Δ AOC obtusangle en O. La figure nous montre que la pp. OK est bissectrice de l'angle IKH, puisque IOC est bissectrice de l'angle KIH. Mais alors la droite AI, pp. à une bissectrice intérieure, est une bissectrice extérieure. Donc, la deuxième hauteur AI est bissectrice extérieure de l'angle KIH.

Et de même, la troisième hauteur CH sera bissectrice extérieure dans le Δ KIN.

VII. *Exemples de l'égalité de deux angles démontrés à l'aide de la mesure des arcs.*

(*Cette méthode s'emploie presque toujours quand dans la figure se trouve un cercle.*)

Ex. 1. Etant donnés deux cercles concentriques, on mène deux tgs au cercle intérieur. Prouver que BAC = DCA.

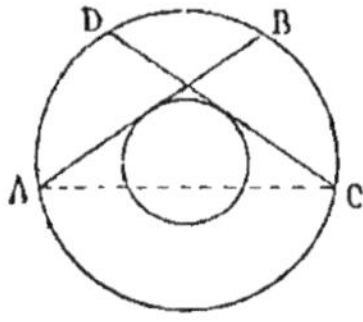

Il suffit de mesurer les arcs interceptés BC et AD. Or, ils sont égaux. Car AB et CD étant des cordes également distantes de O, arc AB = arc CD. Si donc on retranche l'arc commun DB, il restera arc AD = arc BC.

Donc :   C = A.

Ex. 2. On mène OI pp. au diamètre AB et on joint ce point I aux deux extrémités d'une corde CD. Prouver que l'angle OEI = ICD, E étant le point où ID coupe AB.

Mesurons-les :

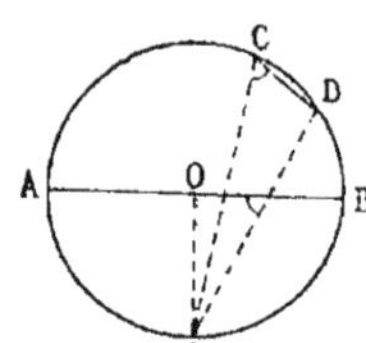

$$\text{IBO} = \frac{1}{2}\,\text{arc AI} + \frac{1}{2}\,\text{arc DB} = 45^\circ + \frac{1}{2}\,\text{DB}.$$

$$\text{C} = \frac{1}{2}\,\text{arc IB} + \frac{1}{2}\,\text{arc DB} = 45^\circ + \frac{1}{2}\,\text{DB}.$$

Donc ils sont égaux.

Ex. 3. Etant donnés deux cercles tgs intérieurement en A. Une tg. BC roule sur le cercle intérieur.

Prouver que, si on joint le point de contact I au point A, cette droite AI est bissectrice de l'angle BAC. —

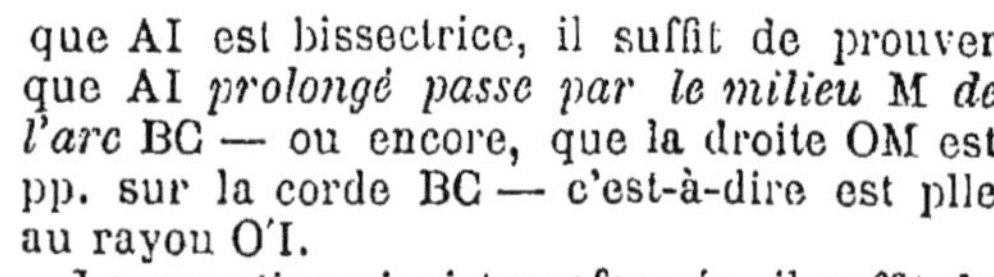

Pour démontrer que AI est bissectrice, il suffit de prouver que AI *prolongé passe par le milieu* M *de l'arc* BC — ou encore, que la droite OM est pp. sur la corde BC — c'est-à-dire est plle au rayon O'I.

La question ainsi transformée, il suffit de prouver que les angles correspondants OMA et O'IA sont égaux.

Or, cela est facile. Car

OMA = OAM

OAM = O'AI = O'IA (comme angles d'un Δ isocèle).

Donc AI passe par le milieu de l'arc BC, c'est-à-dire est bissectrice.

On emploierait cette méthode de la mesure des angles, faite à l'aide de la mesure des arcs de cercle, dans les problèmes suivants :

Ex. 4. On joint les sommets d'un hexagone de deux en deux. Prouver que les angles de l'hexagone intérieur sont tous égaux.

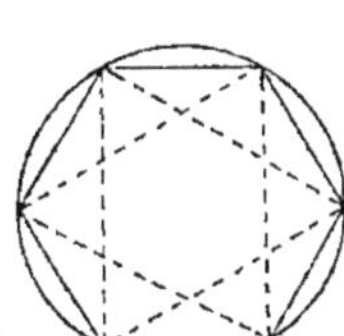

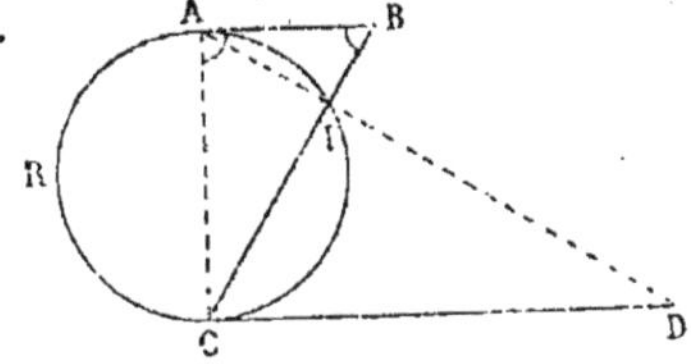

Ex. 5. Par les sommets d'un Δ· équilatéral inscrit dans un cercle, on mène des tgs. Prouver que le Δ MNP formé est équilatéral.

(On mesurera les angles M et N à l'aide des arcs, et on prouvera qu'ils ont même mesure.)

Ex. 6. On mène deux tgs plles AB et CD. On joint les points A et C à un point quelconque pris sur la circonférence. Prouver que les angles B et CAI sont égaux.

Mesurons-les à l'aide des arcs.
On a :

$$B = \frac{1}{2} \text{ arc ARC} - \frac{1}{2} \text{ arc AI.}$$

$$CAI = \frac{1}{2} \text{ arc IC.}$$

Mais on a :   ARB — AI = AIC — AI = IC.

Donc les angles sont égaux.

VIII. *Exemples de l'égalité de deux angles démontré en repliant la moitié de la figure autour d'un axe.*

Ex. 1. Etant donnés deux cercles concentriques coupés par une droite ABCD, les angles AOB et COD sont égaux.

En effet, si nous repliions la $\frac{1}{2}$ figure autour de la pp. OI, on verrait que B vient en C, A en D. Donc, comme O ne bouge pas, les angles sont égaux.

Ex. 2. Aux extrémités d'une droite AB on fait des angles égaux A et B. On prend sur les droites ainsi obtenues des longueurs égales AC et BD. Aux points C et D on fait de nouveau des angles égaux, et sur les droites obtenues on prend des longueurs égales CM et DN. Prouver que les deux angles M et N sont égaux.

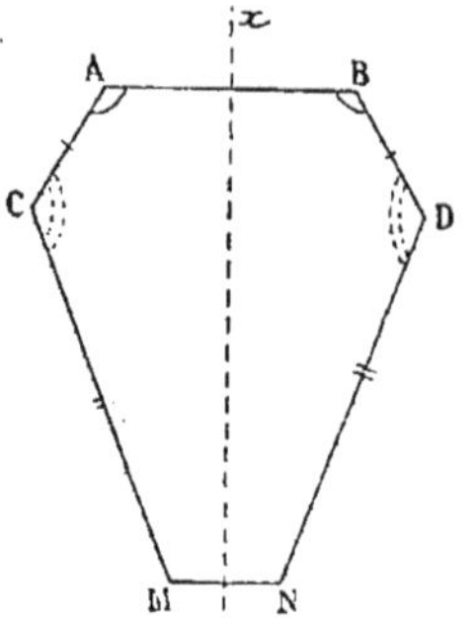

Menons en effet la pp. xy au milieu I de AB et replions. IACM s'applique évidemment sur IBDN. Et, par conséquent, les angles CMN et DNM sont égaux.

§ 3. — Prouver que dans une figure deux longueurs sont inégales.

Pour prouver que deux longueurs d'une figure sont inégales, nous pouvons formuler les trois principales méthodes suivantes :

Après avoir, s'il y a lieu, amené les deux droites à avoir même extrémité,

1° *On prouve que sur la droite qu'on dit être* (ou qui paraît être) *la plus grande, existe un point I également distant des deux extrémités non communes B et C —*

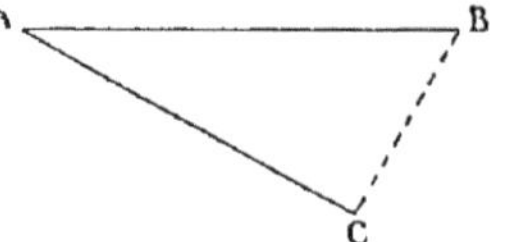

puis on écrit l'inégalité :

$$AC < AI + IC, \text{ d'où } AC < AB.$$

2° *Après avoir amené les deux droites à avoir une extrémité commune A, ce qui donne le △ ABC, on démontre que les angles B et C opposés sont inégaux.*

3° *Quand les deux droites n'ont pas même extrémité, on peut considérer deux △ renfermant ces droites, △ ayant deux côtés égaux et l'angle compris inégal.*

Remarque. — Il est bien évident que si les deux longueurs

données (ou des longueurs qui leur sont égales) sont *l'une une pp. et l'autre une oblique, ou sont des obliques inégalement écartées du pied de la pp.*, on pourra se dispenser d'employer les méthodes précédentes.

De même, si les longueurs sont dans un *cercle des cordes*, on pourra chercher à prouver que les arcs sont inégaux — ou les distances au centre inégales, — ou encore que *l'une des droites est un diamètre et l'autre une corde.*

Un dernier procédé consisterait encore à calculer *chacune des longueurs* et à constater que les résultats sont inégaux.

Total : sept méthodes.

(Ci-joint encore des exemples appropriés à chacun de ces procédés.)

La nécessité d'utiliser les données indiquera en général laquelle de ces sept méthodes devra être employée.

EXEMPLES RELATIFS AU § 3

I. *Pour montrer comment, avec la deuxième méthode, on arrive à prouver que deux longueurs sont inégales, il suffit de rappeler les problèmes suivants du cours :*

D'abord le lemme relatif au troisième cas d'égalité des Δ.

Puis la façon dont on démontre qu'un point extérieur à la pp. à une droite en son milieu n'est pas à égale distance des extrémités.

Puis la façon dont on démontre que la plus grande distance du point P à une circonférence se compte sur le diamètre PO.

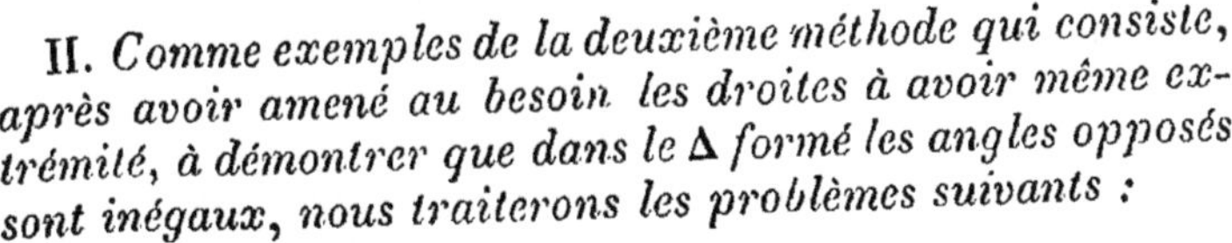

(On prend sur PA le point O tel que OA $=$ OB et on dit que

$$PB < PO + OB < PA.)$$

II. *Comme exemples de la deuxième méthode qui consiste, après avoir amené au besoin les droites à avoir même extrémité, à démontrer que dans le Δ formé les angles opposés sont inégaux, nous traiterons les problèmes suivants :*

Pr. 1. Dans un cercle O la droite PA est supérieure à PB.

(On peut le démontrer en prouvant que l'angle B est plus grand que l'angle A, ce qui se fera facilement par la mesure des arcs.)

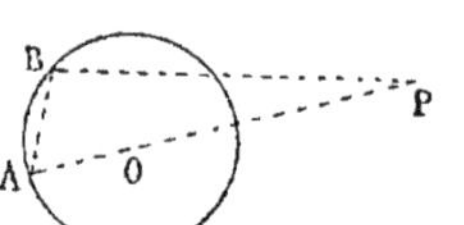

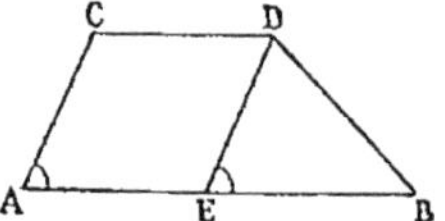

Pr. 2. Dans un trapèze ABCD, si les angles à la base sont inégaux, les côtés opposés sont inégaux.

Soit $A > B$. Je dis que $DB > AC$.

En effet, si nous amenons la droite CA en DE à l'aide de la p^{lle} DE, $E = A$. Donc $E > B$. Donc $DB > DE$ et $DB > AC$.

Pr. 3. Etant donné un $\triangle$ isocèle ABC, si on prend $BM = CN$, la droite MN est supérieure à BC.

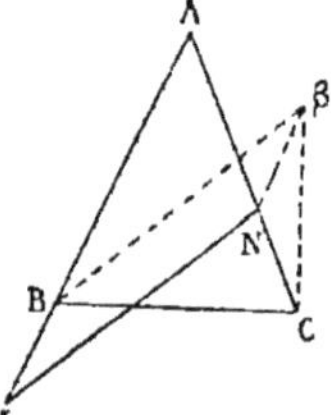

Les deux longueurs BC et MN n'ayant pas même extrémité, amenons MN en Bβ à l'aide des deux p^{lles} Bβ et Nβ.

Pour prouver que $Bβ > BC$, tâchons de voir si on ne pourrait pas prouver que

$$BCβ > BβC;$$

en nous rappelant que

$$Nβ = NC.$$

Mais alors les angles NβC et NCβ sont égaux. Il n'y a donc plus qu'à prouver que les angles restants NCB et NβB sont inégaux.

Mais cela est évident. Car $NβB = BMN = ABβ$, angle évidemment moindre que ABC, donc aussi que ACB.

Par conséquent $BβC < BCβ$. Donc $BC < Bβ$, donc $MN < Bβ$.

REMARQUE. — On peut quelquefois prouver que deux longueurs sont inégales uniquement par l'examen de la figure.

Il suffit pour le prouver de rappeler comment dans les cours on prouve qu'un point pris en dehors de la bissectrice d'un angle est inégalement distant des deux côtés.

On peut aussi prendre l'exemple suivant :

Dans un $\triangle$ rectangle, la hauteur est supérieure au diamètre du cercle inscrit.

III. *Comme exemples de la troisième méthode (dite des deux $\triangle$ ayant un angle inégal compris entre côtés égaux), traitons les problèmes suivants :*

Pr. 1. Tout point pris en dehors de la pp. élevée à une droite en son milieu est inégalement distant des extrémités de cette droite.

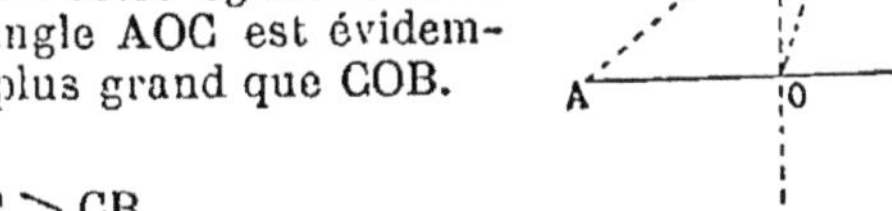

. Il n'y a qu'à considérer les deux $\triangle$ AOC et BOC. Ils ont deux côtés égaux chacun à chacun. Mais l'angle AOC est évidemment obtus, donc plus grand que COB.

Il en résulte :

$$AC > CB.$$

Pr. 2. Dans un $\triangle$ au plus petit côté correspond la plus grande médiane.

Soit : $\qquad AB < AC.$

Je dis que l'on a : $\qquad CM > BN.$

Comme dans la plupart des problèmes où on parle de médianes, on prolonge, prolongeons. Nous aurons les deux parallélo-grammes CBDA et CBAE — et AD sera le prolongement de AE et lui sera égal. — Mais alors, il est naturel de considérer les

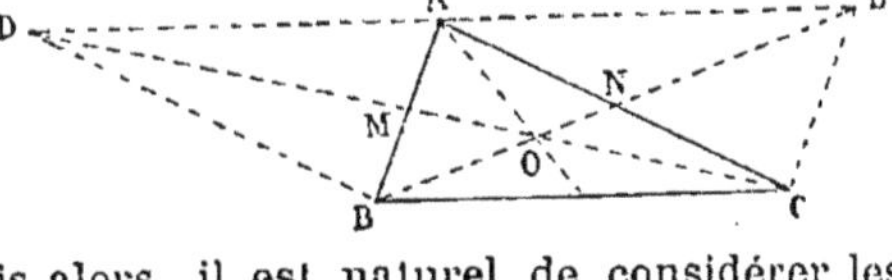

deux $\triangle$ AOD et AOE, où les côtés valent $\frac{4}{3}$ CM et $\frac{4}{3}$ BN. — Ces $\triangle$ ont deux côtés égaux chacun à chacun.

De plus, l'angle DAO est obtus et EAO aigu.

Donc, d'après le théorème, on aura :

$$OD > OE,$$

donc : $\qquad CM > BN.$

IV. Comme exemples de la méthode consistant à démon-trer que des longueurs sont inégales parce que ce sont des obliques, ou des obliques inégalement écartées du pied de la pp., indiquons les problèmes suivants :

Ex. 1. Dans tout $\triangle$ rectangle la pp. menée du sommet de l'angle droit sur l'hypoténuse est plus petite que l'hypoténuse.

En effet, on a : AH $<$ AB.

Mais : $\qquad AB < BC.$

Donc *a fortiori* : AH $<$ BC.

Ex. 2. Dans tout Δ, la médiane AM est plus petite que la bissectrice AD issue du même angle.

Je dis que AD < AM.

En effet, dans un grand nombre de problèmes on utilise l'hypothèse qu'une droite est bissectrice en exprimant qu'elle passe par le milieu I de l'arc sous-tendu par la corde dans le cercle circonscrit.

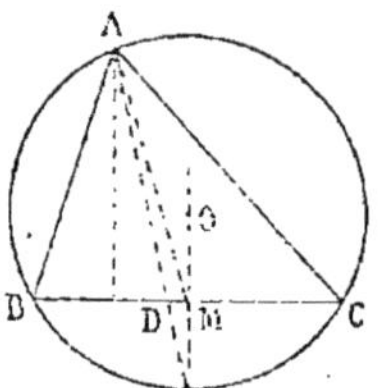

Mais la pp. menée du milieu M à la corde BC passe, elle aussi, par le milieu I de l'arc.

Cela prouve que le point où AI rencontre BC est plus près du pied H de la hauteur que le point M.

Donc, on a bien :   AD < AM.

Ex. 3. Si un Δ rectangle a ses deux côtés de l'angle droit supérieurs aux deux côtés de l'angle droit dans un autre Δ rectangle, la première hypoténuse est plus grande que la seconde.

En effet, si on joint BC′, on a : BC < BC′, puisque C′ est plus loin que C par rapport au pied A de la pp. BA.

Mais, on a : BC′ < C′B′, puisque B est plus près que B′ du pied A de la pp. CA.

Donc, *a fortiori* on a : BC < B′C′.

Ex. 4. La moyenne arithmétique entre deux longueurs inégales est supérieure à leur moyenne géométrique.

En effet, si on se reporte à la construction connue de la moyenne géométrique entre deux longueurs AB et BC, on trouve la droite BD. — Mais la moyenne arithmétique entre AB et BC valant leur demi-somme est égale au rayon, c'est-à-dire à OD. —

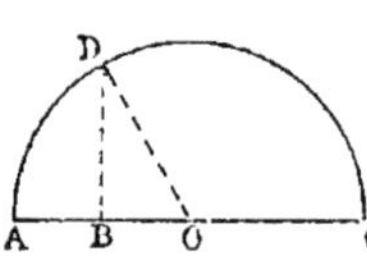

OD étant une oblique et DB une pp. à AC, on a bien : OD > DB.

V. *Exemples de deux longueurs inégales parce que ce sont des cordes inégalement distantes.*

Ex. 1. Par un point A pris dans l'intérieur d'un cercle O, on mène deux cordes, l'une pp. à la droite OA, l'autre inclinée sur OA ; prouver que ces longueurs sont inégales.

Si du centre on mène OH pp. sur DE, OA est une oblique par rapport à DE. Donc, on a :

$$OH < OA.$$

Dès lors, les longueurs en question BC et DE sont des cordes inégalement distantes du centre et par conséquent $BC < DE$.

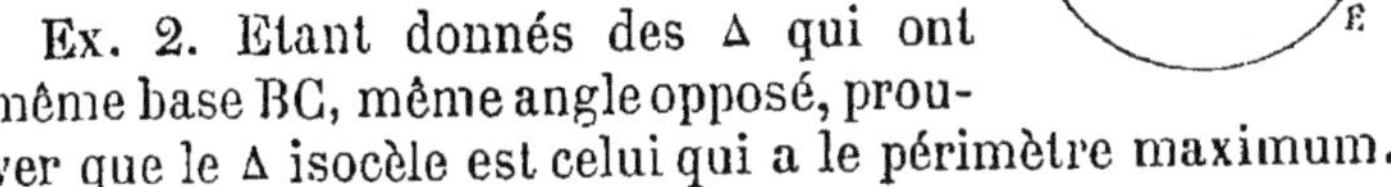

Ex. 2. Etant donnés des Δ qui ont même base BC, même angle opposé, prouver que le Δ isocèle est celui qui a le périmètre maximum.

Considérons deux Δ, l'un isocèle ABC, l'autre quelconque A'BC, les sommets A et A' étant sur le segment capable de l'angle donné A. Les deux périmètres ayant une partie commune BC, il n'y a qu'à comparer

$$(AB + AC) \text{ et } (A'B + A'C).$$

Pour cela rectifions ces deux sommes en BD et en BD', puis joignons DC et D'C.

L'angle BDC étant la moitié de l'angle A, et l'angle BD'C aussi, ces points D et D' sont sur le segment capable de l'angle $\dfrac{A}{2}$ placé sur BC, et le centre de ce second segment capable est en A. — Mais alors, dans ce cercle, BD est un diamètre et BD' une corde. Donc $BD > BD'$ et par conséquent ABC est le Δ de périmètre maximum.

VI. *Exemples de l'inégalité de deux longueurs démontrée par le calcul.*

Nous pouvons reprendre les questions précédentes et les traiter par le calcul.

Ex. 1. Dans un Δ au plus grand côté correspond la plus petite médiane.

Appelons, en effet, a, b, c, m, m', m'', les nombres qui mesureraient les côtés et les médianes, dans le Δ ABC, on sait que l'on a :

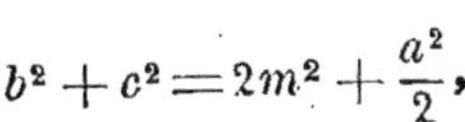

$$b^2 + c^2 = 2m^2 + \frac{a^2}{2},$$

d'où :
$$2m^2 = b^2 + c^2 - \frac{a^2}{2},$$

et de même, en permutant circulairement : $2m'^2 = c^2 + a^2 - \dfrac{b^2}{2},$

$$2m''^2 = a^2 + b^2 - \frac{c^2}{2}.$$

Supposons maintenant $a > b > c$.

Alors $b^2 + c^2$ est la valeur minimum de la somme des carrés associés deux à deux. $\dfrac{a^2}{2}$ étant en même temps le plus grand des trois carrés, on voit que, pour avoir $2m^2$, on retranche de la plus petite des trois quantités la plus grande. Donc m est la médiane minimum; et elle correspond au côté maximum.

Remarque. — Il y a une troisième méthode basée sur cette idée générale : que, pour comparer deux grandeurs, il suffit d'en faire la différence et de chercher le signe du résultat.

Ex. 2. Si dans deux $\triangle$ ABC et A'B'C' rectangles en A et A', on a : $b < b'$ et $c < c'$, on a aussi : $a < a'$.

En effet :
$$a^2 = b^2 + c^2,$$
$$a' = b'^2 + c'^2.$$

Or : $b^2 + c^2 < b'^2 + c'^2$ (à cause de l'hypothèse).

Donc : $\qquad\qquad\qquad a < a'.$

Ex. 3. Etant donné un cercle de rayon R et un point A

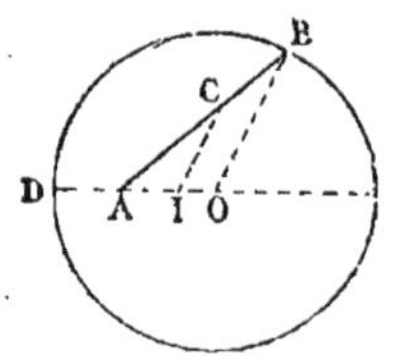

intérieur, situé à une distance connue d du centre — on mène AB, puis OB, puis une plle quelconque CI. Prouver que CI est inférieur à ID.

Pour prouver que l'on a : CI $<$ ID, il suffit de prouver que

$$CI < OD - OI.$$

Ou que $\qquad\qquad OI < OD - CI,$

ou enfin que $\qquad OA - AI < R - CI,$

c'est-à-dire que $\qquad d - AI < R - CI.$

Or on a : $\qquad\qquad \dfrac{AI}{d} = K. \quad \dfrac{CI}{R} = K.$

Donc, en remplaçant AI et CI par Kd et par KR, il suffit de comparer $(d - d\text{K})$ à $(\text{R} - \text{R} \times \text{K})$.

Comme on a : $d < $ R puisque A est un point intérieur, on a :
$d(1 - \text{K}) < \text{R}(1 - \text{K}).$

Donc : $\qquad\qquad\qquad\qquad$ IC $<$ ID.

Ex. 4. Etant donnés deux cercles qui se coupent ; si d'un point P de la corde commune on mène une tg. à l'un des cercles, cette tg. limitée au point de contact est inférieure à la distance PI de P à la ligne des centres.

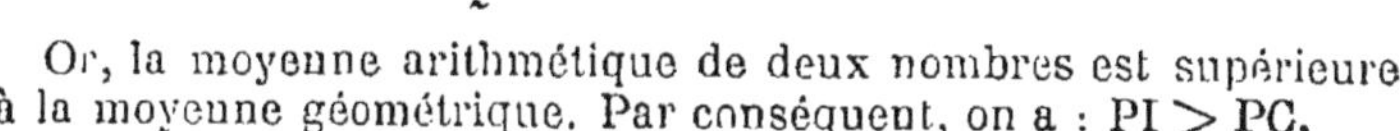

Pour démontrer que $PI > PC$, calculons PC et PI.

Nous avons :

$$PC = \sqrt{PA \times PB}.$$

$$PI = \frac{PA + PB}{2}.$$

Or, la moyenne arithmétique de deux nombres est supérieure à la moyenne géométrique. Par conséquent, on a : $PI > PC$.

Ex. 5. Prouver que si deux cercles O et O' sont extérieurs, l'axe radical est plus près de la grande circonférence que de la petite.

Soit xy l'axe radical qui coupe en I la ligne des centres.

Soit AB le diamètre du plus grand des deux cercles, le point A étant l'extrémité voisine de xy, et soit de même A'B' le plus petit des deux diamètres, A' étant le point voisin de xy.

Je dis que l'on a : $\qquad IA < IA'$.

En effet, on a, I étant un point de l'axe radical :

$$IA \times IB = IA' \times IB',$$

c'est-à-dire :

$$IA\,(IA + AB) = IA'\,(IA' + A'B').$$

Cette égalité nous montre, AB étant supérieur à A'B', que si IA était de plus supérieur à IA', (IA + AB) serait plus grand que (IA' + A'B'), et alors le produit de deux longueurs serait égal au produit de deux longueurs toutes deux plus petites, ce qui est impossible.

Donc on doit avoir : $IA < IA'$.

§ 4. — Prouver que dans une figure deux angles sont inégaux (ou dans un rapport donné).

Nous avons quatre principales méthodes à notre disposition :

1° *On peut chercher à obtenir deux Δ renfermant ces angles, Δ qui aient deux côtés égaux et un troisième inégal.*

2° On peut considérer un $\triangle$ renfermant ces deux angles A et B, et prouver que les côtés opposés sont inégaux.

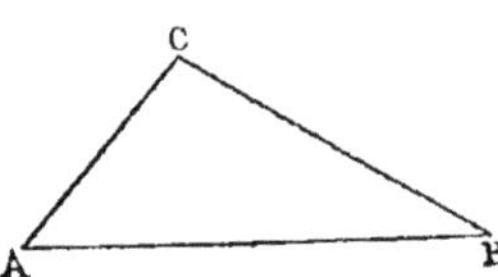

3° Souvent en utilisant le théorème de l'angle extérieur à un $\triangle$, on peut parvenir à prouver que les deux angles en question sont composés de parties inégales.

4° Quand, dans la figure, il y a un cercle, une méthode bien naturelle consiste à mesurer les angles à l'aide des arcs.

Total : quatre méthodes.

(Nous allons donner des exemples appropriés à chacune de ces méthodes.

Exemples relatifs au § 4.

I. *Exemples de l'inégalité des deux angles démontrée par la méthode des $\triangle$ ayant deux côtés égaux et un côté inégal.*

Ex. 1. L'angle d'une droite avec sa projection sur un plan est un angle minimum.

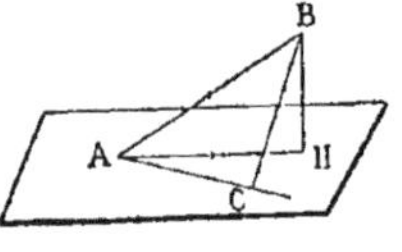

Pour démontrer que $BAH < BAC$, il est naturel de prendre $AC = AH$. Alors BC étant une oblique au plan, on a deux $\triangle$ ayant deux côtés égaux et un troisième inégal. D'où $BAH < BAC$.

Ex. 2. Dans un trièdre, la plus grande face α est inférieure à la somme des deux autres β et γ.

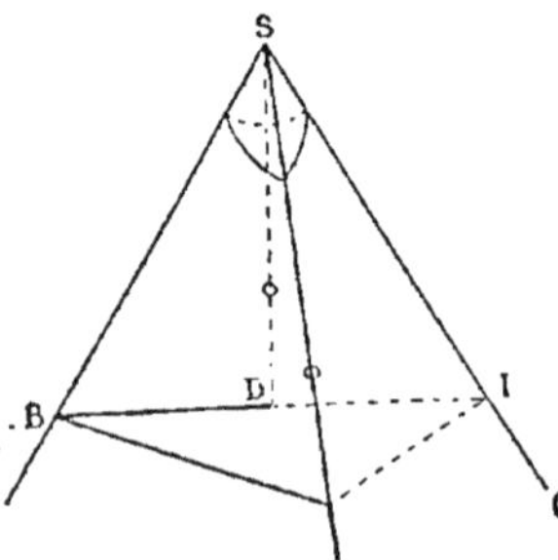

Soit BSC la plus grande face.

Je dis que $\alpha < \beta + \gamma$.

Pour cela prenons sur α un angle CSD égal à β. Il n'y aura plus qu'à prouver que BSD est $< \gamma$. — Mais nous avons pour cela une méthode naturelle à essayer, celle des $\triangle$ inégaux. Prenons donc au hasard $SD = SA$ et joignons à un point quelconque B.

Les deux $\triangle$ formés SBD et SBA ont deux côtés égaux deux à deux, mais les troisièmes sont inégaux. Car si on prolonge BD en I on a

BD + DI $<$ BA + AI et comme DI = AI, BD $<$ BA. Donc on a bien $\alpha < \beta + \gamma$.

Ex. 3. Dans un cône circulaire droit, l'angle de deux génératrices quelconques est inférieur à l'angle au sommet du cône.

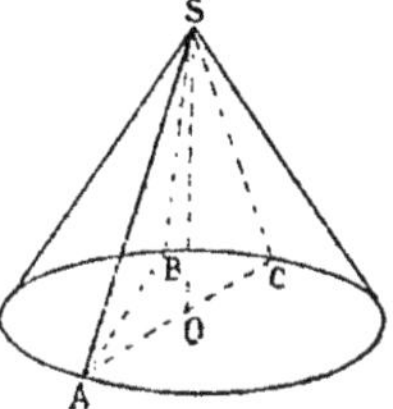

Soient en effet SA et SB deux génératrices quelconques. Pour prouver que l'angle ASB est inférieur à l'angle d'ouverture du cône, angle qui est égal à ASC, comparons les deux $\triangle$ SAB et SAC. Le diamètre AOC étant plus grand que la corde AB, ces $\triangle$ ont deux côtés égaux et un troisième inégal. Donc :

$$ASB < ASC.$$

II. *Exemples de l'inégalité des deux angles démontrée par la considération d'un $\triangle$ à côtés inégaux.*

Ex. 1. Soit dans un $\triangle$ ABC AB $<$ AC. Je dis que si on mène la médiane comprise AM, les angles BAM et CAM sont inégaux.

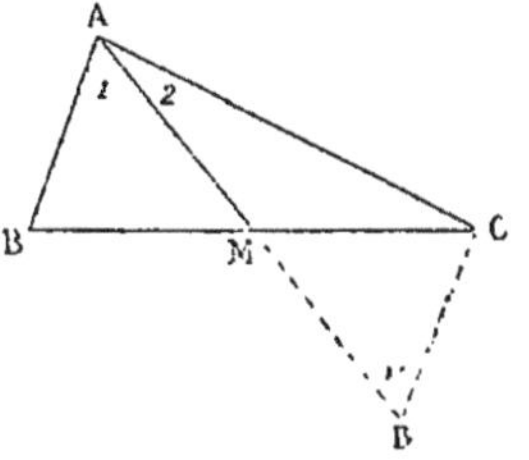

Comme toujours, prolongeons la médiane de façon à former un parallélogramme. Au lieu de comparer les angles numérotés 1 et 2, comparons les angles 1' et 2, ce qui revient au même.

Dans le $\triangle$ formé ACD on a CD $<$ AC. Par conséquent angle 2 $<$ angle 1'. Donc aussi angle 2 $<$ angle 1.

Ex. 2. Dans un cercle on partage une corde en trois parties égales. Démontrer que

$$AOC < COD.$$

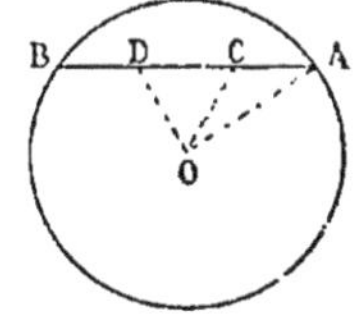

En effet OC est une médiane dans le $\triangle$ AOD. Donc, d'après l'exemple précédent, l'angle adjacent au plus grand côté étant le plus petit, on doit avoir :

$$AOC < COD.$$

III. *Exemples de l'inégalité des deux angles démontrée à l'aide du théorème de l'angle extérieur à un $\triangle$.*

Ex. 1. Dans tout $\triangle$ ABC l'angle BOC obtenu en joignant deux sommets B et C à un point intérieur O est supérieur à l'angle BAC.

En effet, si nous joignons AO, on a :

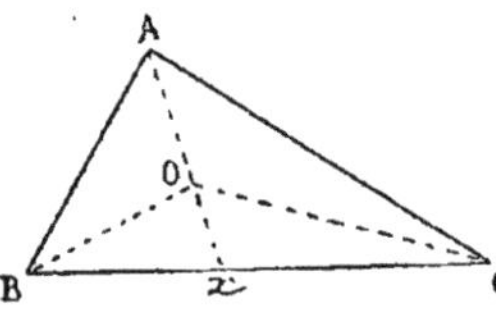

$$BOX > BAO$$
$$COX > CAO$$

(car l'angle extérieur d'un Δ est supérieur à l'angle intérieur).

Ajoutons membre à membre ces deux inégalités, on aura :

$$BOC > BAC.$$

Ex. 2. Étant donné un cercle et une sécante ABC où la partie extérieure AB est égale au rayon R, démontrer que l'angle COD est supérieur à l'angle CAO, et en est le triple.

D'abord COD est supérieur à A, car c'est un angle extérieur au Δ OCA. Mais on a de plus :

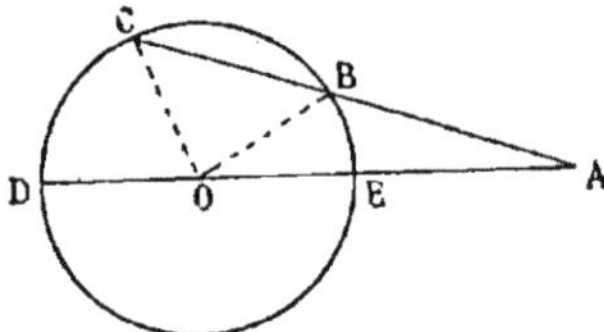

$$(1) \quad COD = A + OCA.$$

Or il faut utiliser les données, à savoir que AB = R. Mais alors AB = OB. Donc A = BOA. Mais OCA = OBC et OBC extérieur au Δ isocèle OBA vaut deux fois A.

On a donc en se reportant à l'égalité (1) :

$$COD = A + 2A = 3A.$$

Ex. 3. Étant donné un Δ rectangle BAC, on mène la médiane AO partant du sommet de l'angle droit et on la prolonge en AX. Par le point B on mène une droite BED telle que EA = ED. Prouver que BEC = 2C.

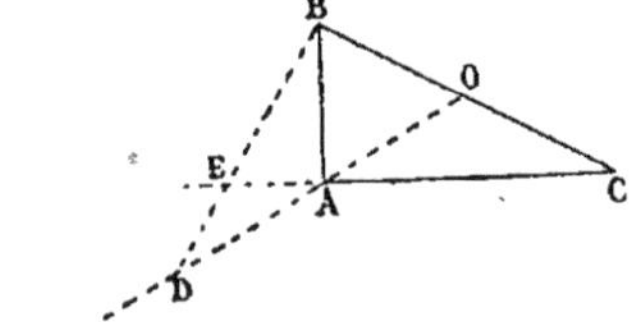

BEC étant un angle extérieur au Δ EAD, on a :

$$BEA = D + EAD.$$

Mais par hypothèse, ce Δ EAD est isocèle. Donc BEA = 2EAD.

Par hypothèse on a aussi AO médiane, et il résulte que AO = OC.

donc que $C = OAC = EAD.$

Par conséquent $BEA = 2C.$

IV. *Exemple d'angles inégaux démontrés à l'aide de la mesure des arcs interceptés.*

On donne un hexagone régulier ABCDEF et on joint AE puis FB.

Prouver que l'angle AGB est inférieur à l'angle EAB.

Mesurons-les. Nous avons :

$$EAB = \frac{1}{2} \text{ arc BCE} = 90°,$$

$$AGB = \frac{1}{2} (\text{arc AB} + \text{arc FE}) = 60°.$$

Donc : $\quad$ AGB $<$ EAB.

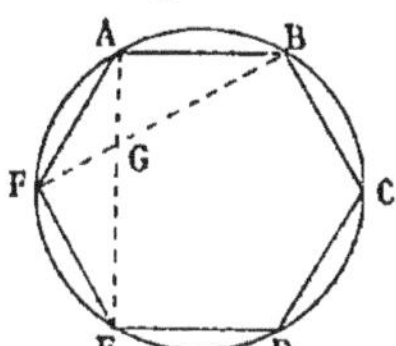

§ 5. — Des problèmes où on a à démontrer qu'une longueur est égale ou inférieure à une somme de longueurs, ou encore que deux sommes sont égales ou inégales.

Il y a des cas où les sommes proposées sont manifestement égales. Cela a lieu quand les parties constituantes sont deux à deux égales.

Il y a d'autres cas où ayant à démontrer que deux sommes sont égales ou non, on peut les transformer chacune en une longueur. On est alors ramené à prouver que deux longueurs sont égales ou non, questions déjà traitées au § 1 et au § 3.

Il y a des cas où (en remplaçant les longueurs par d'autres égales) on ne peut transformer en ligne droite qu'une seule des deux sommes proposées. Si αβ est la longueur équivalente ainsi formée, il n'y a plus qu'à essayer de remplacer la seconde somme par une ligne brisée ayant mêmes extrémités.

Il y a enfin un quatrième cas où on ne peut que ramener les deux sommes à être des lignes brisées de mêmes extrémités α et β, l'une enveloppante, l'autre enveloppée.

Dans les problèmes où on a à prouver l'inégalité de deux sommes composées de plus de deux éléments, on arrive enfin souvent au résultat en combinant ces sommes d'éléments deux à deux, ce qui donne une série d'inégalités qu'on peut ajouter membre à membre.

Total : cinq méthodes.

Ci-joint des exemples appropriés.

EXEMPLES RELATIFS AU § 5.

I. *Exemples où ayant à démontrer que deux sommes de longueurs sont égales, la démonstration résulte presque immédiatement de l'examen de la figure.*

Ex. 1. Dans un quadrilatère circonscrit à un cercle, la somme des côtés opposés est la même.

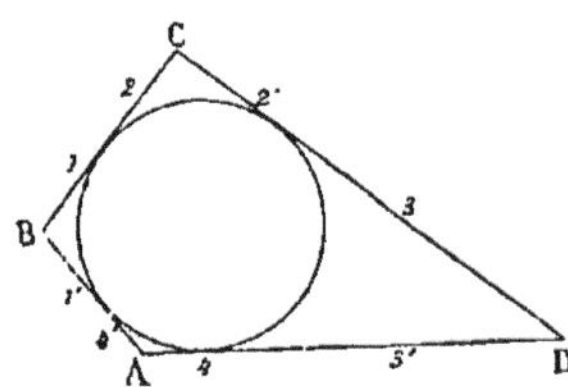

Je dis que $BC + AD = BA + CD$.

Comme il faut utiliser les données, et que nous avons des tangentes, nous voyons que les tangentes issues d'un même point étant égales quand on les limite à leurs points de contact, nous aurons, en désignant ces longueurs par les nombres 1, 1′, 2, 2′ 3, 3′, 4, 4′,

$$1 + 2 + 4 + 3' = 1' + 2' + 4' + 3.$$

Donc :
$$BC + AD = BA + CD.$$

Ex. 2. Si d'un point P pris sur la base BC d'un $\triangle$ isocèle ABC on mène des pps sur AB et AC, le périmètre du quadrilatère formé AMPN est égal à la somme $AB + BK + AK$, BK étant pp. à AC.

Nous avons à prouver, M étant sur AB, que :
$$AM + MP + PN + AN = AB + BK + AK.$$

Cette égalité peut se simplifier en retranchant les parties communes, et il suffit de prouver que l'on a :

$$PM + PN + NK = MB + BK.$$

Or on sait déjà que $\quad PM + PN = BK.$

Il suffit donc de prouver que $NK = BM$. Ce qui est vrai, puisque NK est égal à sa plle PS et que $PS = MB$ à cause de l'égalité des deux $\triangle\ BMP$ et PSB.

Donc le théorème énoncé est vrai.

Ex. 3. M étant le milieu d'une droite limitée AB, et O un point en dehors de la droite, on a : $OM = \dfrac{OA + OB}{2}$.

Quand le point O est entre A et B, on a : $OM = \dfrac{OA - OB}{2}$.

Dans le premier cas, on a en effet :

$$OM = OA + AM = OA + \frac{OB - OA}{2}$$

$$= \frac{2OA + OB - OA}{2} = \frac{OA + OB}{2}$$

et dans le second cas on a :

$$OM = OA - MA = OA - \frac{OA + OB}{2}$$

$$= \frac{2OA - OA - OB}{2} = \frac{OA - OB}{2}.$$

II. *Exemple où ayant à prouver que deux sommes de longueurs sont égales, on les rectifie toutes les deux.*

Ex. Dans un $\triangle$ isocèle ABC, si on mène une pp. PMN à la base, prouver que l'on a :

$$PM + PN = 2AH.$$

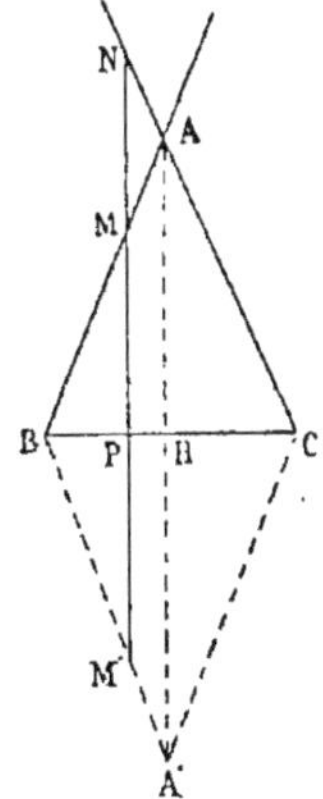

Il est d'abord naturel de former une longueur égale à 2AH, ce qui se fera en prolongeant AH en A'.

D'autre part la somme (PM + PN) est évidemment égale à (PN + PM'), c'est-à-dire à NM'. On est donc conduit à prouver que

$$AA' = NM'.$$

— Ce qui est évident, puisque la figure NAA'M' est un parallélogramme.

III. *Exemples où les sommes de longueurs dont on veut prouver l'inégalité peuvent être ramenées l'une à une ligne* *droite, l'autre à une ligne brisée partant des mêmes extrémités.*

Ex. 1. Etant donnés deux points A et B et un angle *xoy*, on prend les symétriques α et β et on joint αβ qui coupe *ox* et *oy* en M et N. Prouver que le chemin AMNB est inférieur au chemin ARSB.

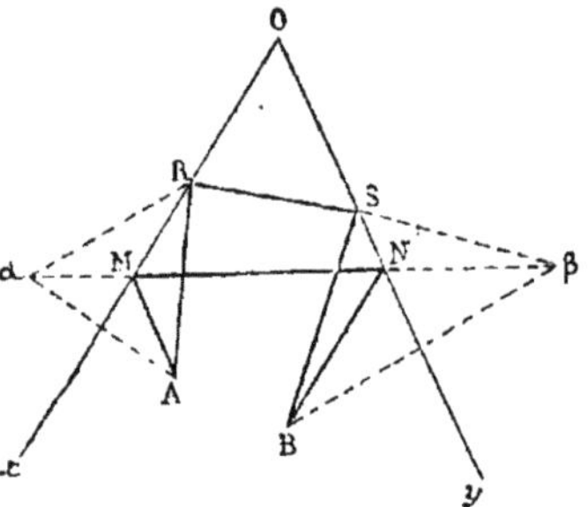

Puisque AM = αM et que BN = βN, le premier chemin peut se remplacer par la longueur αβ.

Mais le deuxième chemin peut se remplacer aussi par la ligne brisée αRSβ — ligne évidemment plus grande que αβ. Donc

$$AMNB < ARSB.$$

Ex. 2. Dans tout Δ une médiane est inférieure à la demi-somme des deux côtés qui la comprennent.

Je dis que l'on a :

$$AM < \frac{AB + AC}{2}.$$

Cela revient à prouver que

$$2AM < AB + AC.$$

Il suffira donc de prolonger AM d'une longueur égale à elle-même, puis de remarquer que, la figure ABCD étant un parallélogramme, on a :

$$2AM < AC + CD; \text{ donc } 2AM < AC + AB.$$

IV. *Exemple où ayant à prouver que deux sommes sont inégales, on a à employer le théorème des lignes brisées enveloppante et enveloppée.*

Ex. Etant données deux droites parallèles **X** et **Y** et deux points en dehors **A** et **B**, on demande de comparer entre eux deux chemins allant tous deux de A en B en coupant les droites plles suivant une direction donnée **Z**.

Soit à comparer les deux chemins AMNB et APQB.

Ces deux sommes ont une partie commune, car $MN = PQ$.

Il faut donc comparer les sommes $(AM + NB)$ et $(AP + QB)$.

Mais quand deux éléments sont éloignés l'un de l'autre, il faut toujours les rapprocher en menant par l'extrémité de l'un une plle égale à l'autre.

Menons donc $N\alpha$ égal et plle à AM. La somme $(AM + NB)$ sera remplacée par αNB.

PQ étant égal et plle à $A\alpha$, $Q\alpha$ pourra remplacer AP, et par conséquent la somme $(AP + QB)$ sera elle aussi remplacée par αQB.

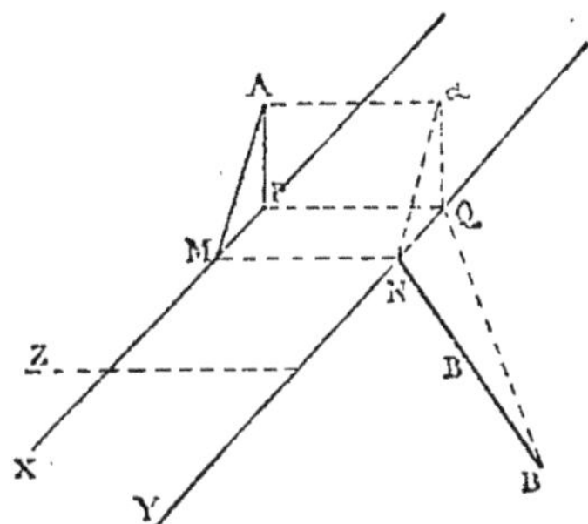

Mais alors la comparaison va être facile. Car la ligne enveloppée αQB est inférieure à la ligne enveloppante αNB. — Donc on a : $AMNB > APQB$.

REMARQUE. — Le chemin minimum s'obtiendra en joignant αB.

V. *Cas où on a à démontrer l'inégalité de deux sommes composées de plus de deux éléments.*

Ex. 1. Si on joint un point intérieur d'un Δ aux trois sommets, la somme des trois droites ainsi formées est inférieure au périmètre du Δ et supérieure au demi-périmètre.

1° Je dis que

$$OA + OB + OC < AB + BC + CA.$$

En effet, on a :

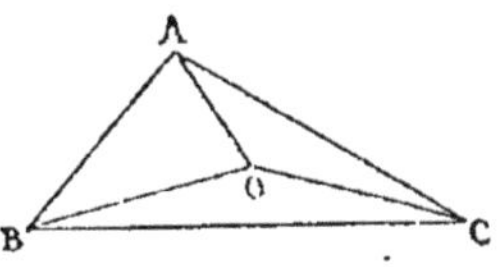

$$OA + OB < AC + CB,$$
$$OB + OC < BA + AC,$$
$$OC + OA < CB + BD,$$

d'où, en ajoutant membre à membre, on déduit :

$$2(OA + OB + OC) < 2(AB + AC + CB),$$

donc en appelant Σ la somme $OA + OB + OC$, et $2p$ le périmètre du Δ, on aura :

$$\Sigma < 2p.$$

2° Pour prouver que l'on a $\Sigma > p$, il suffira d'écrire :

$$OA + OB > AB,$$

$$OB + OC > BC,$$
$$OC + OA > CA,$$

d'où en ajoutant membre à membre :

$$2\Sigma > 2p \text{ ou } \Sigma > p.$$

Ex. 2. Dans tout quadrilatère, la somme des diagonales est comprise entre le périmètre et le demi-périmètre.

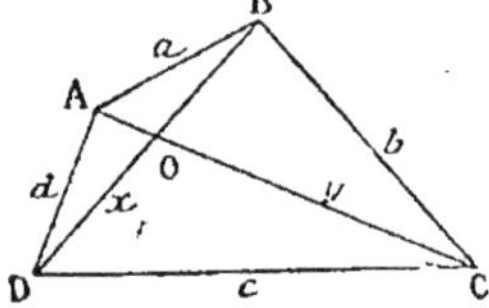

Appelons pour abréger a, b, c, d, x, y, les nombres qui mesurent les quatre côtés et les deux diagonales : — $2p$ désignant le périmètre.

Nous avons :

$$x < a + d,$$
$$x < b + c,$$
$$y < a + b,$$
$$y < c + d,$$

d'où en ajoutant membre à membre :

$$x + y < 2p.$$

On aura ensuite :

$$OA + OB > a,$$
$$OB + OC > b,$$
$$OC + OD > c,$$
$$OD + OA > d,$$

d'où :

$$x + y > p.$$

§ 6. — Prouver que dans une figure deux droites sont parallèles.

Comme les droites plles entre elles jouissent de quatre propriétés caractéristiques, il est bien évident que le problème sera résolu si on parvient à prouver :

ou *qu'elles sont ppes ou plles à une même droite,*

ou *que des angles alternes-internes ou correspondants sont égaux,*

ou *que deux angles internes d'un même côté sont supplémentaires,*

ou enfin *que, en deux points, les droites sont à même distance.*

Donc, on a déjà quatre méthodes à sa disposition.

Quand dans la figure les deux droites **AB** et **CD** dont on veut démontrer le parallélisme coupent un angle O, on peut chercher à démontrer cette autre chose : que

$$\frac{OA}{OC} = \frac{OB}{OD},$$

ou que $\qquad \dfrac{OA}{AC} = \dfrac{OB}{BD}.$

On peut donc encore démontrer le *parallélisme à l'aide des* △ *semblables ou du théorème de Thalès.*

On peut aussi dans certains cas démontrer le parallélisme de deux droites AB et CD, en prouvant qu'elles forment *avec deux demi-droites déjà plles et de même direction* AX *et* CX' *des angles égaux, ces angles étant de même nature.*

Total : six méthodes.

La nécessité d'utiliser les données indiquera laquelle des six méthodes précédentes il faudra choisir. (La plus usitée est certainement celle des angles alternes-internes.) Nous allons donner des exemples appropriés à chacune de ces différentes méthodes.

EXEMPLES RELATIFS AU § 6

I. *Exemples du parallélisme de deux droites établi parce qu'elles sont plles ou pps à une même droite.*

Ex. 1. Dans un quadrilatère si on joint les milieux des quatre côtés, la figure obtenue est un parallélogramme.

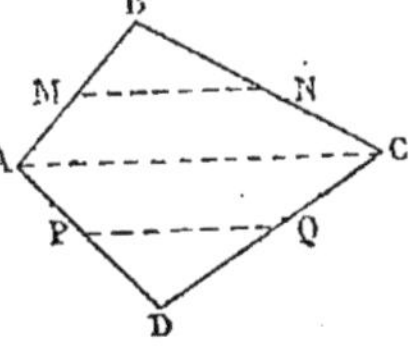

Soient M, N, P, Q les milieux des quatre côtés.

Je dis que MN est plle à PQ.

En effet, la droite des milieux dans un △ étant plle au troisième côté, MN est plle à AC; PQ aussi.

Donc MN est plle à PQ. —
On verrait de même que MP est plle à QN.
Donc MNPQ est un parallélogramme.

Ex. 2. Aux deux extrémités d'une droite AB on fait deux angles égaux à 120°, on prend ensuite AC = BD. Aux points C et D on fait de nouveau des angles égaux à 120°, et on prend sur CM et DN des longueurs égales. Prouver que MN est plle à AB.

Il résulte des hypothèses que CD est plle à AB. Tâchous maintenant de voir si MN est plle à CD.

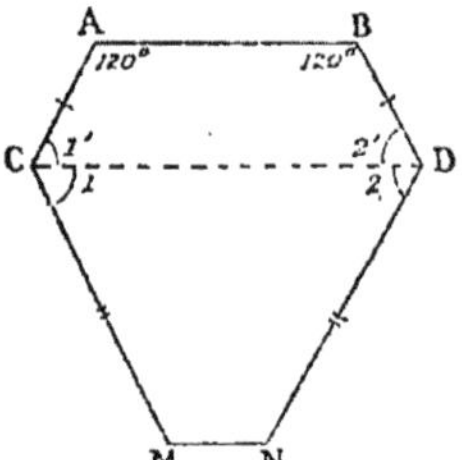

Il suffirait pour cela de prouver que les angles 1 et 2 sont égaux. Mais, pour y arriver, il suffit de prouver que les angles 1′ et 2′ sont égaux. — Or ils le sont, comme suppléments de deux angles égaux. — Dès lors les angles 1 et 2 sont égaux, comme différences de deux angles égaux.

Par conséquent MN est plle à CD, donc aussi à AB.

REMARQUE. — On y arriverait encore en prolongeant CA et DB.

Ex. 3. Un $\triangle$ équilatéral est circonscrit à un cercle O. Prouver que la corde de contact MN est parallèle au côté BC.

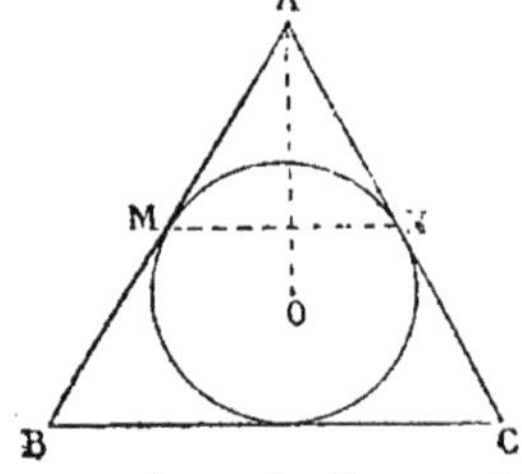

On sait que la corde de contact a la propriété d'être pp. à la droite AO.

Mais cette droite AO est bissectrice de l'angle MAN. Donc, puisque par hypothèse le $\triangle$ ABC est équilatéral, AO est pp. à BC.

Mais alors MN et BC, étant pps à une même droite, sont plles.

II. *Exemples du parallélisme de deux droites démontré par l'égalité des angles alternes-internes ou correspondants.*

Ex. 1. Si par le point de contact de deux cercles tangents on mène deux sécantes, et qu'on joigne les extrémités, les droites ainsi formées sont plles.

Il suffit pour cela de remarquer que les angles alternes-in-

ternes B et C sont égaux, comme ayant pour mesure les demi-
arcs AD et AE, arcs égaux (car si
on mène la tg commune xy, ce qui
est une façon d'utiliser l'hypothèse,
les deux angles DAy et EAx sont
égaux ; donc

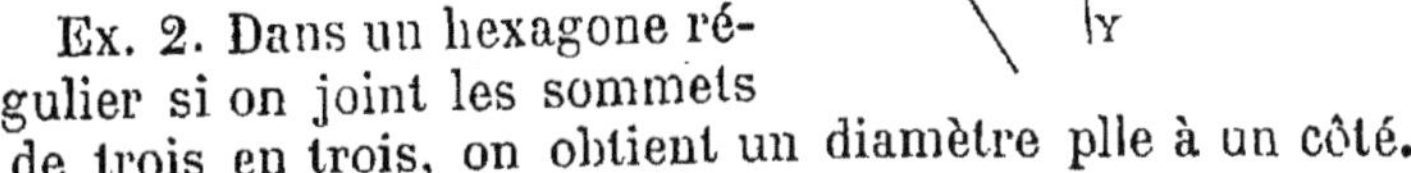

$$\frac{1}{2} \text{ arc AD} = \frac{1}{2} \text{ arc AE)}.$$

Ex. 2. Dans un hexagone régulier si on joint les sommets
de trois en trois, on obtient un diamètre plle à un côté.

Je dis que FC est un diamètre plle à AB.
D'abord c'est un diamètre, car il y a de part
et d'autre deux arcs égaux. Ensuite il est plle
à AB, car si on mène la sécante FB, les deux
angles alternes-internes numérotés 1 et 2
sont égaux comme ayant même mesure.

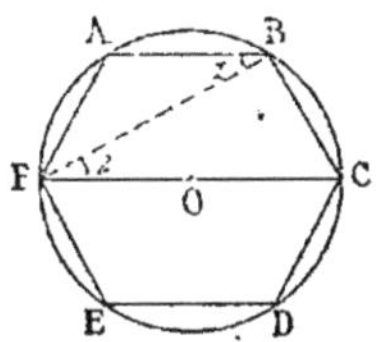

Ex. 3. Étant donnés deux points F
et F' et une droite xy passant par le point F, de F comme
centre on décrit un cercle
qui coupe xy en H et H'.
Par les milieux I et I'
des droites FH et FH' on
mène les pps 0 et 0' qui
rencontrent en M et M'
les droites FH et F'H' ;
prouver que la figure
FMF'M' est un parallélo-
gramme.

Je dis que FM est plle à
F'M'. Pour cela tâchons de
prouver que les angles correspondants MFH et H'
sont égaux.

Ils le sont, car d'après
l'hypothèse H' = H et de
plus H = MFH. — Donc FM
est plle à F'M'. De même
pour F'M et FM'.

Donc la figure est un parallélogramme.
Et de plus la droite MM' passe par le milieu de FF'.

III. *Exemples du parallélisme de deux droites démontre à l'aide des angles internes supplémentaires.*

Ex. 1. Si dans un quadrilatère les angles opposés sont égaux, la figure est un parallélogramme.

Soit :
$$A = C,$$
$$B = D.$$

Je dis que BC est plle à AD. La méthode des angles alternes-internes égaux ne peut s'appliquer. — Celle des deux droites équidistantes non plus. — Pour savoir laquelle employer, remarquons que dans les données on parle des quatre angles à la fois. Or ce mot « quatre angles » éveille en moi l'idée de somme des angles d'un quadrilatère. On aura donc :

$$A + B + C + D = \text{quatre droits.}$$

Mais en utilisant les données, à savoir $A = C$, $B = D$, cette relation se transforme et nous donne :

$$2\,A + 2\,B = \text{quatre droits}$$

ou :

$$A + B = \text{deux droits.}$$

Mais alors les angles internes d'un même côté de AB sont supplémentaires. Donc BC est plle à AD.

Ex. 2. Un angle droit pivote autour du point de contact A de deux cercles tgs extérieurement. Prouver que les rayons qui vont aux points B et B′ où les côtés coupent les circonférences sont plles.

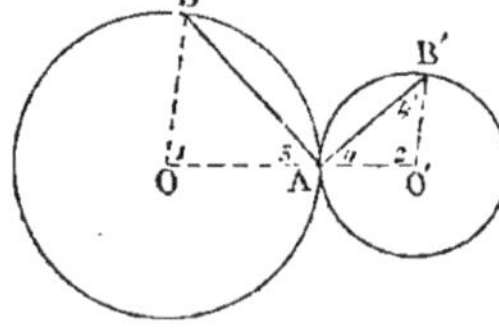

Tâchons de prouver que les angles numérotés 1 et 2 sont supplémentaires. 3 et 4 sont complémentaires. Or on sait que la moitié de 1 est le complément de 3, donc la moitié de 1 vaut l'angle 4, et par conséquent $1 = 4 + 4'$. Donc 2 est le supplément de 1. Donc OB et O′B′ sont plles.

IV. *Exemples du parallélisme de deux droites démontré par l'équidistance des deux droites constatée en deux points.*

Ex. 1. Dans un quadrilatère ABCD, les angles à la base

sont égaux et les côtés adjacents aussi. Prouver que la figure est un trapèze.

Pour prouver que ABCD est un trapèze, il suffit de prouver que CD est plle à AB. — Si on essayait la méthode des angles alternes-internes, ou des droites pps à une même droite, on n'arriverait à rien. — Essayons donc la quatrième méthode, et pour cela tâchons de prouver que les deux pps CH et DK sont égales. Elles le sont. — Donc CD est plle à AB.

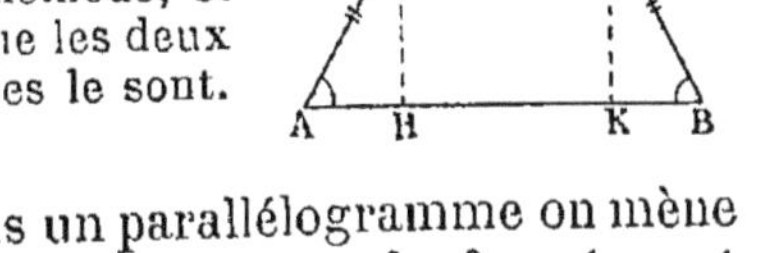

Ex. 2. Prouver que, si dans un parallélogramme on mène les bissectrices, les diagonales du rectangle formé sont plles aux côtés du parallélogramme.

Aα étant bissectrice, les deux pps a αH et αH' sont égales. Mais α appartient aussi à la bissectrice de l'angle C et il faut l'utiliser. Donc

$$\alpha H' = \alpha H''.$$

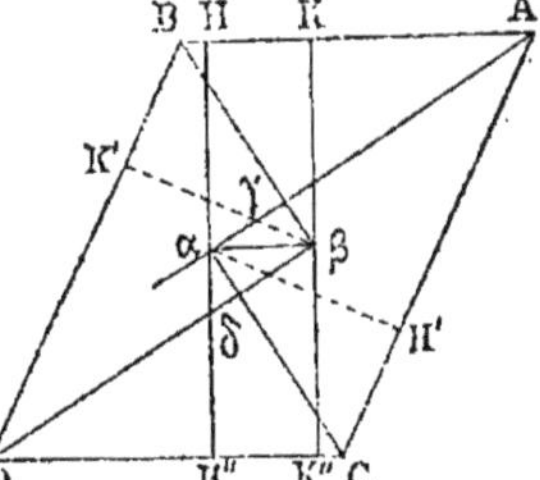

Pour les mêmes raisons on a :

$$\beta K = \beta K' = \beta K''.$$

Mais actuellement la marche à suivre est tout indiquée, il faut tâcher de prouver que

$$\alpha H'' = \beta K''.$$

(Car alors αβ sera plle à DC.) Et cela est facile. Car ces deux pps sont chacune la moitié de la hauteur du parallélogramme. Donc αβ est plle à DC — et, par raison de symétrie, γδ est aussi plle à AC.

V. *Exemples du parallélisme démontré par le théorème de Thalès — ou par les Δ semblables.*

Ex. 1. Dans un rectangle si on joint les milieux de deux côtés opposés, la droite formée est plle aux deux autres côtés.

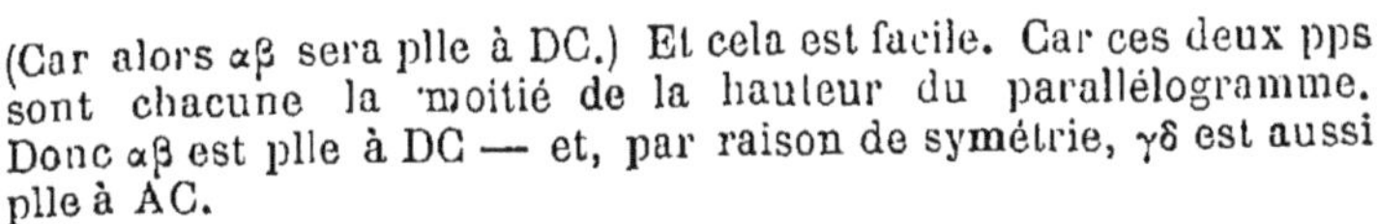

En effet, on a :

$$\frac{AM}{MB} = \frac{CM'}{M'D}.$$

Donc, d'après la réciproque du théorème de Thalès, MM' est plle à AC.

Ex. 2. Dans un trapèze la droite des milieux est plle à la base.

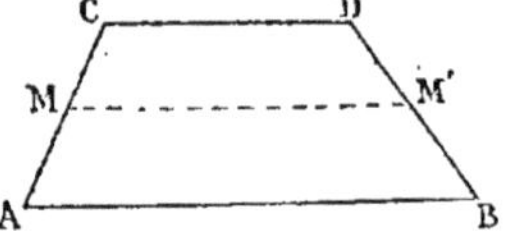

En effet, on a :

$$\frac{CM}{MA} = \frac{DM'}{M'B}.$$

Donc MM' est plle à AB.

Ex. 3. Etant donné un parallélogramme on mène une plle à la diagonale BD, puis par les extrémités on mène des plles à la diagonale AC ; prouver que la droite PQ est plle à MN.

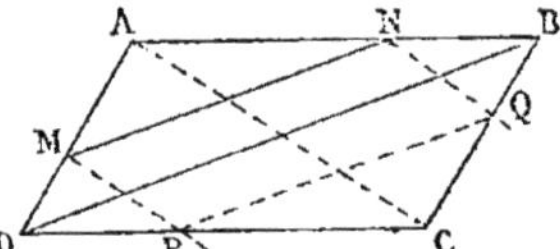

Comme nous avons ici un angle C coupé par BD et PQ, le parallélisme serait établi si on pouvait prouver que les segments formés sont proportionnels.

Or, si nous voulons utiliser les données, en les transformant dans le sens indiqué, on voit que l'on a :

$$\frac{DM}{DA} = \frac{BN}{BA} \ (1),$$

puisque MN est plle à BD.

Et, on a de même :

$$\frac{DM}{DA} = \frac{DP}{DC} \ (2),$$

puisque MP est plle à AC.

Mais il ne faut pas oublier d'utiliser que NQ est plle à AC. C'est-à-dire que

$$\frac{BN}{BA} = \frac{BQ}{BC} \ (3).$$

Cela posé, et les hypothèses étant de la sorte transformées, reprenons notre idée, et voyons si $\frac{DP}{DC}$ égale $\frac{BQ}{BC}$. Cela a lieu en vertu des égalités (2), (3) et (1). Donc la réciproque du théorème de Thalès ayant lieu, PQ est plle à MN. — La figure formée MNPQ est donc un parallélogramme.

Ex. 4. Dans un $\triangle$ si on joint entre eux les points qui sont situés sur deux côtés au tiers à partir de la base, la droite ainsi formée est plle à la base.

Pour prouver que TT' est plle à BC il suffit de prouver que les angles en B et en T sont égaux. Mais alors il est naturel d'employer la méthode des Δ semblables indiquée au § 2. Les deux Δ ATT' et ABC sont semblables comme ayant un angle égal A compris entre deux côtés proportionnels (puisque

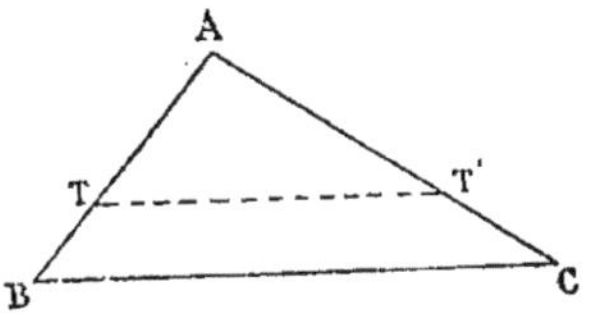

$\dfrac{AT}{AB} = \dfrac{2}{3}$ et $\dfrac{AT'}{AC} = \dfrac{2}{3}$). Donc B $=$ T. Donc TT' est plle à BC.

Ex. 5. En A et B on fait des angles égaux et on prend ensuite AC $=$ BD. Prouver que CD est plle à AB.

Pour le voir, prolongeons les côtés en O, et tâchons de prouver que les deux Δ formés sont semblables. Les angles 1 et 2 étant égaux, OA $=$ OB.

Mais alors on a :

$$\frac{OA}{OC} = \frac{OB}{OD}.$$

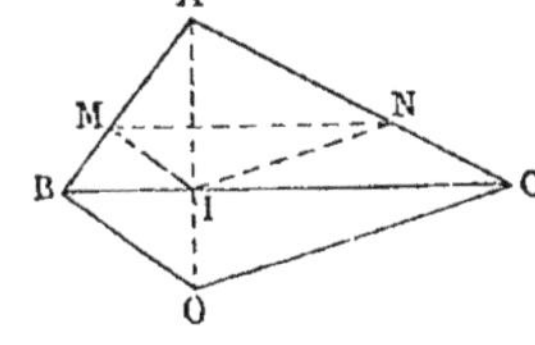

Donc CD est plle à AB.

Ex. 6. Etant donné un Δ ABC, sur BC on place un Δ quelconque BCO. On joint AO, et par le point I de rencontre avec BC on mène des plles IM et IN à BO et CO. Prouver que MN est plle à BC.

Pour prouver le parallélisme de MN et de BC, nous allons recourir à la méthode des Δ semblables, ce qui est une façon d'utiliser les données. On a :

$$\frac{AM}{AB} = \frac{AI}{AO},$$

puis aussi :

$$\frac{AN}{AC} = \frac{AI}{AO}.$$

Par conséquent :

$$\frac{AM}{AB} = \frac{AN}{AC}.$$

Donc les deux Δ AMN et BAC sont semblables. Donc angle AMN $=$ angle ABC. Donc MN est plle à BC.

VI. *Exemple du parallélisme de deux droites prouvé à l'aide de deux angles égaux dont deux côtés déjà sont plles.*

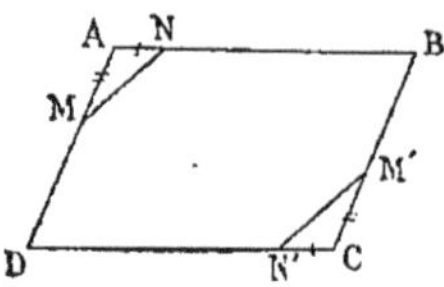

Etant donné un parallélogramme ABCD, si on prend les longueurs égales AN et CN′ d'une part, AM et CM′ d'autre part, les droites MN et M′N′ sont plles.

En effet, les Δ en A et C sont égaux. Donc angle ANM = angle CN′M′.

Mais les côtés AN et CN′ sont déjà plles. Donc les seconds MN et M′N′ le sont aussi.

§ 7. — Démontrer que trois points d'une figure sont en ligne droite (ou, ce qui revient au même, que deux demi-droites sont en prolongement).

Nous pouvons donner un certain nombre de méthodes.

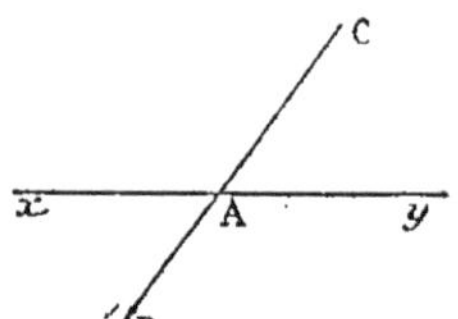

1° On joint le point A (qui paraît être intermédiaire) aux deux autres B et C, on mène par A une droite indéfinie xy et on prouve que

$$xAB = CAy.$$

2° On joint AB et AC. Par A on mène une demi-droite quelconque AX, et on prouve que les deux angles BAX et CAX sont supplémentaires.

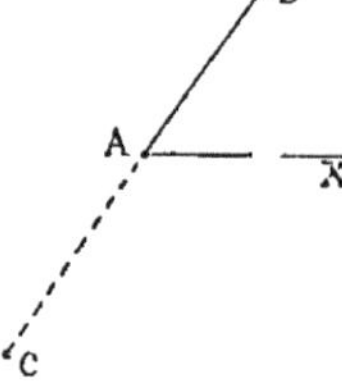

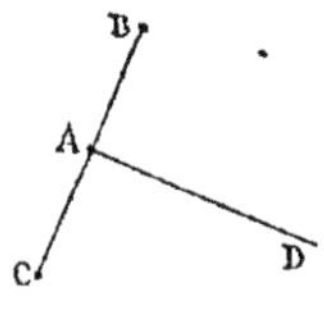

3° On joint AB et AC. On mène la droite AD perpendiculaire à AB, et on prouve qu'elle est aussi perpendiculaire à AC.

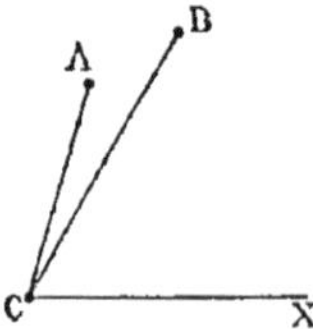

4° On joint le point C (supposé extrême) aux deux autres. Par ce point extrême C on mène une droite CX, et on démontre que les deux angles ACX, BCX sont égaux.

5° On peut mener une perpendiculaire à l'une quelconque des droites AC, AB ou CB et prouver qu'elle est aussi perpendiculaire à l'autre.

6° On démontre souvent que trois points sont en ligne droite en employant le théorème de Ménélaüs (établi dans le 3° livre de géométrie).

7° Quand l'un des trois points considérés α est déterminé par la rencontre de deux droites X et y, pour démontrer que la droite joignant les deux autres points β et γ passe par ce point α, on peut chercher à appliquer le théorème des segments proportionnels déterminés sur deux droites plles.

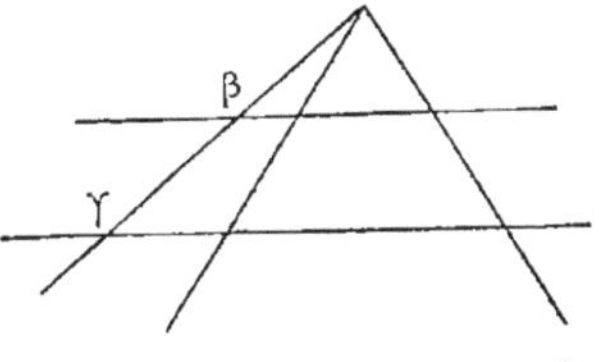

8° Ou bien procéder par le calcul, en supposant que $\beta\gamma$ coupe x en α', calculant la distance $\alpha'O$ et prouvant qu'elle est égale à αO.

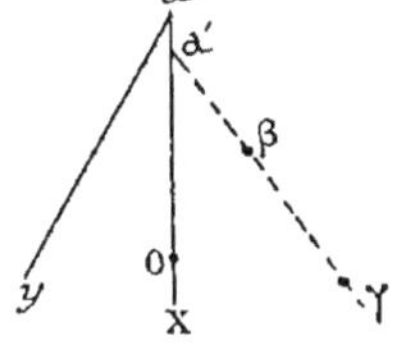

9° Enfin on pourra le prouver en montrant que les trois points sont des points déjà reconnus en ligne droite.

Total : neuf méthodes.

La nécessité d'utiliser les données indiquera en général assez vite à laquelle de ces neuf méthodes il faudra donner la préférence.

Nous allons encore donner des exemples relatifs à chacune de ces méthodes.

EXEMPLES RELATIFS AU § 7.

I. *Exemples de trois points en ligne droite prouvé par une égalité d'angles, ces angles étant placés comme l'indique la première méthode.*

Ex. 1. Dans un $\triangle$ ABC, démontrer que le centre de gravité, le centre du cercle circonscrit et l'orthocentre (1) sont trois points en ligne droite.

Joignons OG, puis Gω.

Pour démontrer que Gω est le prolongement de OG, puisque la médiane est une vraie droite passant par le point intermédiaire G, tâchons de prouver que les deux angles AGO et MGω sont égaux.

Les angles en question entrant dans deux Δ AGO et MGω qui ont l'air d'être semblables, voyons s'ils le sont.

D'abord AOG $=$ GMω comme alternes-internes formés par des

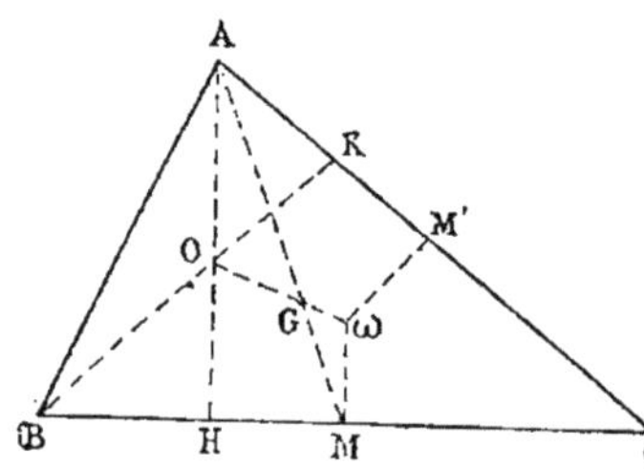

plles. Comme c'est tout ce qu'on sait sur les angles, nous sommes dans le second cas de similitude et nous sommes alors naturellement conduits à nous occuper du rapport des deux côtés qui comprennent ces angles, à savoir

$$\frac{AO}{AG} \quad \text{et} \quad \frac{M\omega}{GM}.$$

Mais on sait que AO est le double de Mω,
puis que AG est le double de MG,

donc les rapports $\dfrac{AO}{M\omega}$ et $\dfrac{AG}{GM}$ sont égaux. On a donc aussi $\dfrac{AO}{AG} = \dfrac{M\omega}{GM}$. Donc les Δ sont semblables et les angles en G sont égaux. Donc O, G, ω sont en ligne droite.

Ex. 2. Si on inscrit un carré dans un carré, les diagonales des deux carrés se coupent en un même point.

Soit O le point de rencontre des deux diagonales du grand

carré. La question proposée revient évidemment à démontrer que les trois points M, O, P sont en ligne droite.

Pour cela joignons MO, puis PO et tâchons de démontrer que les angles MOA et POC sont égaux.

Cela est facile, en employant la méthode des Δ égaux AMO et POC, puisque AM $=$ CP.

Donc MP passe par le point O.

---

(1) Ce point O de rencontre des trois hauteurs d'un Δ s'appelle *ortho-centre*.

Ex. 3. Les diagonales d'un parallélogramme circonscrit à un cercle passent par le centre.

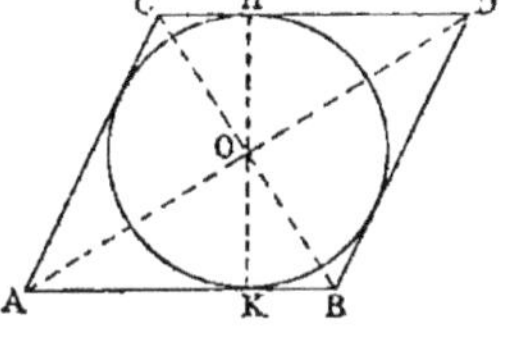

Le problème revient à prouver que les trois points C, O, B sont en ligne droite.

Comme par le point O passe la ligne droite HOK pp. commune aux deux tgs plles AB et CD, nous sommes naturellement conduits à prouver que les angles COH et KOB sont égaux. — La méthode des deux Δ égaux réussira encore. Car CO et BO étant des bissectrices d'angles égaux, OCH = OBK. Les Δ rectangles sont donc égaux.

Donc CB passe par le centre O.

Ex. 4. Droite de Simson.

La démonstration est pareille aux precédentes, si ce n'est pourtant que les angles 2 et 1 dont on cherche à démontrer l'égalité, doivent, si on veut utiliser les données (à savoir. que l'on a des quadrilatères inscriptibles), être remplacés par des angles respectivement égaux 1' et 2'.

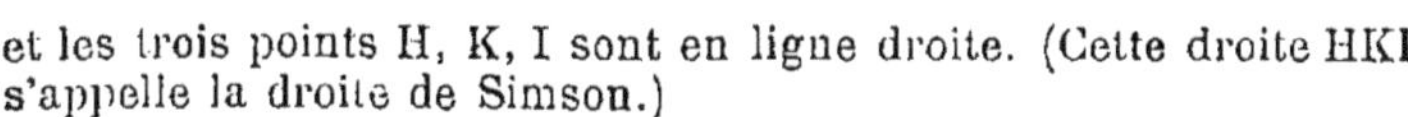

Et ces angles 1' et 2' sont égaux, car leurs compléments MCI et MAH sont égaux, ayant même mesure.

Donc

$$\text{angle } 1 = \text{angle } 2$$

et les trois points H, K, I sont en ligne droite. (Cette droite HKI s'appelle la droite de Simson.)

Ex. 5. Si sur les côtés d'un parallélogramme ABCD on prend une droite quelconque MN, puis que l'on prenne CN′ = AN et CM′ = AM, les diagonales du parallélogramme MNM′N′ ainsi formé et celles du parallélogramme ABCD sont concourantes.

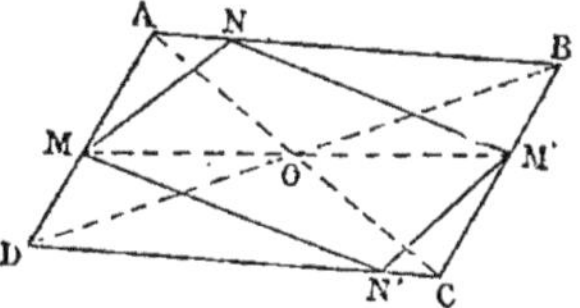

Soit O le point de rencontre des deux diagonales AC et BD. Tout revient à prouver que les trois points N, O, N′ sont en ligne droite. — Cela se fera en prouvant que NOA = N′OC, égalité qui s'établira immédiatement par la méthode des deux Δ égaux.

Remarque. — Ce théorème nous prouve que si un parallélogramme est inscrit dans un autre, les deux parallélogrammes ont même centre.

Ex. 6. Etant donné un $\triangle$ MFF', par le point M on mène une droite extérieure TT' faisant des angles égaux avec MF et MF' — puis on prend le symétrique φ du point F par rapport à TT'. Prouver que les trois points F', M, φ sont en ligne droite.

(Il suffit évidemment de prouver que les deux angles F'MT' et TMφ sont égaux.)

II. *Exemples de la démonstration de trois points en ligne droite basée sur ce que les angles formés avec une demi-droite sont supplémentaires — ou encore que la somme des angles autour d'un point vaut deux droits.*

Ex. 1. Etant donné un trapèze birectangle ABCD, on joint le sommet B au milieu M du côté CD, et on prolonge

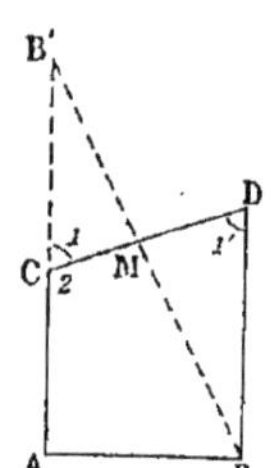

BM d'une longueur MB' égale à BM. Prouver que les trois points B', C, A sont en ligne droite.

Si nous joignons B'C, nous avons en B'CM et MCA deux angles adjacents.

Peut-on montrer qu'ils sont supplémentaires? — Par hypothèse on a :

$$CM = MD$$
$$BM = B'M.$$

Il en résulte que les deux $\triangle$ BMD et CMB' sont égaux. Par conséquent les angles numérotés 1 et 1' sont égaux.

Or 1' est le supplément de 2.

Donc 1 aussi est le complément de 2.

Donc B', C, A sont en ligne droite.

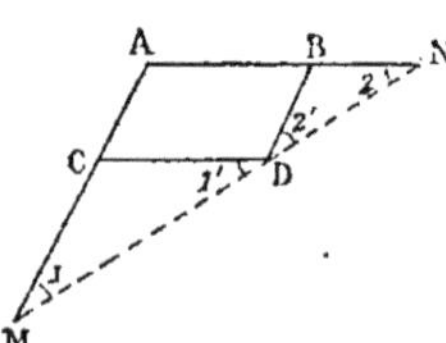

Ex. 2. Etant donné un parallélogramme ABCD, on prolonge chaque côté de l'angle A d'une longueur égale à l'autre côté. Les deux points ainsi obtenus sont en ligne droite avec le sommet opposé à A.

Il résulte des données que les angles 1 et 1', 2 et 2' sont égaux.

Mais ABCD étant un parallélogramme, CDB $=$ A. Par conséquent on a :

$$1' + 2' + \text{CDB} = 1 + 2 + \text{A} = 2 \text{ droits.}$$

Donc les trois points M, D, N sont en ligne droite.

III. *Exemples de points en ligne droite, le mode de démonstration consistant à prouver que les demi-droites qui les joignent sont toutes deux pps à une même droite.*

Ex. 1. Quand deux cercles se coupent, si par l'un des points d'intersection on mène les deux diamètres, leurs extrémités sont en ligne droite avec le second point d'intersection des deux cercles.

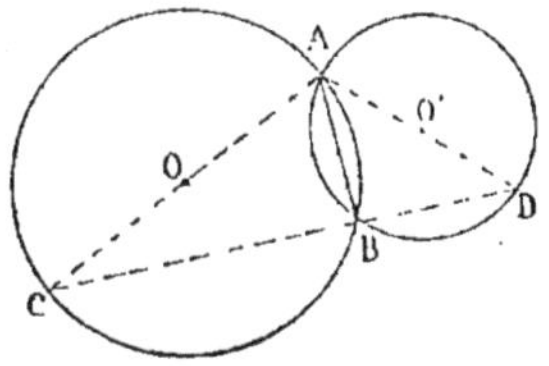

Joignons BC et BD.

La figure nous montre que l'angle ABC est droit comme inscrit dans une demi-circonférence. *Idem* pour l'angle ABD.

L'utilisation des données nous montre donc immédiatement que BC a pour prolongement BD.

Ex. 2. Les diagonales de tout parallélogramme circonscrit à un cercle passent par le centre.

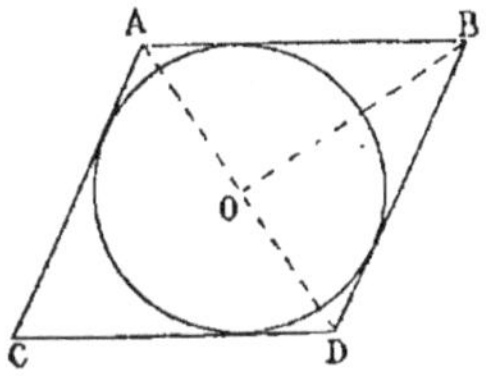

Joignons AO et OD.

AC étant plle à BD, et AB étant une troisième tg., une façon d'utiliser toutes ces données à la fois consiste à rappeler que la troisième tangente est vue du centre O sous un angle droit. AOB est donc droit.

Mais nous devons aussi utiliser que AB et CD sont plles. Cela se fera en disant que BOD est droit. Mais alors les deux droites BO et OD, pps à la même droite OB, sont en prolongement.

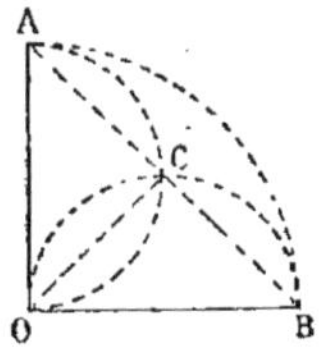

Ex. 3. Sur les deux rayons d'un quadrant comme diamètres on décrit deux demi-circonférences qui se coupent en C. Prouver que les trois points A, B, C sont en ligne droite.

En effet, si on joint OC, les angles OCA et OCB valent

chacun 1 droit comme inscrits dans une demi-circonférence. Donc ACB est une ligne droite.

Remarque. — On peut s'appuyer sur cette propriété pour évaluer les diverses surfaces formées.

Ex. 4. Si d'un point P de la directrice D d'une parabole de foyer F on mène deux tgs, la corde de contact passe par le foyer.

On sait que quand on parle de tg. dans une parabole on considère presque toujours le symétrique φ du foyer par rapport à cette tg. On déduit de là la construction suivante :

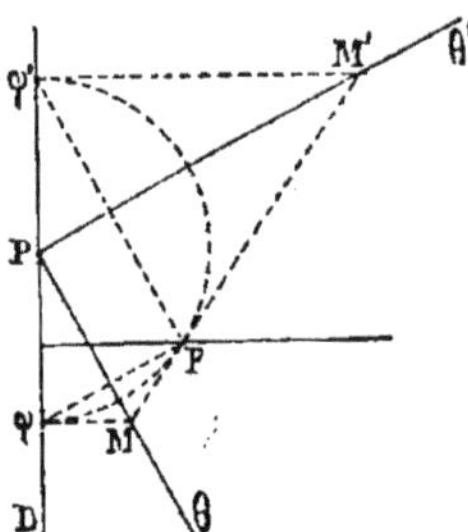

De P comme centre avec PF pour rayon on décrit un cercle qui coupe en φ et φ' la directrice D. On joint Fφ, Fφ', et de P on mène les deux pps Pθ et Pθ'. — Puis, pour avoir les points de contact, on mène les pps φM et φ'M'.

On nous propose de prouver que les trois points M, F et M' sont en ligne droite.

Il faut, comme toujours, utiliser les données, c'est-à-dire ici les constructions. Or il résulte évidemment des constructions que les droites Pθ et Pθ' sont des bissectrices. Par conséquent les deux Δ, tels que PφM et PFM d'une part, Pφ'M' et PFM' d'autre part, sont égaux.

Mais maintenant la méthode à suivre pour prouver que MFM' est une ligne droite est tout indiquée. Il suffit de s'occuper des deux angles en F qui sont droits, d'où le théorème énoncé.

IV. *Démonstration de trois points en ligne droite faite en prouvant que les droites qui les joignent font un même angle avec une droite de la figure.*

Ex. 1. Si les deux cercles O et ω sont tangents intérieurement en A, si le grand cercle est tangent en B à une droite L, si enfin du centre O de la petite circonférence on abaisse une droite OCI pp. à L, pp. qui la rencontre en C, les trois points A, C, B sont en ligne droite.

Il faut utiliser que A, O, ω sont en ligne droite. — La seule méthode qui réussisse consiste à joindre CA, puis BA, et à prouver que les angles OAC et ωAB sont égaux.

Cette égalité d'angles va se démontrer aisément par la méthode des Δ semblables. En effet, OI étant pp. à L de même que ωB, les angles O et ω sont égaux comme correspondants.

Du reste

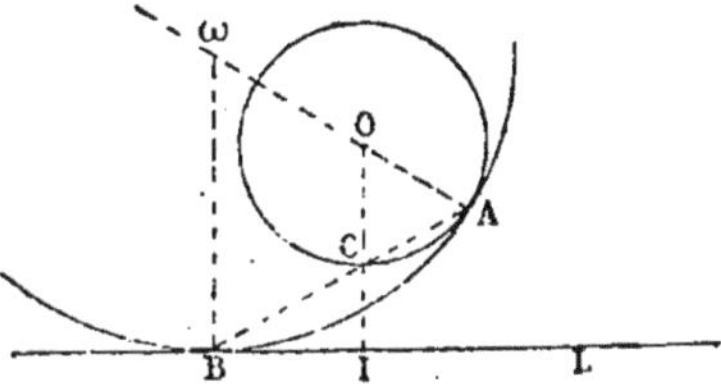

$$\frac{OA}{OC} = 1, \quad \frac{\omega A}{\omega B} = 1.$$

Donc les Δ ont un angle égal compris entre deux côtés proportionnels. Donc les angles en A sont égaux, et A, C, B sont en ligne droite.

Ex. 2. Quand deux cercles sont tangents en un point A à une droite fixe, le point A et les deux points de contact de deux tangentes parallèles sont en ligne droite.

Joignons AB et AC. Pour prouver que ces deux droites sont confondues, il suffit naturellement de prouver que les angles OAB et O'AC sont égaux.

Nous devons utiliser que les tgs en B et C sont plles. Mais alors les deux rayons OB et O'C qui leur sont pps sont plles entre eux. Par conséquent les angles obtus en O et O' sont égaux comme correspondants.

Il résulte de là que les deux angles en A sont égaux, car quand deux Δ isocèles ont un angle égal, tous les angles sont égaux.

Donc A, B, C doivent être en ligne droite.

V. *Exemple prouvant que deux droites CA et CB sont confondues en prouvant qu'une droite CX pp. à CA l'est aussi à CB.*

Ex. Dans un trapèze isocèle, si on prolonge les côtés

non plles jusqu'en O, ce point O et les milieux des deux bases sont en ligne droite.

En effet, si on joint OM, le △ total étant isocèle, OM est pp. à AB. Mais le △ OCD est aussi isocèle. Donc OM′ est pp. sur CD, M′ étant le milieu de CD.

Mais CD étant plle à AB, OM′ est aussi pp. à AB.

Donc, comme du point O on ne peut mener qu'une pp. à AB, OM′ est confondu avec OM.

VI. *Emploi du théorème des transversales, dit de Ménélaüs, pour prouver que trois points sont en ligne droite.*

Ex. 1. Les trois centres de similitude externes de trois cercles sont en ligne droite, deux centres internes et un externe sont en ligne droite.

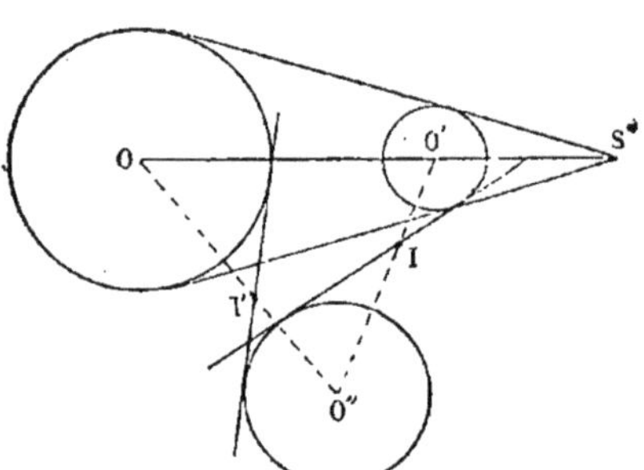

Démontrons la deuxième partie seulement.

Les trois points S″, I et I′ étant des points situés sur les côtés du △ OO′O″, il suffit de prouver que l'on a la relation :

$$\frac{S''O'}{S''O} \times \frac{OI'}{I'O''} \times \frac{O''I}{IO'} = 1,$$

ce qui est facile, en remarquant que ces rapports valent respectivement

$$\frac{R'}{R}, \quad \frac{R}{R''}, \quad \frac{R''}{R'}.$$

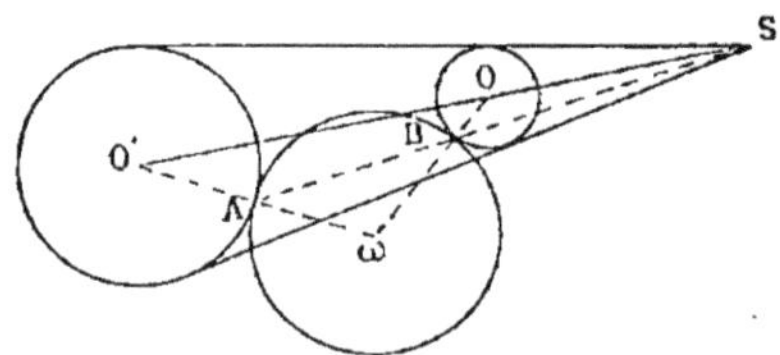

Ex. 2. Si un cercle est tg. à deux cercles, les deux points de contact sont en ligne droite avec le centre de similitude externe de ces deux cercles.

Il suffit de montrer que dans le △ ωOO′ les trois points A, B, S déterminent la relation connue, ce qui est facile.

Ex. 3. Si un Δ est inscrit dans un cercle et qu'aux sommets on mène les tangentes, les points de rencontre des tangentes et des côtés opposés forment 3 points en ligne droite.

Pour prouver que α, , γ sont trois points en ligne droite, on pourrait considérer le Δ ABC et chercher à prouver que l'on a la relation :

$$\frac{\gamma B}{\gamma A}, \ \frac{A\beta}{\beta C}, \ \frac{C\alpha}{\alpha B} = 1.$$

Mais la chose serait impossible. — Heureusement qu'il y a

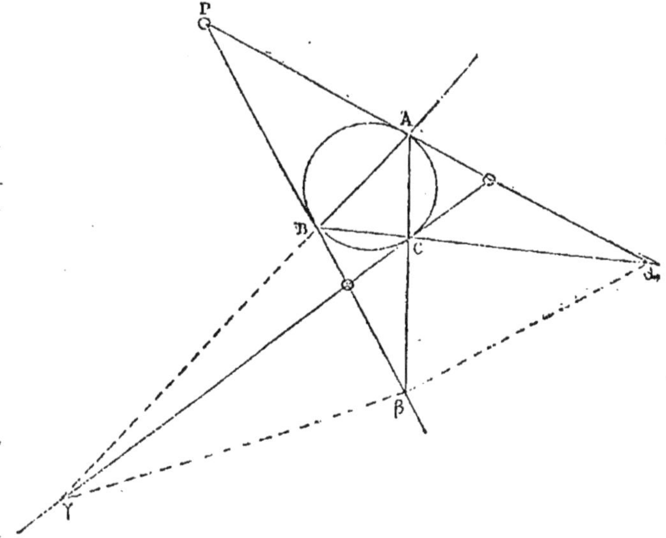

un second Δ, le Δ MNP (formé par les trois tangentes) sur les côtés duquel se trouvent ces points α, β, γ. Tâchons donc de voir si l'on trouve :

$$\frac{\alpha M}{\alpha P} \times \frac{P\beta}{\beta N} \times \frac{N\gamma}{\gamma M} = 1. \quad (1)$$

En procédant comme on l'a fait dans le cours pour établir le théorème de l'hexagone de Pascal, c'est-à-dire en coupant successivement ce Δ MNP

1° par BAγ;
2° par ACβ;
3° par BAγ;

et multipliant entre elles les trois relations de Ménélaüs obtenues, on arrivera à la relation (1).

Donc α, β, γ sont en ligne droite.

REMARQUE. — Il est clair que ce problème pourrait être regardé comme une application immédiate de l'hexagone de Pascal.

Ex. 4. Dans tout Δ les pieds de deux bissectrices intérieures et le pied d'une bissectrice extérieure sont trois points en ligne droite.

(Démonstration facile par le théorème de Ménélaüs.)

Ex. 5. Dans un quadrilatère complet, les milieux des trois diagonales sont en ligne droite.

Ex. 6. Hexagone de Pascal (concave ou convexe).

VII. *Comme exemples de la démonstration de trois points en ligne droite basée sur le théorème des segments proportionnels formés sur deux droites parallèles, nous pouvons donner les problèmes suivants :*

Pr. 1. Dans un trapèze quelconque, si on prolonge les côtés non plles, en O, le point O, les milieux des bases et le point de rencontre des diagonales sont quatre points en ligne droite.

D'abord les trois points O, M et M' sont en ligne droite. Car on a :

$$\frac{AM}{MB} = \frac{CM'}{DM'}.$$

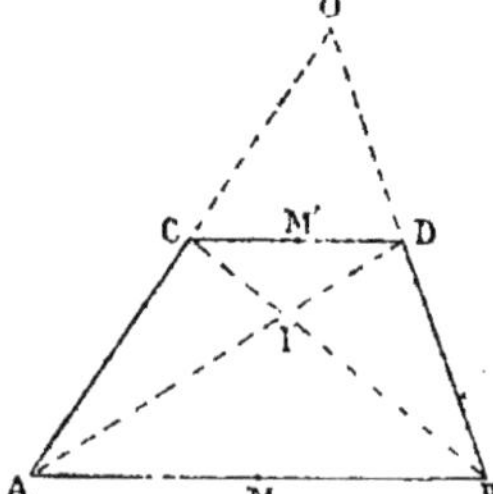

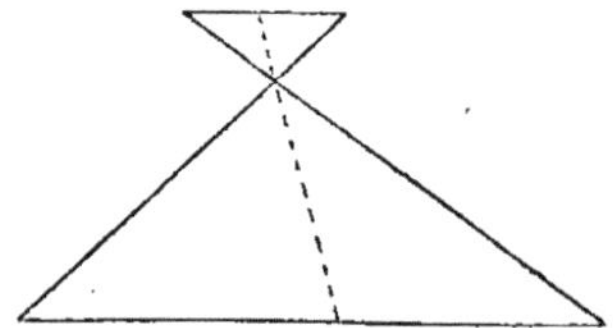

Ensuite les trois points M, M', I le sont aussi. Car le théorème des segments proportionnels formés sur deux droites plles est encore vrai quand les droites se coupent en un point situé entre les deux parallèles.

Donc O, M', I, M sont quatre points en ligne droite.

Pr. 2. Étant données deux routes qui se perdent sous bois, si par un point O on mène une droite MN reliant les deux routes, puis que par une droite pile on la partage en I dans le rapport $\dfrac{OM}{ON}$, prouver que le projectile allant de O vers I tombera au point de croisé des deux routes.

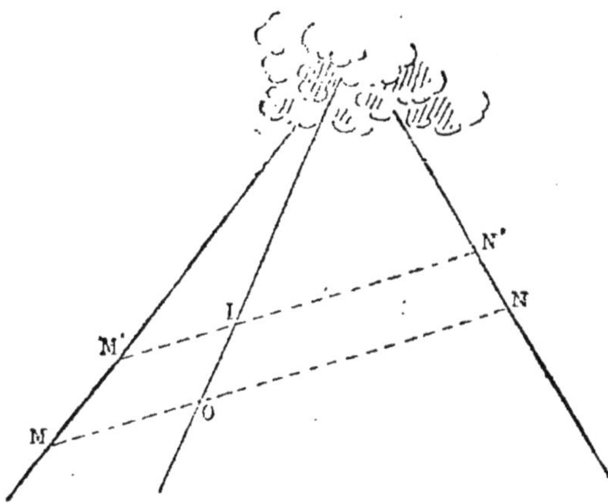

(Cela résulte de la proportionnalité des segments pris sur les deux droites pîles.)

VIII. *Exemples de démonstration basée sur le calcul pour prouver que trois points sont en ligne droite.*

Ex. 1. Quand deux Δ semblables ont leurs côtés homologues pîles, la droite qui joint CC′ passe par le point de rencontre S de AA′ et de BB′.

Calculons S′B′, S′ étant le point de BB′ où CC′ le coupe.

On a :

$$\frac{S'B'}{S'B} = \frac{B'C'}{BC}.$$

Mais

$$\frac{B'C'}{BC} = \frac{A'B'}{AB} = \frac{SB'}{SB}.$$

Donc :
$$\frac{S'B'}{S'B} = \frac{SB'}{SB}.$$

D'où :
$$\frac{S'B'}{S'B - S'B'} = \frac{SB'}{SB - SB'},$$

et par conséquent $S'B' = SB'$.

Donc les trois points C, C' et S sont en ligne droite (puisque S' doit être confondu avec S).

Ex. 2. Quand deux polygones semblables sont homothétiques, la droite CC' qui joint deux sommets homologues quelconques passe par le point de rencontre O des droites telles que AA' et BB' joignant deux autres sommets homologues.

Ce théorème se démontre dans les cours, par le calcul, par un procédé analogue au précédent.

IX. *Exemples de la méthode consistant à prouver que trois points sont en ligne droite en montrant qu'ils sont en même temps des points déjà reconnus en ligne droite.*

Ex. 1. Quand un cercle O' est tg. à la fois à un cercle O et à une droite D, les deux points de contact A et B sont en ligne droite avec le point C extrémité de la pp. menée de O sur la droite.

En effet, le point B de tangence est en même temps le centre de similitude interne des deux cercles O et O'.

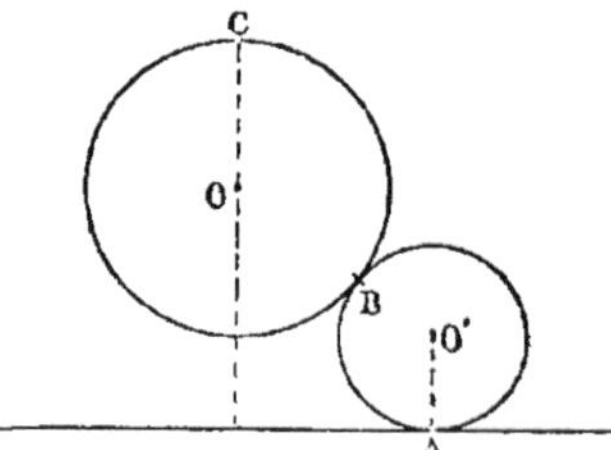

Mais A est, à volonté, un centre de similitude, interne ou externe, des deux cercles, le cercle O' et le cercle limite, la droite D. Seulement si A est un cercle interne, C sera un centre de similitude externe et réciproquement.

Donc, d'après un théorème connu, C, B, A sont en ligne droite.

REMARQUE I. — Si la droite D est considérée comme la limite d'une circonférence dont la concavité est tournée vers le bas, A est un centre de similitude interne. — Sinon A est un centre externe.

REMARQUE II. — Quand les deux cercles O et O' sont tgs intérieurement, on verrait de même que les trois points B, D, A sont en ligne droite.

Ex. 2. Si on considère les quatre Δ formés par trois des côtés d'un quadrilatère ABCD, les quatre points de rencontre de leurs hauteurs sont en ligne droite.

On sait que quand 2, 3, 4 ou n points ont des puissances égales par rapport à trois cercles, ayant leurs centres en ligne droite, tous ces points appartiennent à leur axe radical commun et par conséquent sont en ligne droite.

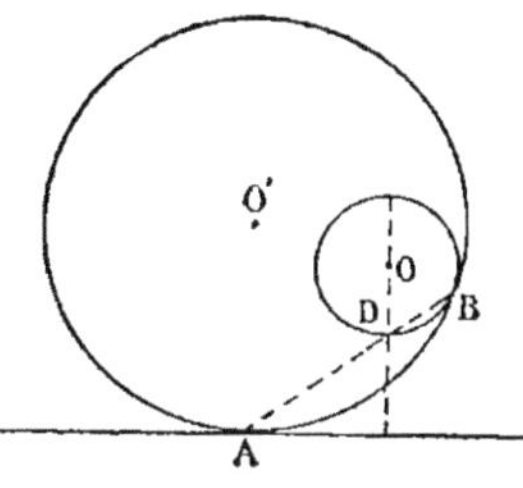

Considérons pour commencer le Δ ABF, où nous menons les trois hauteurs, on sait que l'on a :

$$BO.OK = OI \times OF = OH \times OA$$

(puisque les trois quadrilatères tels que OIAK sont inscriptibles).

Mais (OH.OA) est la puissance de O par rapport au cercle 1 placé sur la diagonale AC.

(OI.OF) est la puissance de O par rapport au cercle 2 placé sur la diagonale EF.

(BO.OK) est aussi la puissance de O par rapport au cercle 3 placé sur la diagonale BD.

Le point O a donc même puissance par rapport à ces trois cercles 1, 2, 3.

Il en est de même des trois points de rencontre de hauteurs des trois autres Δ formés.

Donc ces quatre points sont forcément en ligne droite.

REMARQUE. — Les trois cercles 1, 2, 3 ayant pour centre radical plus d'un point, on pourrait en conclure que les centres de ces trois cercles sont forcément en ligne droite (propriété connue des points milieux des diagonales d'un quadrilatère complet).

§ 8. — Prouver que dans une figure trois droites ou trois circonférences sont concourantes (ou encore passent par un point fixe).

1° Quand l'une des trois droites Δ, Δ', Δ'' a une propriété caractéristique, c'est-à-dire qui n'appartient qu'à elle seule, on prouve que le point de rencontre des deux autres a cette propriété.

2° On regarde si on ne peut pas prouver que ces trois droites sont en même temps des droites qu'on sait déjà être concourantes.

3° Quand la troisième droite Δ'' est définie par deux points A et B, on regarde si le point de rencontre O des deux premières droites Δ et Δ' est en ligne droite avec les points A et B.

4° On regarde si en coupant les trois droites par deux parallèles les segments formés sont proportionnels entre eux.

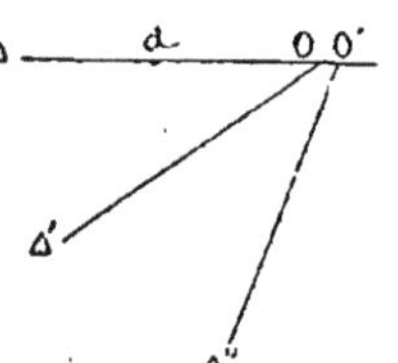

5° On emploie le théorème de Céva (1).

6° On procède par le calcul, en appelant O et O' les points où les droites Δ' et Δ'' coupent la droite Δ, calculant les distances $O\alpha$ et $O'\alpha$ à un point α pris sur cette droite Δ, et prouvant que $O\alpha = O'\alpha$.

7° On peut encore parfois prouver que trois droites concourent en cherchant leurs pôles et prouvant qu'ils sont en ligne droite.

Total : sept procédés.

REMARQUE. — Quand on demandera de prouver qu'une droite mobile passe par un point fixe, on cherche en général avant tout à voir quel est ce point fixe, — ce qui se fera à l'aide de deux positions particulières de la droite mobile — en s'aidant au besoin de la raison de symétrie.

---

(1) Théorème établi dans le troisième livre de géométrie.

La nécessité d'utiliser les données guidera en général dans le choix de la méthode à employer.

Ci-joint des exemples.

REMARQUE. — On peut ramener au problème précédent le problème qui consisterait à prouver que trois cercles C, C', C'' passant par un même point A passent encore par un second point.

(Il suffirait de transformer par inversion les trois cercles en prenant pour pôle de transformation le point A, puis de prouver que les trois droites ainsi obtenues D, D', D'' sont concourantes.)

EXEMPLES RELATIFS AU § 8

I. *On peut prouver que trois droites sont concourantes en prouvant que le point de rencontre de deux d'entre elles possède la propriété qui caractérise la troisième droite.*

Nous pouvons déjà rappeler, comme exemples, les théorèmes prouvant que les trois bissectrices ou les trois pps aux milieux des côtés d'un Δ sont trois droites concourantes.

Nous pouvons y ajouter les exemples suivants :

Ex. 1. Trois cercles se coupant deux à deux suivant trois droites, ces trois cordes communes sont concourantes.

On sait qu'une corde commune a la propriété caractéristique suivante, que tous ses points ont la même puissance par rapport aux deux cercles. Pour prouver que le point O de rencontre de AB et de DE appartient à la corde MN, il suffit donc de remarquer que O étant d'égale puissance par rapport aux cercles C et C', puis par rapport aux cercles C' et C'', la puissance de O par rapport aux cercles C et C'' est la même. — Donc ces trois cordes sont concourantes.

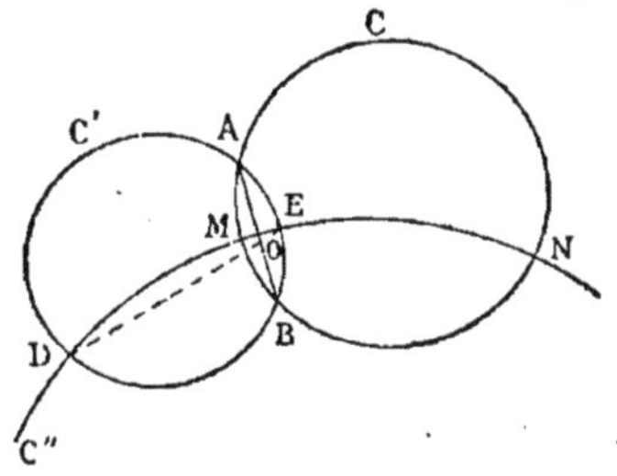

Ex. 2. Etant donnés un cercle O et deux points extérieurs, A et B, tous les cercles passant par A et B et coupant le cercle O déterminent des cordes communes qui sont concourantes.

Soient CD et EF deux des cordes communes ainsi obtenues.

4.

Tous les points de EF ayant une même propriété (même puissance par rapport aux deux cercles), pour prouver que EF passe

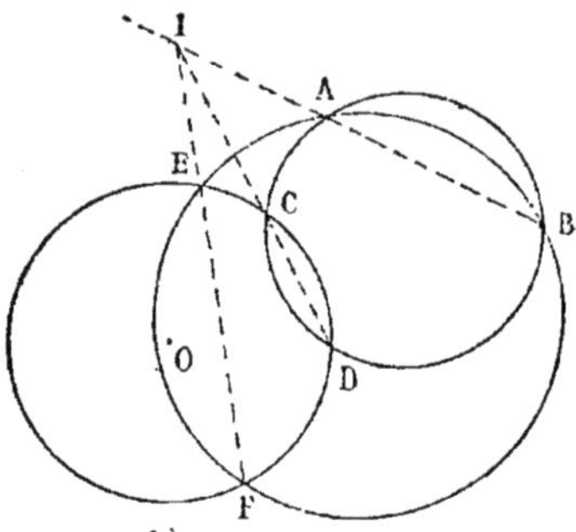

par le point I où AB coupe CD,
on raisonnera comme tout à
l'heure, en prouvant que I est
d'égale puissance par rapport
aux cercles O et ABF.

N. B. — Ce théorème permet
de résoudre de nombreux problèmes, tels que mener par
deux points un cercle tg. à un
cercle donné — ou le coupant
suivant un diamètre — ou le
coupant suivant une corde de
longueur donnée.

II. *On ramène les droites à être des droites qu'on sait
déjà être concourantes.*

Ex. 1. Les trois hauteurs d'un Δ passent par un même
point.

On prouve que ces trois hauteurs sont, dans le Δ plle MNP,

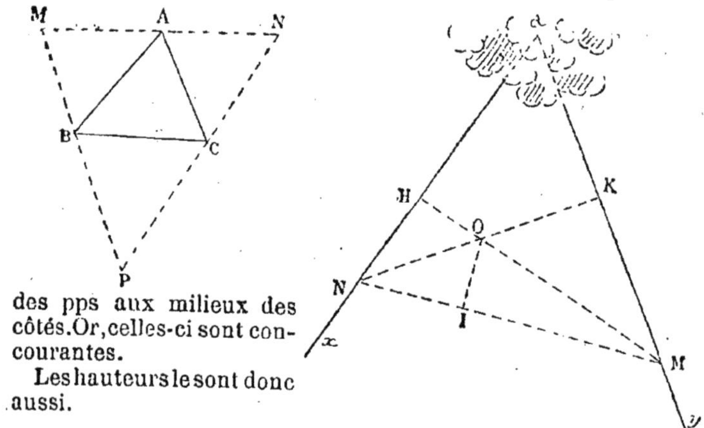

des pps aux milieux des
côtés. Or, celles-ci sont concourantes.

Les hauteurs le sont donc
aussi.

Ex. 2. Le point de rencontre de deux routes x et y est
invisible. D'un point O intérieur aux deux routes, on leur
mène des pps OH et OK, et on les prolonge jusqu'en M
et N. De O on abaisse une pp. sur MN. Prouver que les
deux routes et cette pp. OI sont concourantes.

En effet, dans le Δ αMN, OI est la troisième hauteur. Or on sait que la troisième hauteur passe par le point de rencontre des deux côtés du Δ.

Ex. 3. Quand deux carrés ont leurs côtés plles, les droites qui joignent les sommets des angles à côtés plles sont concourantes.

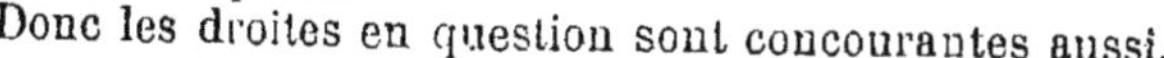

En effet, on sait que deux carrés à côtés plles sont des figures homothétiques. Or, dans de pareilles figures, les droites qui joignent les sommets homologues concourent toutes en un même point.

Donc les droites en question sont concourantes aussi.

III. *Exemple prouvant que trois droites sont concourantes parce qu'il y a trois points en ligne droite.*

Ex. Quand on inscrit un carré dans un carré, les diagonales du carré intérieur et les diagonales du grand carré concourent en un même point.

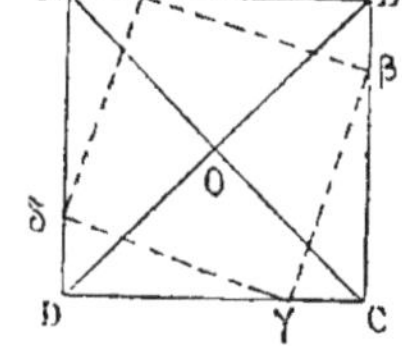

Soit O le point de rencontre des diagonales AC et BD. Il suffit de prouver que les trois points α, O, γ sont en ligne droite. — Ce qui se fera par la méthode des angles égaux AOα et COγ.

IV. *Exemple de droites reconnues concourantes à l'aide des segments proportionnels qu'elles forment sur deux droites parallèles.*

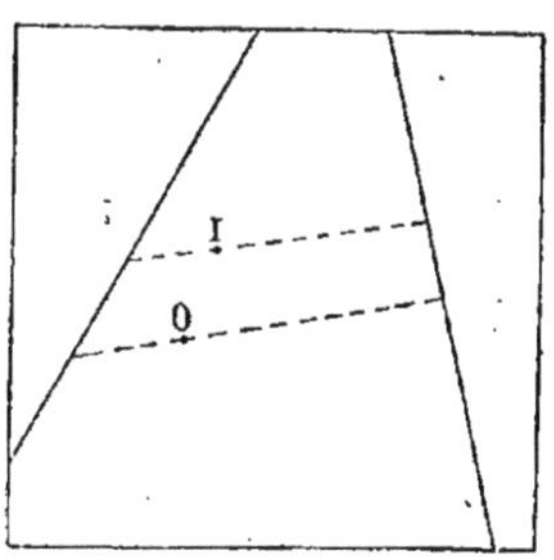

Ex. Deux routes x et y étant marquées sur une carte, ainsi qu'un point O, par O on mène au hasard une droite AB reliant les deux routes, puis on mène une plle CD qu'on divise au point I en segments proportionnels à AO et à OB. Prouver que les deux routes et la droite OI concourent en un même point. (Problème du Canon.)

Cela résulte immédiatement du théorème indiqué.

V. *Emploi du théorème de Céva pour prouver que des droites sont concourantes.*

Ex. 1. Les trois hauteurs d'un Δ passent par un même point, ainsi que les trois médianes, et les trois bissectrices.

Ex. 2. Si on construit les carrés sur les deux côtés de l'angle droit d'un Δ rectangle et qu'on joigne BD et CE, ces deux droites se coupent en un point situé sur la pp. AH menée de A sur l'hypoténuse.

Nous avons à prouver que trois droites sont concourantes. Ces droites coupant le Δ ABC aux points M, N et H, tout revient à prouver que l'on a la relation de Céva :

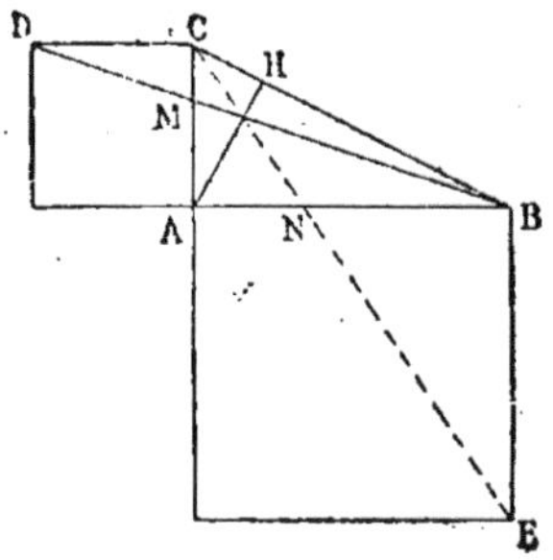

$$\frac{CM}{AM} \times \frac{AN}{NB} \times \frac{BH}{HC} = 1. \qquad (1)$$

Comme nous devons nous occuper des rapports $\dfrac{CM}{MA}$ et $\dfrac{AN}{NB}$, il est naturel de considérer les Δ semblables CMD et MAB d'une part, ANC et NBE d'autre part.

Et cela nous donnera, en désignant par b et c les nombres qui mesurent les côtés AC et AB :

$$\frac{CM}{MA} = \frac{b}{c}, \quad \frac{AN}{NB} = \frac{b}{c}$$

donc :

$$\frac{CM}{MA} \times \frac{AN}{NB} = \frac{b^2}{c^2}.$$

Mais d'autre part :

$$\frac{BH}{CH} = \frac{c^2}{b^2}.$$

Par conséquent la relation (1) est vérifiée. Donc les trois droites sont concourantes.

Ex. 3. Si on inscrit un cercle dans un Δ ABC, et qu'on joigne les points de contact aux sommets opposés, ces droites sont concourantes.

(Même méthode.)

VI. *Emploi du calcul pour prouver que trois droites sont concourantes.*

Ex. 1. Les trois médianes d'un $\triangle$ ABC passent par le même point.

On calcule d'abord la position qu'occupe sur AM le point O où la médiane de gauche BM' le coupe et on trouve, par la méthode des $\triangle$ semblables :

$$OM = \frac{1}{3} AM.$$

On appelle ensuite O' le point où la troisième médiane de droite CM'' coupe la même ligne AM, et on trouve :

$$O'M = \frac{1}{3} AM.$$

Par conséquent O et O' sont confondus, et les trois médianes sont concourantes.

Ex. 2. Les droites qui joignent, dans deux cercles, les extrémités de deux rayons parallèles et de même sens sont concourantes.

On appellera encore S et S' les points où AA' et BB' coupent

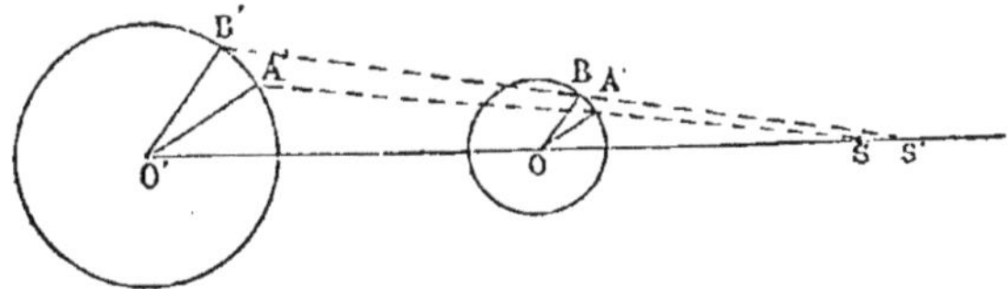

la ligne des centres OO', on calculera SO et S'O et on verra que

$$SO = S'O.$$

Donc S et S' sont confondus et les trois droites sont concourantes.

Ex. 3. Aux extrémités d'un diamètre AB on mène deux tangentes AC et BD, puis une troisième tangente CD. Prouver que les deux droites AD et BC d'une part, la pp. IH d'autre part, sont trois droites concourantes.

Appelons encore O et O' les points où la pp. IH est coupée par AD, puis par BC, et tâchons de prouver que OH = O'H.

Si pour abréger nous posons $AC = a$, $BD = b$, on aura :

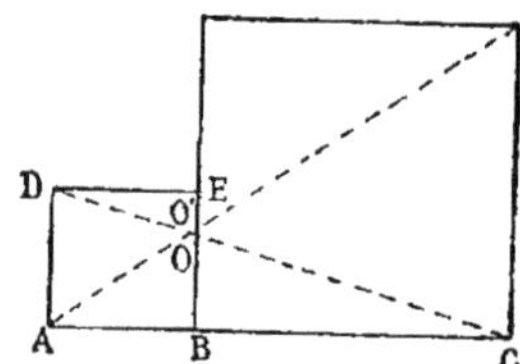

$$\frac{OH}{b} = \frac{AH}{AB} = \frac{CI}{CD} = \frac{a}{a+b}, \quad \text{d'où} \quad OH = \frac{ab}{a+b},$$

$$\frac{O'H}{a} = \frac{BH}{BA} = \frac{DI}{DC} = \frac{b}{a+b},$$

d'où : $\qquad O'H = \dfrac{ba}{a+b}.$

Donc les trois droites sont concourantes.

Ex. 4. On a deux carrés juxtaposés ABDE et BCFG. Prouver que les trois droites AG, CD et BF sont concourantes.

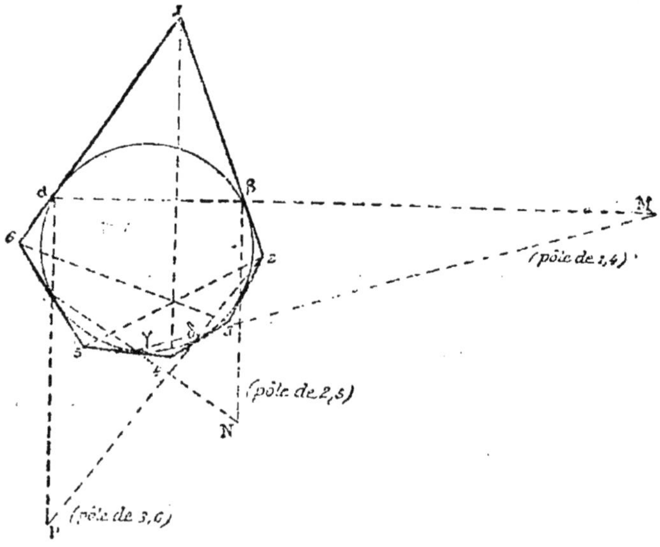

(On calculera d'abord la distance BO, puis la distance BO', O et O' étant les points où BF coupe AG et CD, et on verra que

$$BO' = BO.)$$

VII. *Emploi des pôles et polaires pour prouver que trois droites sont concourantes :*

Étant donné un hexagone circonscrit à un cercle, si on

numérote les sommets 1, 2, 3, 4, 5, 6, les droites (1,4), (2,5), (3,6) sont concourantes. (Théorème de Brianchon.)

En effet, cherchons le pôle de la droite (1,4).

La polaire du sommet 1 est la corde de contact $\alpha\beta$, celle du sommet 4 est la corde $\gamma\delta$. Ces deux cordes se coupant en M, M est le pôle de la droite (1,4).

On trouverait de même en N et P les pôles des droites (2,5) et (3,6).

Mais M, N P, sont en ligne droite à cause de l'hexagone de Pascal. — Donc les trois droites proposées sont concourantes.

REMARQUE. — *Soit à prouver qu'une droite mobile passe par un point fixe.*

Ex. 1. Etant donnés un cercle O et une droite fixe D. D'un point quelconque A pris sur la droite on mène des tangentes. Prouver que la corde de contact BC passe par un point fixe.

On pourrait prouver que toutes les droites analogues à BC passent par un point fixe, en remarquant que ces droites BC sont des polaires. On sait que, si les pôles sont en ligne droite, les polaires passent par un point fixe qui est le pôle de la droite D.

On peut aussi y arriver en raisonnant comme il suit :

Par raison de symétrie s'il y a un point fixe, il doit se trouver sur le diamètre OH pp. à D. Tâchons donc de voir si réellement le point I où BC coupe OH est un point fixe. Pour cela calculons OI.

La méthode des triangles semblables est naturellement indiquée, car une façon d'utiliser la donnée est de dire que OA est pp. sur BC, et que dès lors le $\triangle$ OIK est semblable au $\triangle$ OAH. Mais on a alors :

$$\frac{OI}{OA} = \frac{OK}{OH},$$

d'où
$$OI \times OH = OA \times OK,$$

(relation qu'on aurait encore pu établir par les antiparallèles). Il y a donc lieu de voir si ($OA \times OK$) est constant.

Mais cela a lieu. Car AC étant tg., on a :

$$\overline{OC}^2 = OA \times OK.$$

Donc
$$OI = \frac{R^2}{d},$$

R et d étant les nombres qui mesurent respectivement le rayon et la distance connue OH.

Donc OI est constant. Donc I est un point fixe.

Ex. 2. Dans un rectangle OAPB la somme des côtés est constante. Des sommets B et A avec des rayons respectivement égaux à OA et à OB on décrit des cercles. Prouver que la corde commune PS passe par un point fixe. —

Cherchons d'abord la position de ce point fixe. Quand le rec-

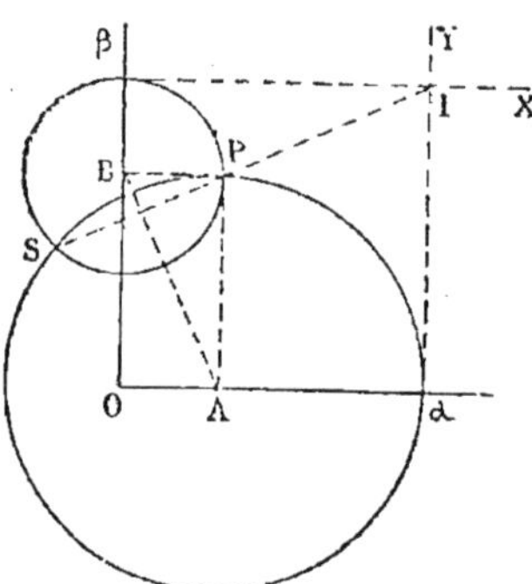

tangle se réduit à une droite double verticale, le point B vient en β et le point A en O. Le cercle de rayon OA devient nul et l'autre devient égal à Oβ. La corde commune est alors la tg. menée en β au cercle O de rayon Oβ, c'est-à-dire la droite βX.

Si donc il y a réellement un point fixe, il doit se trouver sur βX.

Pour la même raison, il doit se trouver sur la droite αY.

Donc, s'il existe, il doit être en I, au sommet du carré Oαβl.

Nous sommes donc maintenant amenés à prouver que les trois points S, P, I sont en ligne droite. —

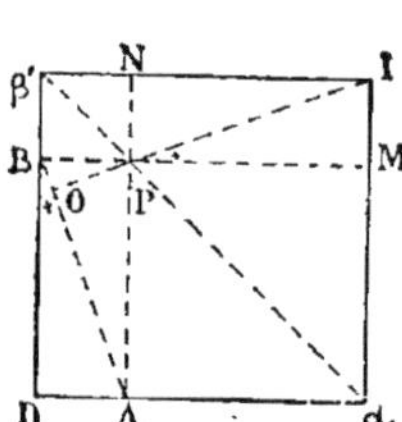

Or, Bβ étant égal à BP, l'angle BβP vaut 45°. Donc le point P se trouve sur la diagonale αβ du carré OI, et de plus les deux rectangles OAPB et PMIN sont égaux.

Voilà ce qui résulte de l'hypothèse.

Mais pour prouver que S, P et I sont en ligne droite, il suffirait de prouver (voir la 2° figure) que la droite PI est pp. en O sur AB — ou, en poursuivant l'analyse, de prouver que dans le Δ POB les deux angles en P et en B sont complémentaires. — Mais PBO a pour complément DBA. Il suffirait donc de prouver que BPO est égal à DBA.

Or, cela est facile. Car les rectangles étant égaux en vertu de l'hypothèse, les angles aigus marqués d'une croix sont égaux. — Donc PI est pp. sur AB, et la corde commune PS passe bien par un point fixe.

Ex. 3. Etant donnés deux cercles O et O′ tgs en A, un

angle droit BAC pivote autour du point A. Prouver que, si on joint les deux points de rencontre B et C avec les deux circonférences, la droite BC passe par un point fixe.

Par raison de symétrie le point fixe, s'il existe, doit se trouver sur la ligne des centres OO'. Soit donc I le point où la droite BC coupe OO'. — Tout revient à prouver que la distance OI est constante. —

Or, l'examen attentif de la figure montre que les deux rayons OB et O'C paraissent être plles.

Et cette idée préconçue est facile à vérifier.

Par conséquent, la droite mobile BC passe par le centre de similitude externe des deux cercles.

Ex. 4. Sur une demi-droite indéfinie Ax on prend une série de points M et M' tels que le produit AM $\times$ AM' soit toujours égal à K^2, on joint tous les groupes de points ainsi formés à un point extérieur B, et on prend sur les rayons BM et BM' des points I et I' tels que BI $\times$ BM $=$ BI' $\times$ BM' $= l^2$. Sachant que tous ces points I, I' sont sur une même circonférence passant par le point B, prouver que les droites telles que II' passent par un point fixe. (Faire la figure.)

D'abord quelle est la position de ce point fixe, s'il y en a un?

Il est clair que, si AM est nul, AM' est infini. Le point I correspondant à M sera alors sur BA. Quant au point I' correspondant à M', il sera sur la plle menée par B à Ax et sera en B puisque BI' $\times$ BM' $=$ K^2 donne BI' égal à O.

Donc, pour ce cas particulier, la droite II' étant la droite AB, le point fixe, s'il existe, devra être sur AB.

Pour savoir où, prenons la figure inverse de la droite II', B étant le pôle et l^2 la puissance d'inversion. Cette figure inverse sera un cercle passant par M, M' et B. — De même, la figure inverse de la droite I$_1$I$_1$' sera un cercle passant par B, M$_1$, M$_1$', etc.

Mais le point A a même puissance pour tous ces cercles BMM', BM$_1$M'$_1$, etc. Car elle est pour le premier cercle AM $\times$ AM', pour le second AM$_1$ $\times$ AM'$_1$, etc., produit qui est toujours par hypothèse égal à K^2.

Si donc nous considérons la sécante AB, si elle a une longueur différente de K^2, elle coupera le cercle BMM' en un point α tel que AB $\times$ Aα $=$ K^2. Elle coupera les autres cercles tels que BM$_1$M'$_1$ au même point α.

Cela posé, prenons en particulier le cercle BMM'. Etant l'inverse de la droite II', réciproquement cette droite indéfinie II' sera la figure inverse du cercle BMM'.

Par conséquent cette droite II' devra passer par le point α'

inverse du point fixe α, B étant le pôle et l^2 la puissance. — Et il en sera de même évidemment pour toutes les autres droites $I_1I'_1$, etc. Donc toutes les droites II' passent par le point fixe α'.

Remarque. — Comme 2ᵉ exemple de *transformation d'une figure par inversion, à l'effet de prouver que trois cercles ayant un point commun A en ont un second*, nous traiterons le problème suivant :

Pr. D'un point P extérieur à un cercle O on mène deux sécantes PAB et PA′B′ et on joint en croix. Prouver que, si les cercles circonscrits aux deux Δ PAB′ et PA′B se coupent en un point Q, le cercle décrit sur PO comme diamètre passe aussi par le point Q. (Faire la figure.)

Prenons pour pôle d'inversion le point P. Les trois cercles précédents deviendront des droites. Mais si on choisit pour puissance d'inversion précisément la puissance du point P par rapport au cercle O, l'inverse de A sera B, l'inverse de A′ sera B′, de telle sorte que la droite inverse du cercle PAB′ sera la droite indéfinie BA′, B′A étant aussi l'inverse du cercle PA′B. (Voir dans le chapitre II, la figure.)

Ces deux transformées se coupent en un point D.

Mais la transformée du cercle PO est la polaire RR′ (puisque les points R et R′ sont à eux-mêmes leurs propres transformées).

Or cette polaire RR′ passe par le point D.

Donc les trois cercles précédents passent tous trois par le point inverse du point D.

Ces trois cercles sont donc concourants une deuxième fois. C. q. f. d.

N. B. — Il n'est pas toujours nécessaire de recourir à l'inversion pour prouver que des groupes de circonférences passent par un même point. Cela se fait souvent très simplement.

Ex. Dans un quadrilatère complet ABDC, si on considère les quatre Δ formés, les cercles qui leur sont circonscrits passent tous par un même point.

Il suffira de considérer le point 1 de rencontre de deux de ces quatre Δ, par exemple de ABM et de ACN, MN étant la troisième diagonale, puis de considérer le Δ BDN et de prouver que BND = BID. —

(On pourrait aussi l'établir en remarquant que, si nous considérons une parabole tg. à ces quatre droites, son foyer F doit être à la fois sur tous les cercles circonscrits aux quatre $\triangle$ formés par ces quatre droites. Tous ces cercles doivent donc concourir en un même point.

Ex. 2. Tous les cercles qui coupent orthogonalement deux cercles donnés extérieurs passent par deux points fixes situés sur la ligne des centres, points qu'on appelle les points de Poncelet.

§ 9. — Prouver que quatre longueurs forment entre elles une proportion (ou encore forment des produits égaux).

Remarquons d'abord que si a, b, c, d désignent à volonté, ou les quatre longueurs elles-mêmes, ou les nombres qui les mesurent, pour prouver que l'on a :

$$a \times b = c \times d,$$

il suffit de prouver que l'on a : $\dfrac{a}{c} = \dfrac{b}{d}.$

Or, pour prouver que quatre longueurs forment des rapports égaux,

1° On peut utiliser le *théorème de Thalès* sur les segments proportionnels.

Cela pourra se faire quand les longueurs se suivent bout à bout comme dans la figure ci-contre, et on n'aura qu'à montrer le parallélisme des trois droites.

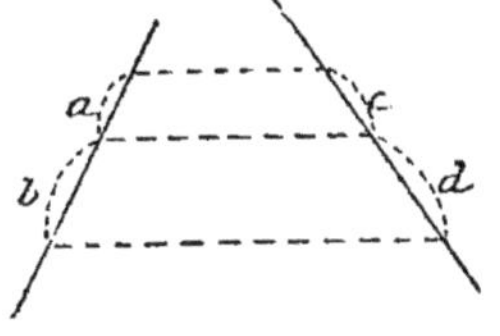

2° Quand les quatre longueurs (ou des longueurs qui leur sont égales) partent toutes du sommet d'un angle O, ainsi que l'indique la figure ci-contre, il faut employer la **méthode des $\triangle$ semblables.**

Et il faudra employer cette même méthode des $\triangle$ semblables quand les quatre longueurs en question forment dans la figure deux groupes séparés partant deux à deux d'un même sommet, ainsi que le montre la figure ; il suffira alors de joindre

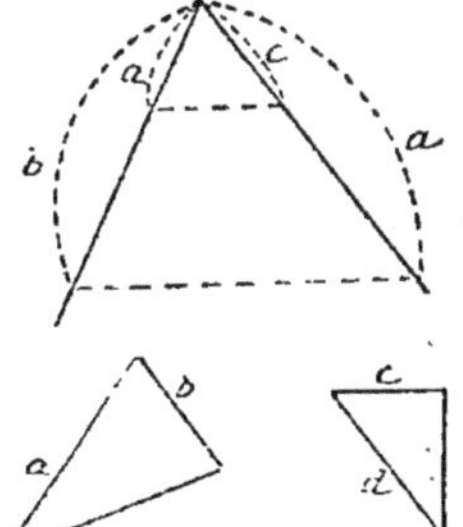

les extrémités libres, et de chercher à prouver que les △ formés sont semblables.

Remarque. — Quand les quatre longueurs dont on parle dans l'énoncé sont disséminées dans la figure, il est évident qu'il faudra les rapprocher en les remplaçant par des longueurs égales, de façon à ce que l'une des deux méthodes précédentes puisse s'y appliquer.

3° Quelquefois aussi on peut prouver que deux rapports de longueurs sont égaux entre eux en prouvant qu'ils sont égaux tous deux *à un troisième rapport intermédiaire.*

Total : trois méthodes.

N. B. — Il convient de ne pas oublier le grand parti qu'on peut tirer des *droites antiparallèles* ou *des pôles et polaires.*

Ci-joint des exemples appropriés.

Exemples relatifs au § 9

I. *Démonstration de rapports égaux établie par la méthode de Thalès (sur les segments proportionnels déterminés par des plles sur deux droites concourantes).*

Ex. 1. Dans tout △ la bissectrice intérieure détermine, sur le côté opposé, des segments dont le rapport est égal à celui des côtés adjacents.

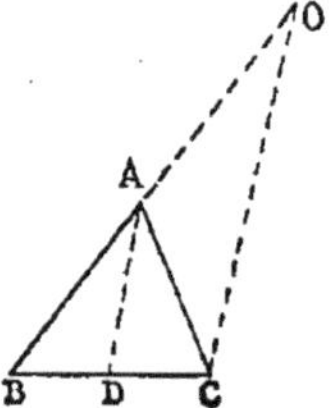

Je dis que
$$\frac{BD}{DC} = \frac{AB}{AC}.$$

Quand nous prononçons ces mots :
$$\frac{BD}{DC} = \frac{BA}{x},$$

cela nous fait immédiatement songer au théorème des segments proportionnels de Thalès, et nous sommes dès lors conduits à mener la plle CO.

On a donc :
$$\frac{BD}{DC} = \frac{BA}{AO}.$$

Mais on nous dit dans l'énoncé que
$$\frac{BD}{DC} = \frac{BA}{AC}.$$

Pour concilier ces deux affirmations, il n'y a évidemment qu'à prouver que $AO = AC$, ce qui doit se faire par la méthode connue du $\triangle$ isocèle — d'où le théorème.

Ex. 2. Dans un $\triangle$ ABC, on partage les deux côtés AB et BC dans le même rapport K. Par les points I et J ainsi obtenus on mène des plles aux côtés AC et AB. Prouver que les rapports $\dfrac{AI}{IO}$ et $\dfrac{AB}{AC}$ sont égaux.

On a pour hypothèse :

$$\frac{AI}{AB} = \frac{BJ}{BC}.$$

Il faut donc prouver que

$$\frac{IO}{AC} = \frac{BJ}{BC}.$$

Mais, si l'on prolonge JO en R,

$$IO = AR.$$

Tout revient donc à prouver que

$$\frac{AR}{AC} = \frac{BJ}{JC},$$

ce qui est évident d'après le théorème de Thalès.

II. *Exemples de proportions de longueurs établies par la méthode des $\triangle$ semblables.*

Disons d'abord que c'est par la considération des $\triangle$ semblables qu'on peut établir tous les théorèmes démontrés dans le cours sur les *propriétés des $\triangle$ rectangles* ou des *sécantes* et *tangentes* dans le cercle. —
(On peut même simplifier cette étude à l'aide des *anti-parallèles*.)
Viennent ensuite les exemples suivants :

Ex. 1. Si du milieu d'un arc on mène la pp. à la corde qui le sous-tend, puis qu'on mène une autre sécante ainsi que le montre la figure, on a la relation :

$$IC \times ID = IH \times IK.$$

Pour le prouver, ces droites partant toutes d'un même point I,

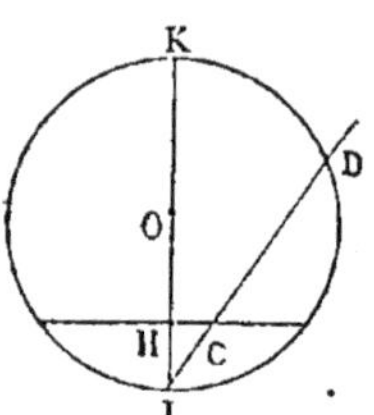

il suffit de considérer les Δ qui renferment les éléments IC, ID, IH et IK, dont on parle, et de voir si ces Δ sont semblables.

Ils le sont. — Il n'y a donc plus qu'à écrire la proportionnalité des côtés homologues.

(On peut simplifier en remarquant que HC est antiparallèle à DK.)

Ex. 2. Prouver que dans un Δ si on désigne par r, r', les rayons des cercles inscrit et ex-inscrit, on a la relation :

$$r \times r' = (p - b)(p - c),$$

r' étant le rayon ex-inscrit correspondant à l'angle A.

Ayant ici à démontrer l'égalité de deux produits, ou ce qui

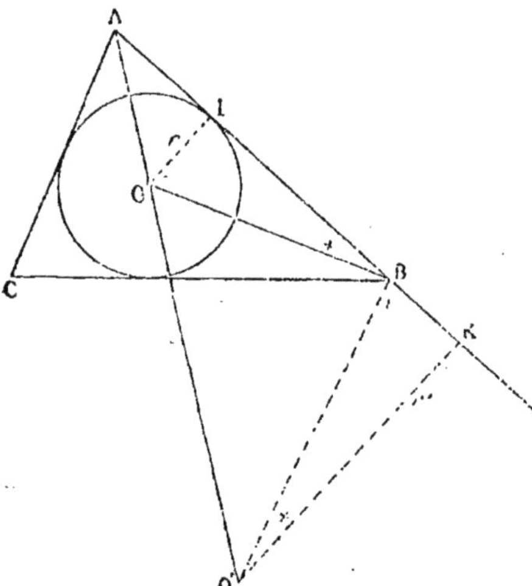

revient au même, l'égalité de deux rapports, il est naturel d'essayer d'employer la méthode des Δ semblables.

r et r' entrent dans les deux Δ BOI et BO'K. Mais ces Δ rectangles sont semblables. Car, pour obtenir le centre O', on a dû mener BO' pp. à BO. Il en résulte que OBI est le complément de O'BK, donc est égal à BO'K.

Mais alors on a :

$$\frac{r}{\text{BK}} = \frac{\text{BI}}{r'},$$

c'est-à dire :

$$rr' = \text{BK} \times \text{BI}.$$

Et le théorème est démontré. (Car le cours nous apprend que BI $= p - b$ et que BK $= p - c$.)

Ex. 3. On mène les deux tgs à un cercle aux deux extrémités d'un diamètre AB. On joint A et B à un point quelconque C du cercle, et on prolonge. Prouver que l'on a :

$$\text{AA}' \times \text{BB}' = 4\text{R}^2.$$

Nous devons tâcher de faire entrer AA' et BB' dans deux Δ semblables, en utilisant les données. Or, le Δ AA'C est rectangle en C. Le Δ BB'A l'est aussi en B. — Voyons maintenant si les angles numérotés 1 et 2 sont égaux.

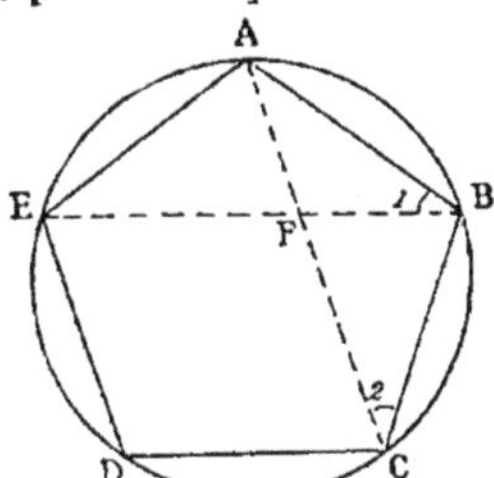

1 a pour mesure $\frac{1}{2}$ arc BC.

2 . . . . $\frac{1}{2}$ arc AIB $-\frac{1}{2}$ arc AC,

c'est-à-dire $\frac{1}{2}$ (arc ACB — arc AC),

c'est-à-dire $\frac{1}{2}$ arc BC.

Donc les angles 1 et 2 sont égaux.

Donc les deux Δ sont semblables. Et l'on a dès lors :

$$\frac{AA'}{AB'} = \frac{AC}{BB'}.$$

D'où le produit :

$$AA' \times BB' = AB' \times AC.$$

Mais on nous dit que $AA' \times BB' = 4R^2$. Pour concilier, nous sommes donc conduits à voir si $AB' \times AC$ vaut $4R^2$. Ce qui a lieu. — D'où le théorème.

Ex. 4. Dans un pentagone régulier, prouver que l'on a :

$$\overline{AB}^2 = AF \times AC.$$

Pour le prouver, il suffit de montrer que la droite FB est antiparallèle à CB, c'est-à-dire que les angles numérotés 1 et 2 sont égaux. — Cela ayant lieu, on a le droit d'écrire que

$$AF \times AC = \overline{AB}^2.$$

Ex. 5. Prouver que dans un pentagone régulier les diagonales se coupent en moyenne et extrême raison.

Je dis que

$$\overline{EF}^2 = EB \times FB.$$

Nous ne pouvons pas avec les trois longueurs en question former de Δ semblables. Et pourtant la méthode des Δ semblables est bien la méthode naturellement indiquée. Nous n'avons donc qu'une ressource : tâcher de remplacer les longueurs par des longueurs égales.

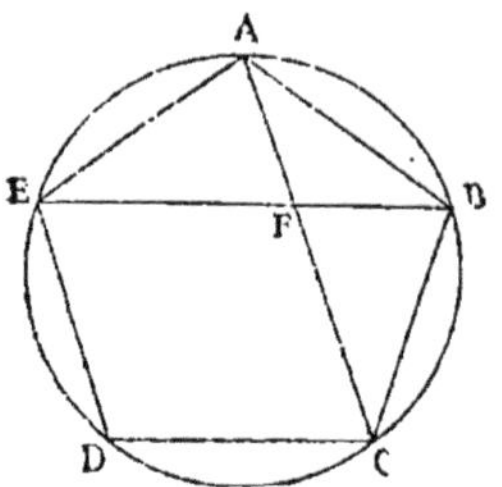

Or, la figure nous montre que EF a l'air d'être égal à AE. Et cela a lieu en effet, car la méthode du $\triangle$ isocèle (qu'il est naturel d'employer) nous apprend que

$$\text{angle EAF} = \text{angle AFE.}$$

La relation à établir

$$\overline{EF}^2 = EB \times BF,$$

peut donc s'écrire en appelant p le côté du pentagone et d la diagonale :

$$p^2 = d \times BF,$$

ou

$$\frac{p}{d} = \frac{BF}{p}.$$

Ce qui nous conduit à considérer les deux $\triangle$ ABF et ABC. Ces $\triangle$ sont semblables. Donc on a bien la relation cherchée.

REMARQUE. — BF étant antiparallèle à BC, on aurait eu immédiatement :

$$\overline{AB}^2 = AC \times AF,$$

c'est-à-dire :

$$\overline{EF}^2 = BE \times BF.$$

Ex. 6. Par le milieu I de l'arc sous-tendu par une corde AB, on mène une sécante ICD. Prouver que l'on a la relation :

$$IC \times ID = \overline{IB}^2.$$

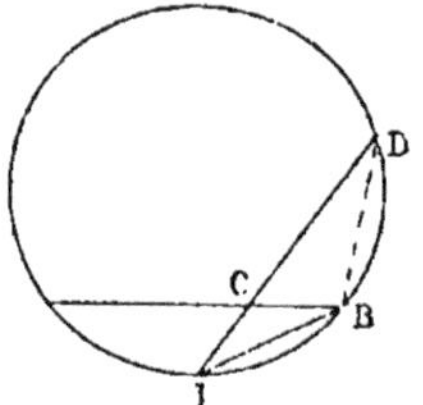

Nous avons à démontrer que deux produits sont égaux. La méthode des $\triangle$ semblables est tout indiquée. Joignons donc DB et prouvons que les angles obtus IBD et ICB sont égaux, ce qui se fait par la mesure des arcs.

III. *Exemple de la démonstration de l'égalité de deux rapports faite à l'aide d'un rapport auxiliaire.*

Ex. Si d'un point O du cercle circonscrit à un quadrilatère ABCD, on abaisse les quatre pps sur les quatre côtés, le produit des distances de O aux côtés opposés est le même.

Pour démontrer que $OI \times OH = OK \times OL$, il suffit de démontrer que :

$$\frac{OI}{OL} = \frac{OK}{OH} \quad (1).$$

Comme pour évaluer un rapport on a la méthode des Δ semblables, tâchons de faire entrer OI et OL d'une part, OK et OH d'autre part dans deux Δ semblables.

Et pour cela joignons OA, puis OC.

Les Δ OIA et OLC sont semblables,

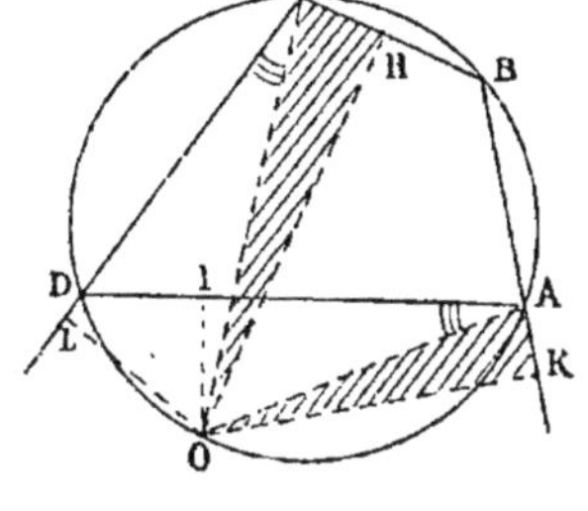

donc : $\quad \dfrac{OI}{OL} = \dfrac{OA}{OC}.$

Mais les Δ ombrés sont aussi semblables. Car l'angle formé par une corde OA et le prolongement d'une autre corde BA est égal à la demi-somme des arcs interceptés par les deux cordes. Donc :

$$\frac{OK}{OH} = \frac{OA}{OC}.$$

Dès lors la relation (1) est établie.

REMARQUE. — Le théorème précédent est encore vrai quand la droite AD devient tg. On peut donc énoncer le théorème suivant : Si d'un point O du cercle circonscrit à un Δ ABC, on mène les pps sur les trois côtés ainsi que sur la tg. en A, le produit des distances à BC et à la tg. en A est égal au produit de ses distances aux deux côtés de l'angle A.

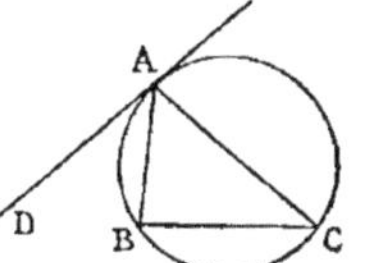

IV. *Utilisation des antiparallèles pour prouver que des produits de longueurs sont égaux.*

Ex. MN étant une tg. commune à deux cercles, on joint les points de contact aux extrémités du diamètre commun AOO'A'. Prouver que le point de rencontre I est sur l'axe radical des deux cercles.

Nous avons à prouver pour cela que l'on a :

$$IM \times IA = IM' \times IA'.$$

Tout revient donc à prouver que MM' est antiparallèle à AA', c'est-à-dire que l'angle A est égal à l'angle IM'M.

P. SIMON. — GÉOM. ÉLÉM.   5

Pour y arriver, utilisons les données OM est plle à O'M', donc les angles MOA et M'O'A sont supplémentaires. Mais alors dans

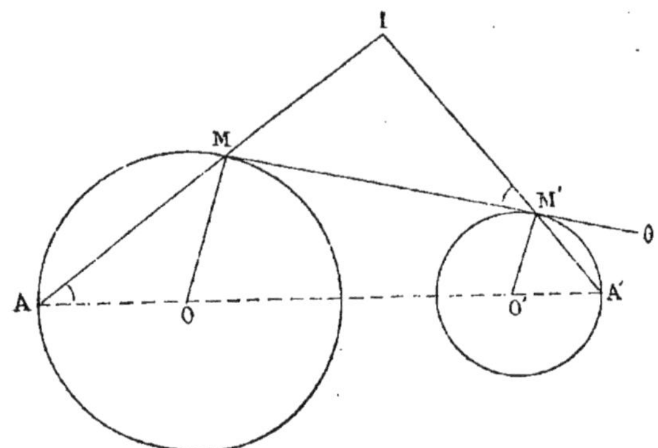

les deux Δ isocèles OAM et O'A'M' les angles à la base sont complémentaires. On a donc :

$$\text{MAO} + \text{O'M'A'} = 90°,$$

et dès lors :

$$\theta\text{M'A'} = \text{MAO},$$

donc son opposé par le sommet IM'M est égal à MAO, et par conséquent MM' est antiparallèle à AA' et I est un point de l'axe radical. C. q. f. d.

PROBLÈMES ISOLÉS

Ex. Dans un quadrilatère inscriptible ABCD, si on mène les diagonales AC et BD qui se coupent en I, prouver que le rapport du produit des segments ainsi formés au produit des côtés qui le comprennent est constant. (Faire la figure.)

Proposons-nous d'abord de prouver que l'on a par exemple :

$$\frac{\text{AI}}{\text{AB} \times \text{AD}} = \frac{\text{CI}}{\text{CB} \times \text{CD}} \quad (1).$$

Cela est facile. Car $\dfrac{\text{AI}}{\text{C.}} = \dfrac{\text{AH}}{\text{CK}}$, AH et CK étant les deux hauteurs des deux Δ ABD et CBD, rapport des hauteurs qui est lui-même égal à celui des surfaces des deux Δ, donc enfin égal au rapport des produits des côtés qui comprennent les angles supplémentaires A et C.

On prouverait de même que l'on a :

$$\frac{BI}{BA.BC} = \frac{DI}{DA \times DC} \ (2).$$

Mais on a aussi :

$$\frac{AI}{AB.AD} = \frac{BI}{BA.BC}.$$

Car les deux Δ semblables AID et BIC nous donnent :

$$\frac{BI}{AI} = \frac{BC}{AD} = \frac{BC \times BA}{AD \times AB}.$$

Donc les quatre rapports contenus dans les égalités (1) et (2) sont bien égaux. C. q. f. d.

Remarque. — On déduit de là une nouvelle démonstration de la valeur du rapport des diagonales dans un quadrilatère inscriptible.

§10. — Calculer une longueur dans une figure (1).

Quand la longueur à calculer n'est pas d'une façon évidente une somme ou une différence de deux longueurs connues, on a d'abord trois principales méthodes à sa disposition :

La méthode du Δ rectangle ;

La méthode des Δ semblables ;

La méthode du Δ quelconque, c'est-à-dire du carré du côté opposé à un angle aigu ou obtus.

La première méthode, *dite du Δ rectangle*, consiste à considérer un Δ rectangle renfermant la longueur en question (comme hypoténuse, comme côté, comme hauteur ou comme projection sur l'hypoténuse), puis à appliquer l'une des relations connues :

$$a^2 = b^2 + c^2, \quad h^2 = u \times v, \quad u = \frac{b^2}{a}, \quad \frac{u}{v} = \frac{b^2}{a^2}.$$

(Cette méthode ne réussira évidemment que si on connaît les autres éléments qui figurent dans l'égalité.)

______

(1) Cela veut dire qu'il faut indiquer la série des opérations d'arithmétique à faire sur les nombres mesurant les longueurs connues de la figure, pour trouver le nombre qui mesure la longueur cherchée.

La deuxième méthode, *dite des Δ semblables*, consiste à considérer un Δ renfermant la longueur en question, puis à chercher en utilisant les données un Δ qui lui soit semblable. Si dans le premier Δ on connaît un côté, et que dans le second Δ on en connaisse deux, à savoir son homologue et l'homologue du côté cherché, il suffira d'écrire la proportionnalité des quatre côtés pour en tirer le nombre x mesurant la longueur en question

$$\frac{x}{a} = \frac{b}{c}.$$

La troisième méthode consiste à faire entrer la longueur dans un Δ non rectangle et à appliquer le théorème connu sur le carré du côté opposé à un angle aigu ou obtus, théorème conduisant à la formule :

$$a^2 = b^2 + c^2 \pm 2b.p.$$

Cette formule donnera ou a ou b ou c ou p, quand on connaîtra les trois autres éléments.

Quand la longueur à calculer ne peut être obtenue par aucune des trois méthodes précédentes, on la calculera *en la décomposant, ou en deux, l'une connue et l'autre calculable* par l'une des trois méthodes ; *ou en deux, toutes deux inconnues, mais calculables* par l'une des méthodes précédentes.

Quand la longueur à calculer est une *corde*, généralement on en calcule la moitié en fonction de la distance au centre et du rayon.

Quand la longueur est une *médiane* ou une *bissectrice*, on la calcule en appliquant les formules déjà établies :

$$b^2 + c^2 = 2m^2 + \frac{a^2}{2} \quad \text{ou} \quad bc = uv \pm l^2.$$

De même que, quand la longueur à calculer sera une *hauteur*, on pourra l'avoir en exprimant de deux façons la surface du Δ.

Enfin la *relation de Stewart* sera aussi souvent utile — ainsi que le *théorème de Ptolémée*, le second devant être employé quand la longueur entrera dans un quadrilatère inscriptible, et le premier quand on apercevra dans un Δ une droite partant d'un sommet et formant deux segments connus.

De même enfin, quand dans un Δ rectangle on connaîtra un côté quelconque et un angle de 60°, 30° ou 45°, on aura immédiatement les valeurs des autres côtés. (Il suffit de circonscrire un cercle au Δ et de songer aux valeurs des côtés des polygones réguliers.)

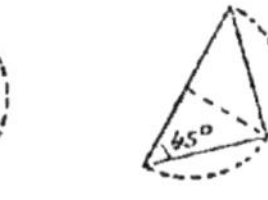

Total : six méthodes, dont trois principales.

Ci-joint des exemples appropriés aux diverses méthodes.

REMARQUES GÉNÉRALES. — I. Il va de soi que, quand on demande de calculer une longueur, cela revient à chercher le nombre abstrait x entier, fractionnaire ou incommensurable qui la mesure, et ce nombre x ne peut être obtenu qu'à l'aide d'opérations arithmétiques faites sur des nombres, ces nombres étant les nombres connus qui mesurent les longueurs données de la figure. — Néanmoins, afin d'abréger, on dira à chaque instant *la longueur* au lieu de dire (ce qui serait plus correct) *le nombre qui mesure la longueur*.

II. Quand dans une figure de géométrie on calcule une longueur, aucune des lignes de la figure n'étant prise pour unité, c'est-à-dire n'étant pas mesurée par le nombre 1, les résultats obtenus doivent toujours être **homogènes**.

On pourrait vérifier ce résultat comme on l'indique en algèbre, en remplaçant les nombres a, b, c... R... x mesurant les longueurs par ta, tb... tR... tx.

On peut aussi, quand les expressions ne renferment jamais le produit de plus de trois longueurs, vérifier l'homogénéité en supposant que les nombres a, b, c... R... x représentent par exemple des mètres, puis remarquant que le produit de deux mètres donne des mètres carrés, que des mètres cubes divisés par des mètres carrés donnent à leur tour des mètres, etc., etc. La vérification de l'homogénéité ira aussi plus vite.

$$\text{Ex.} : x = \frac{ab}{c}, \quad x = \frac{a^2}{b} + \frac{abc}{d^2}, \quad x = a \times \frac{b^2 + c^2}{de},$$

sont des expressions homogènes, car le premier membre représente des mètres et le second aussi. — L'expression

$$x = \sqrt{a^2 + b^2}$$

est aussi homogène, car on peut l'écrire $x^2 = a^2 + b^2$, et les deux membres représentent alors tous deux des mètres carrés.

EXEMPLES RELATIFS AU § 10

I. *Exemples de calcul d'une longueur par la méthode du △ rectangle.*

Ex. 1. Calculer le côté du carré inscrit dans un carré, connaissant les nombres a et b qui mesurent d'une part son côté, d'autre part la longueur qu'on porte à partir de chaque sommet.

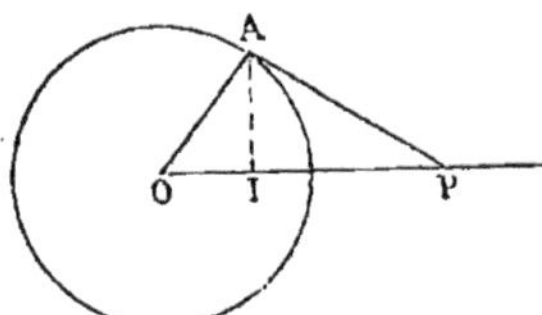

Le théorème de Pythagore nous donne immédiatement, en appelant x le nombre qui mesure le côté MN :

$$x^2 = b^2 + (a - b)^2.$$

Ex. 2. Sur le diamètre OP, on prend un point I situé à une distance d du centre. En I on mène la pp. IA à OP et en A on mène la tg. AP. Calculer OP, en fonction du nombre d et du nombre R qui mesure le rayon du cercle.

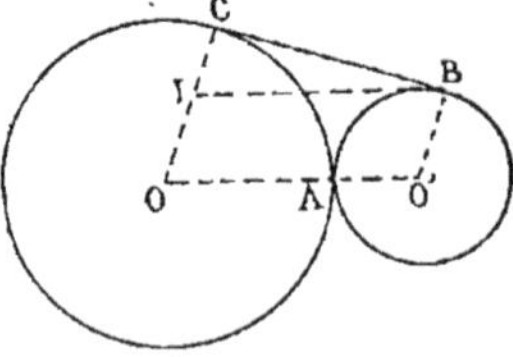

Nous avons à calculer OP. Mais OP entre dans le △ rectangle OAP. (Et nous devons nous servir de cet angle droit OAP, car il faut utiliser l'hypothèse que AP est une tg.) Dans ce △ on connaît les nombres R et d, on aura donc la relation :

$$R^2 = d \times OP.$$

d'où :

$$OP = \frac{R^2}{d}.$$

Ex. 3. Deux cercles sont tgs en A. On mène la tg. commune BC. Calculer sa longueur en fonction des deux rayons.

Nous devons utiliser les données, à savoir que les angles en C et B sont droits et que O, A, O' sont en ligne droite. Mais alors on a un trapèze OCO'B, et on sait que l'on arrive très souvent au résultat en décomposant les trapèzes en un △ et un parallélogramme.

Menons donc la plle BI. Dans le Δ rectangle BCI on connaît deux côtés $(R + R')$ et $(R - R')$ On aura donc, en appliquant le théorème de Pythagore :

$$BC = 2\sqrt{RR'}.$$

Ex. 4. Calculer la diagonale d'un parallélépipède rectangle de dimensions mesurées par les nombres a, b, c.

Le Δ ODE rectangle en E nous donne :

$$\overline{DO}^2 = c^2 + \overline{EO}^2.$$

Mais EO se calcule par le Δ rectangle AEO. Donc :

$$DO = \sqrt{a^2 + b^2 + c^2}.$$

Ex. 5. Calculer deux longueurs, connaissant leur différence a et leur moyenne proportionnelle b.

On connaît la construction qui donne ces deux longueurs. On aura dès lors, AB étant égal à a :

$$CD = CO + \frac{a}{2},$$

$$CE = CO - \frac{a}{2}.$$

Or, il est facile de calculer CO par la méthode du Δ rectangle :

$$\overline{CO}^2 = \frac{a^2}{4} + b^2.$$

Donc :

$$CD = \frac{a}{2} + \sqrt{\frac{a^2}{4} + b^2},$$

$$CE = \frac{a}{2} - \sqrt{\frac{a^2}{4} - b^2}.$$

REMARQUE. — Quand on partage une droite AB en moyenne et extrême raison, on sait que $b = a$. On aura donc, si AC $= a$:

$$CE = \frac{a}{2}\left(\sqrt{5} - 1\right)$$

et :

$$CD = \frac{a}{2}\left(\sqrt{5} + 1\right).$$

Ex. 6. Calculer le côté d'un polygone régulier en fonction du rayon R et du nombre a qui mesure le côté du polygone d'un nombre de côtés deux fois moindre.

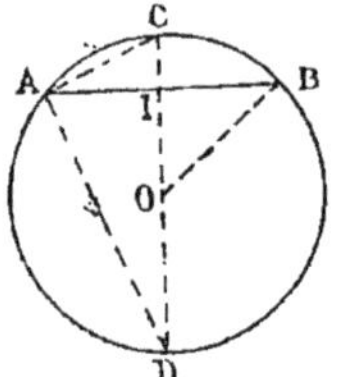

Appelons x le nombre qui mesure le côté AC. Le Δ rectangle ACD nous donne :

$$x^2 = CD \times CI = 2R(R - OI).$$

Mais OI se calcule à l'aide du Δ rectangle OIB. Donc :

$$x = \sqrt{2R\left(R - \sqrt{R^2 - \frac{a^2}{4}}\right)}.$$

Ex. 7. Calculer la hauteur d'un Δ équilatéral dont le côté est mesuré par le nombre a. On trouve :

$$x = \frac{a\sqrt{3}}{2},$$

Ex. 8. Calculer dans un trapèze birectangle ABCD le côté CD en fonction des nombres a, b, c qui mesurent les trois autres côtés.

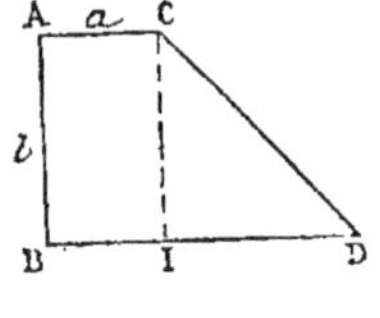

Si nous menons la plle CI, la méthode du Δ rectangle nous donnera la valeur du nombre qui mesure CD.

Ex. 9. Calculer la hauteur d'un tétraèdre régulier d'arête a.

Ex. 10. Calculer l'arête du cube inscrit dans une sphère de rayon R.

On s'appuiera sur ce que la diagonale du cube d'arête x vaut $x\sqrt{3}$ et sur ce que cette diagonale est un diamètre de la sphère.

Ex. 11. Un parallélogramme ABCD étant circonscrit à un cercle O de rayon R, le côté AB étant tg. en I, calculer IB, sachant que IA est mesuré par le nombre x.

Il suffira de remarquer que l'angle AOB est droit et d'appliquer l'une des propriétés du Δ rectangle).

On trouvera : $IB = \dfrac{R^2}{a}$.

Ex. 12. On donne un diamètre et une corde pp. Trouver le rayon du cercle tg. au diamètre, à la corde et à la circonférence.

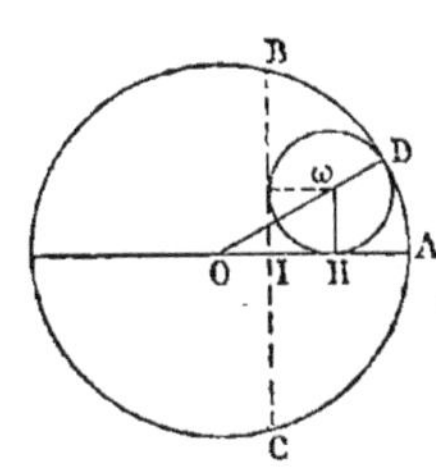

Supposons le problème résolu et soit ω le centre du cercle cherché. Le Δ rectangle OωH nous apprend que l'on a :

$$(R - x)^2 = x^2 + (d + x)^2,$$

le nombre d désignant la distance OI, et x le rayon cherché. — De cette relation on tirera aisément le nombre x.

II. *Emploi de la méthode des Δ semblables pour le calcul d'une longueur.*

Ex. 1. Dans un carré dont le côté est mesuré par le nombre, entier, fractionnaire ou incommensurable a, on joint le milieu M d'un côté au point T situé au tiers du côté adjacent, et on prolonge MT jusqu'en O. Calculer CO, puis TO.

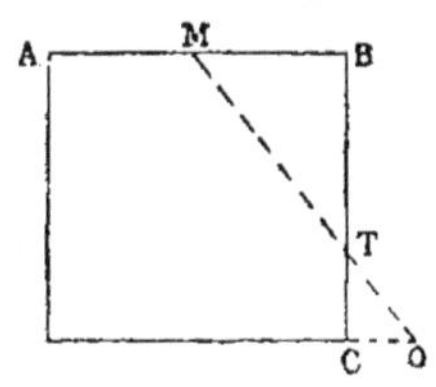

La méthode des Δ semblables est tout naturellement indiquée par la nécessité d'utiliser les données, et on a :

$$\frac{CO}{MB} = \frac{CT}{TB}.$$

Or, par hypothèse, le rapport de CT à TB vaut $\frac{1}{2}$.

Donc on a : $$\frac{CO}{MB} = \frac{1}{2},$$

ce qui indique, à cause de la définition du mot *rapport*, que CO vaut la deuxième partie de MB.

Par conséquent : $$CO = \frac{MB}{2}.$$

Mais MB est mesuré par le nombre $\frac{a}{2}$. Donc CO le sera par le nombre $\frac{a}{4}$.

Et on a : $$CO = \frac{a}{4}$$

5.

Pour calculer TO, remarquons que l'on a :

$$\frac{TO}{MT} = \frac{TC}{TB} = \frac{1}{2},$$

d'où : $TO = \dfrac{MT}{2}.$

Mais il est facile de calculer MT, cette fois par la méthode du $\triangle$ rectangle, et on a :

$$MT = \sqrt{\frac{a^2}{4} + \frac{4a^2}{9}},$$

c'est-à-dire : $MT = \dfrac{5a}{6}.$

Par conséquent : $TO = \dfrac{5a}{12}.$ Tel est le nombre qui mesure TO.

Ex. 2. Dans un $\triangle$ isocèle où on connaît la base $2b$ et les deux autres côtés a, calculer la hauteur qui part de la base.

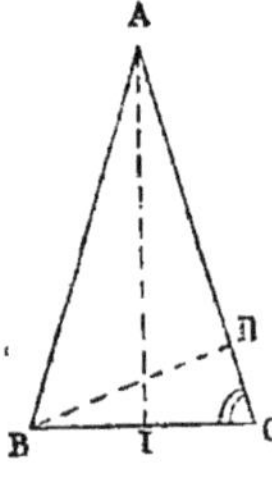

Pour calculer BH, la seule méthode à suivre est celle des $\triangle$ semblables. BH entre dans le $\triangle$ BHC où on connaît BC. Pour obtenir un $\triangle$ semblable où on connaisse deux côtés, l'un homologue de BH, l'autre homologue de BC, il faut prendre un $\triangle$ rectangle, ce qui nous conduit à mener la hauteur AI. — Une fois cela fait, on voit que le $\triangle$ formé AIC est semblable au $\triangle$ BHC, car ces deux $\triangle$ ont un angle commun C. On a donc :

$$\frac{BH}{AI} = \frac{BC}{AC},$$

c'est-à-dire :

$$\frac{BH}{AI} = \frac{2b}{a}.$$

Mais AI est connu aisément par la méthode du $\triangle$ rectangle :

$$AI = \sqrt{a^2 - b^2}.$$

Donc : $BH = \dfrac{2b\sqrt{a^2 - b^2}}{a}$ (résultat homogène).

Pour avoir le nombre qui mesure BH, il suffit donc d'effectuer sur les nombres a et b les opérations indiquées dans le deuxième membre.

Ex. 3. Un trapèze isocèle étant circonscrit à un cercle de rayon R, calculer la corde de contact en fonction du nombre R et du nombre a qui mesure l'une des bases.

La figure étant symétrique par rapport au diamètre IK, il suffit de calculer MH.

Pour utiliser les données, il faut se servir de ce que AD est tg., c'est-à-dire pp. au rayon MO et de ce que AD est compris entre deux tgs plles (ce qui s'exprime toujours en disant que AOD est un angle droit, et qu'alors on a :

$$AM \times MD = R^2).$$

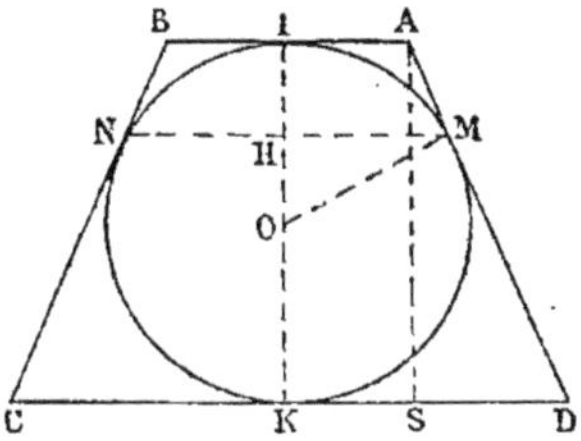

Cela posé, pour calculer MH, considérons le $\triangle$ MHO, et le $\triangle$ semblable ADS obtenu en menant AS plle à HK.

On aura :

$$\frac{MH}{AS} = \frac{MO}{AD}.$$

Mais dans cette proportion tout est connu sauf MH.

En effet :
$$\begin{cases} AS = 2R. \\ MO = R. \\ AD = AM + MD = a + \dfrac{R^2}{a}. \end{cases}$$

On aura donc (un terme d'une proportion étant égal au produit des deux termes voisins, divisé par le terme opposé) :

$$MH = \frac{2R^2}{a + \dfrac{R^2}{a}} = \frac{2R^2 a}{a^2 + R^2} \quad \text{(résultat homogène).}$$

Ex. 4. Étant donné un cercle de rayon R, on prend sur le diamètre AB une longueur $AI = d$. En ce point I on mène la pp. IC, puis la tg. CD jusqu'au point où elle rencontre la tg. en A. Calculer CD.

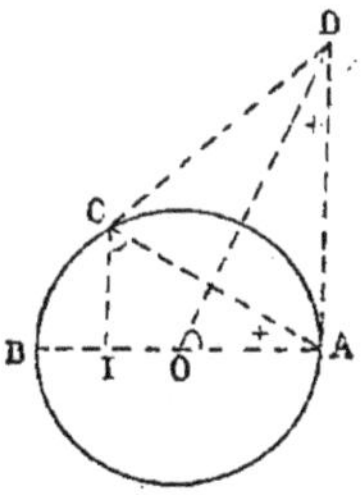

On peut à volonté calculer ou CD, ou DA. Essayons pour cela la méthode des $\triangle$ semblables.

Il résulte des données que l'on connaît tous les éléments du $\triangle$ ICA (car la méthode du $\triangle$ rectangle nous donne $IC^2 = d\,(2R - d)$ et $AC^2 = 2Rd$).

Il faut donc tâcher de découvrir un Δ renfermant ou CD ou AD semblable au Δ ICA, et dans lequel on connaisse un côté. — Mais le Δ OAD est tout indiqué; car il a deux côtés pps à ceux du Δ ICA.

Marquons donc les angles égaux. Nous aurons le droit d'écrire :

$$\frac{AD}{AI} = \frac{OA}{IC}, \qquad \text{c'est-à-dire } \frac{AD}{d} = \frac{R}{\sqrt{d\,(2R - d)}},$$

on en tirera :

$$AD = \frac{Rd}{\sqrt{d\,(2R - d)}} \qquad \text{(résultat homogène)}.$$

Le nombre qui mesure AD est donc connu, en fonction des nombres R et d.

On traiterait par la même méthode des Δ semblables les problèmes suivants :

1. Calculer la hauteur d'un Δ, connaissant les deux côtés qui la comprennent, et le rayon du cercle circonscrit.

2. Calculer le côté d'un polygone régulier circonscrit à un cercle, connaissant le rayon R et le côté a du polygone inscrit correspondant.

3. Calculer les apothèmes des divers polygones réguliers.

4. Dans un trapèze on prolonge les deux côtés non plles. Calculer les hauteurs des deux Δ ainsi formés, en fonction des deux bases et de la hauteur h du trapèze.

5. On donne deux cercles tangents extérieurement, de

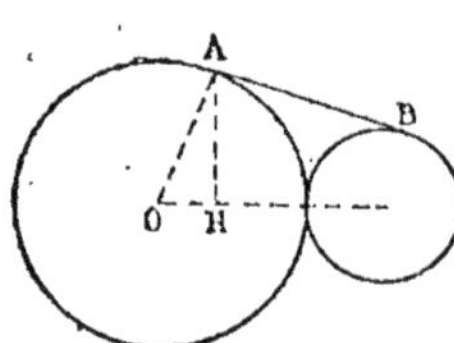

rayons R et r, on mène la tg. commune extérieure AB et du point A on mène la pp. AH sur la ligne des centres. Calculer OH, puis O'H' — (après avoir au préalable calculé AB, on emploiera la méthode des Δ semblables).

6. Calculer dans un Δ la bissectrice l d'un angle en fonction des deux côtés qui la comprennent et des segments qu'elle détermine sur le côté opposé.

En d'autres termes, établir la formule $bc = uv + l^2$.

(On emploiera la méthode des Δ semblables.)

III. *Exemples du calcul d'une longueur fait à l'aide d'un Δ quelconque, en appliquant le théorème du carré du côté opposé à un angle aigu ou obtus.*

Ex. 1. Calculer le côté de l'octogone régulier inscrit en fonction du rayon R.

Pour calculer le nombre AC qui mesure AC, on pourrait employer la formule connue suivante :

$$x = \sqrt{2R\left(R - \sqrt{R^2 - \frac{a^2}{4}}\right)}$$

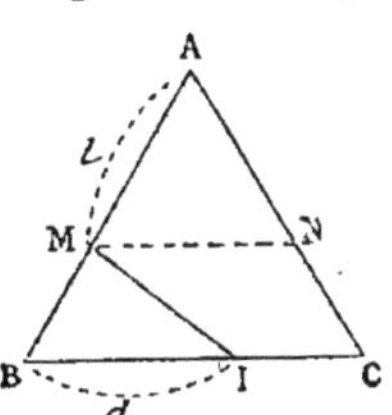

obtenue à l'aide du Δ rectangle.

On y arrive plus rapidement comme il suit :

Le Δ OAC nous donne :

$$\overline{AC}^2 = \overline{OA}^2 + \overline{OC}^2 - 2OC \times OI$$
$$= 2R^2 - 2R \times OI.$$

Mais la méthode des Δ semblables nous donne :

$$\frac{OI}{BD} = \frac{OA}{AD} = \frac{1}{2}, \qquad \text{d'où} : OI = \frac{R\sqrt{2}}{2}.$$

Par conséquent :

$$\overline{AC}^2 = 2R^2 - R^2\sqrt{2} = R^2\left(2 - \sqrt{2}\right),$$

d'où :
$$AC = R\sqrt{2 - \sqrt{2}} \qquad \text{(résultat homogène).}$$

Ex. 2. Dans un Δ équilatéral ABC on prend sur la base une longueur BI $= d$ (c'est-à-dire une longueur mesurée par le nombre d), et on mène une droite MN plle à la base, la droite AM étant égale à l. Calculer IM, en fonction de d, l et du nombre a qui mesure le côté du Δ équilatéral.

Nous ne pouvons employer ici pour calculer IM ni la méthode du Δ rectangle ni celle des Δ semblables.

Mais celle du Δ quelconque réussit.

En effet, si nous menons la pp. MH sur BI :

$$\overline{IM}^2 = \overline{IB}^2 + \overline{MB}^2 - 2BI \times BH.$$

On connaît IB $= d$, \qquad MB $= a - l$,

puis enfin BH. Car l'angle B valant 60°, on a : $BH = \dfrac{BM}{2}$.

Par conséquent :

$$\overline{IM}^2 = d^2 + (a - l)^2 - d(a - l)$$

et $\quad IM = \sqrt{d^2 + (a - l)^2 - d(a - l)} \quad$ (résultat homogène).

Remarque. — Nous avons dit que l'on a $BH = \dfrac{BM}{2}$.

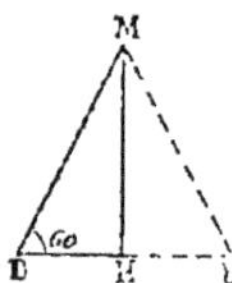

Cela se constate en prolongeant BH d'une longueur égale HB'. Le Δ MBB', étant alors isocèle et ayant un angle de 60°, est équilatéral, et par conséquent :

$$BH = \dfrac{BM}{2}.$$

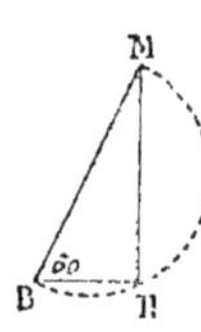

Il y aurait une deuxième façon de le prouver en circonscrivant un cercle au Δ et constatant que BH est le côté de l'hexagone (MH valant d'autre part le côté du Δ équilatéral inscrit).

Idem pour les cas où l'angle M vaudrait 30° ou 45°.

Ex. 3. Connaissant les deux bases B et b et les deux diagonales α et β d'un trapèze, calculer les côtés non plles.

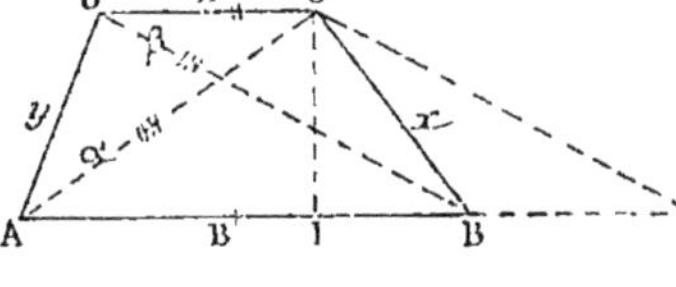

Appelons x et y les nombres qui mesurent les côtés CB et AD.

Pour calculer x considérons le Δ CAB.

On aura :

$$x^2 = B^2 + \alpha^2 - 2B \times AI \qquad (1).$$

Le nombre x sera connu si je connais AI. Or, pour calculer AI qui est une projection, menons la plle CO qui a une longueur égale à β. Nous aurons, en appliquant la méthode du Δ qcq. :

$$\beta^2 = \alpha^2 + (B + b)^2 - 2(B + b) \times AI,$$

d'où : $\qquad AI = \dfrac{\alpha^2 + (B + b)^2 - \beta^2}{2(B + b)}.$

Pour connaître le nombre x qui mesure CB, il n'y a plus qu'à porter dans (1) la valeur de AI et on aura :

$$x^2 = B^2 + \alpha^2 - B\,\dfrac{\alpha^2 + (B + b)^2 - \beta^2}{(B + b)}.$$

Ex. 4. Dans tout Δ la distance d du centre ω du cercle circonscrit au centre O du cercle inscrit est moyenne proportionnelle entre R et $(R - 2r)$, R étant le rayon du cercle circonscrit et r le rayon du cercle inscrit. (EULER.)

Pour calculer Oω, considérons le Δ OωI. Nous aurons :

$$\overline{O\omega}^2 = \overline{\omega I}^2 + \overline{OI}^2 - 2\omega I \times IH$$
$$= R^2 + \overline{OI}^2 - 2R\,(r + IK)$$
$$= R^2 - 2Rr + \overline{OI}^2 - 2R \times IK.$$

Or, on a déjà vu, à l'aide de la méthode du Δ isocèle, que

$$IO = IC. \ \text{Donc} \ \overline{OI}^2 - 2R.IK = \overline{IC}^2 - 2R \times IK = 0.$$

Par conséquent on a :

$$\overline{O\omega}^2 = R\,(R - 2r).$$

Ex. 5. Dans un Δ ABC on connaît deux côtés CB et CA ainsi que l'angle compris qui vaut 60°. Calculer le côté AB.

Désignons par a, b, c les nombres qui mesurent les trois côtés. La méthode du carré du côté opposé à un angle aigu nous donne :

$$c^2 = a^2 + b^2 - 2b \times CH,$$

CH étant le nombre qui mesure CH. — Or on a :

$$CH = \frac{a}{2}.$$

Donc :

$$c = \sqrt{a^2 + b^2 - ab}.$$

Telle est donc la série des opérations arithmétiques à faire sur a et b pour avoir le nombre c.

Donc le côté AB est calculé en fonction de a et de b.

IV. *Problèmes où, pour calculer une longueur, on la décompose en deux autres, dont l'une au moins est inconnue et est calculable par l'une des méthodes précédentes.* —

Ex. 1. Dans un trapèze dont les bases sont mesurées

par les nombres B et b, on partage le côté non parallèle dans un rapport $\dfrac{m}{n}$ connu, et par le point de division on

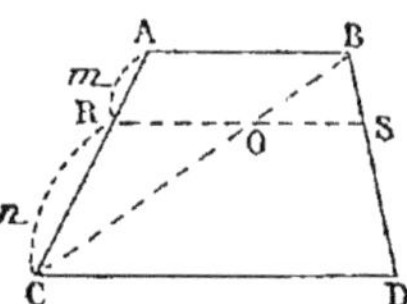

mène une plle aux deux bases. Calculer la longueur de cette plle RS.

Il est impossible d'appliquer à RS l'une des méthodes précédentes.

Mais si nous menons la diagonale CB, nous aurons :

$$RS = RO + SO.$$

RO peut se calculer à l'aide des $\triangle$ semblables et on a :

$$\frac{RO}{b} = \frac{n}{m + n}.$$

SO se calculera à l'aide des $\triangle$ semblables, et on aura :

$$\frac{SO}{B} = \frac{m}{m + n}.$$

Par conséquent :

$$RS = \frac{bn + Bm}{m + n}.$$

Ex. 2. Dans un trapèze la droite MN qui joint les milieux des deux diagonales est égale à la demi-différence des deux bases.

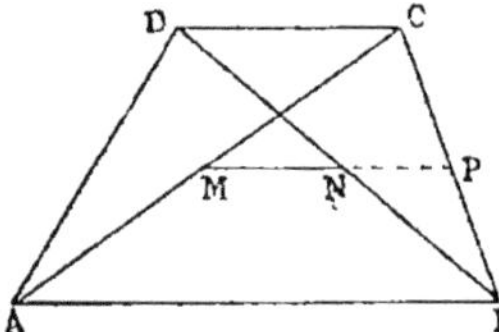

Aucune des trois méthodes générales ne pouvant s'appliquer au calcul de MN, prolongeons MN.

Nous avons :

$$MN = MP - NP.$$

Or MP se calculant par la méthode des $\triangle$ semblables, on a :

$$MP = \frac{AB}{2},$$

De même : $NP = \dfrac{DC}{2},$ donc : $MN = \dfrac{B - b}{2},$

B et b désignant les deux bases du trapèze.

Ex. 3. Par l'extrémité A d'un diamètre AB on mène une droite AX faisant avec AB un angle de 60°, sur AX on prend une longueur AM égale à l et par M on mène une plle MN à AB jusqu'à sa rencontre en N avec la circonférence. Calculer la longueur MN (en fonction de l et de R).

Aucune des trois méthodes directes ne réussit. Cherchons donc à la regarder comme une somme ou une différence de longueurs connues, ou calculables. — Si nous projetons MN sur le diamètre en mn, on a : $mn = An - Am$.

Or Am est connu. Il vaut $\dfrac{l}{2}$.

An est connu également. Car An vaut $R + On$, et On se calcule aisément à l'aide du $\triangle$ rectangle ONn où on connaît le rayon ON et la hauteur Nn. Donc on a :

$$MN = R + \sqrt{R^2 - \left(\dfrac{l\sqrt{3}}{2}\right)^2} - \dfrac{l}{2}.$$

V. *Exemple de la relation de Stewart à utiliser pour le calcul d'une longueur* (voir page 124).

On peut dire que cette relation de Stewart doit être employée toutes les fois que l'on aperçoit dans la figure un $\triangle$ où il y a une droite partant d'un sommet et déterminant deux segments connus sur le côté opposé.

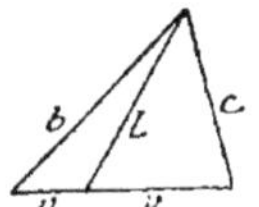

Ex. On donne un cercle O de rayon R et deux cercles O′ et O″ décrits sur les deux segments AI et IB. Calculer le rayon x du cercle ω tangent aux trois cercles O, O′ et O″.

Il faut utiliser les données, à savoir que les trois cercles sont tangents. Ces données, transformées, nous conduisent à ce fait que les centres et les points de contact sont en ligne droite. — Mais alors la figure nous montre que l'on a un $\triangle$ ωO′O″ et une droite ωO issue du sommet ω.

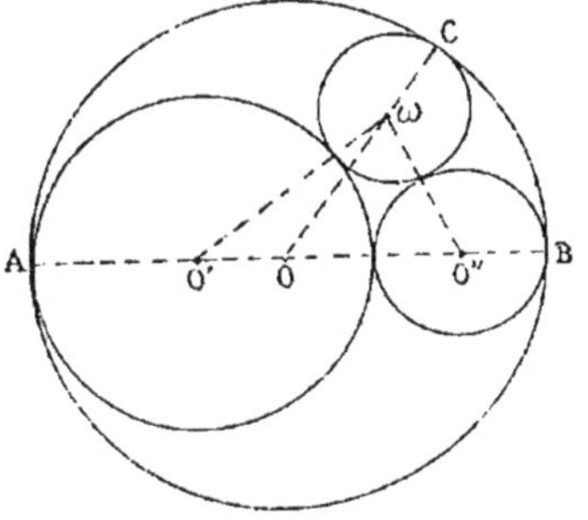

Nous sommes donc conduits à songer à la relation de Stewart, et nous écrirons :

$$(R′ + x)^2 \times OO″ + (R″ + x)^2 \times O′O = (R - x)^2 \times O′O″ + OO′ \times OO″ \times O′O″,$$

relation d'où, tous les membres sauf x étant connus, nous tirerons aisément la valeur numérique du rayon ωC.

Ex. Dans un $\triangle$ calculer en fonction des trois côtés a, b, c :
1° les médianes ; 2° les bissectrices intérieures ou extérieures.

Ex. Dans un rectangle ABCD, dont les côtés sont mesurés par les nombres a et b, on prend $AI = d$ et on joint le point I au point O situé au tiers de AD. Calculer IO.

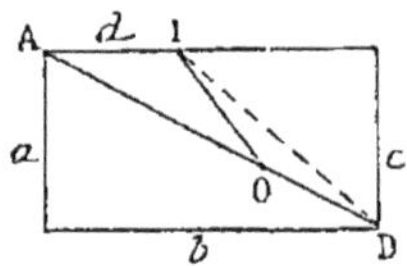

Il suffira d'appliquer la relation de Stewart au $\triangle$ AID.

(On pourrait, il est vrai, appliquer la méthode du carré du côté opposé à un angle aigu.)

VI. *Usage du théorème de Ptolémée pour le calcul d'une longueur.*

Ex. 1. Calculer le côté du pentédécagone régulier convexe inscrit dans un cercle dont le rayon est un nombre donné R.

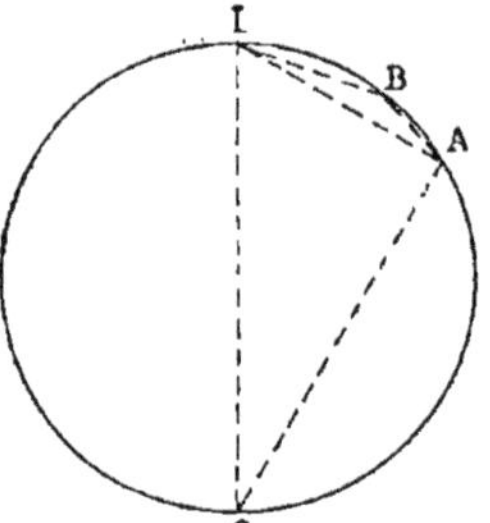

Pour calculer AB sachant que $IA = R$ et que $IB = d$, d étant le nombre qui mesure le côté du décagone ordinaire, il suffit de remarquer que IBAC est un quadrilatère inscrit dans le $\frac{1}{2}$ cercle.

Il n'y a dès lors qu'à appliquer le théorème de Ptolémée.

Ex. 2. Dans un $\triangle$ ABC on inscrit un cercle. Calculer les cordes de contact ainsi obtenues, en fonction des trois côtés.

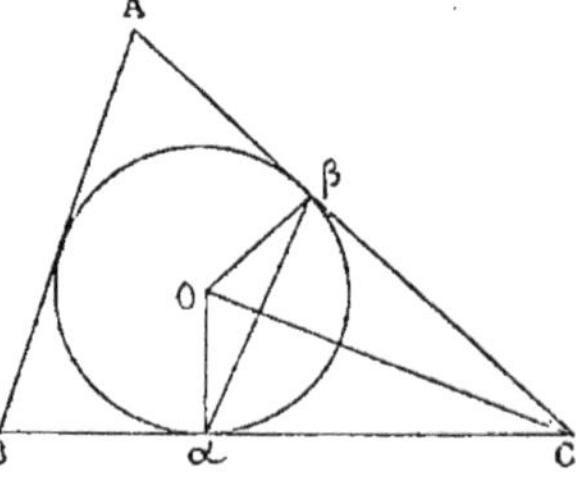

Il faut utiliser les données, à savoir que βC et $C\alpha$ sont des tgs, c'est-à-dire que $O\beta C\alpha$ est un quadrilatère inscriptible. Mais alors, pour calculer $\alpha\beta$, il est naturel d'essayer l'emploi du théorème de Ptolémée. On a :

$$\alpha\beta \times OC = r \times \beta C + r \times \alpha C$$
$$= 2r.\beta C.$$

Or, dans cette relation tout est connu, sauf $\alpha\beta$, car r peut se calculer en fonction de a, b, c, côtés du Δ; quant à αC, le nombre qui le mesure est $(p - c)$; enfin OC se calcule à l'aide de la méthode du Δ rectangle.

$\alpha\beta$ est donc connu.

Ex. 3. On inscrit dans un Δ rectangle ABC un carré qui repose sur l'hypoténuse BC et on joint son centre O au sommet de l'angle droit. Calculer la distance AO, en fonction des côtés du Δ rectangle.

Pour calculer AO, il suffit de remarquer que, les diagonales du carré se coupant à angle droit, le quadrilatère AMON est inscriptible. On n'a donc qu'à appliquer le théorème de Ptolémée, car il serait facile de calculer en fonction des côtés du Δ rectangle : et le côté MN du carré inscrit (par la méthode des Δ semblables), et les segments AM et AN (par la même méthode).

Ex. 4. Etant donné un secteur circulaire AOB dont l'angle est de 60°; d'un point M, pris sur l'arc, on mène une droite MP pp. à OA et de longueur connue l.

Calculer l'autre pp. MQ menée sur OB.

Comme il faut utiliser les données, à savoir que les angles en P et Q sont droits, on appliquera le théorème de Ptolémée et on aura :

$$MP \times OQ + MQ \times OP = PQ \times R,$$

relation où on calculera OP et OQ par la méthode du Δ rectangle, et où PQ se calculera par la méthode du carré du côté opposé à un angle obtus.

§ 11. — Prouver que dans une figure un angle est droit.

Pour prouver qu'un angle est droit, on peut considérer un Δ qui le renferme et prouver que la somme des deux autres angles vaut 90°.

On peut ainsi chercher à prouver que

$$a^2 = b^2 + c^2,$$

$$\text{ou que } r = p - a,$$

$$\text{ou que } S = \frac{b \times c}{2},$$

ou encore que la médiane égale la moitié du côté correspondant.

On peut encore chercher à voir si les côtés de l'angle ne seraient pas les bissectrices de deux angles supplémentaires.

Si par le sommet de l'angle dont on s'occupe passe une droite indéfinie, on peut s'attacher à prouver cette autre chose, que les deux angles 1 et 2 sont complémentaires.

Enfin si dans la figure il y a un cercle, on peut mesurer les arcs correspondant à l'angle.

La nécessité d'utiliser les données indiquera en général la méthode qu'il convient d'adopter.

Total : huit méthodes.

Nous allons donner des exemples relatifs à ces diverses méthodes.

EXEMPLES RELATIFS AU § 11

I. *Exemples des diverses méthodes indiquées pour prouver qu'un angle est droit.*

Ex. 1. Si sur les quatre côtés d'un carré on porte des longueurs égales toujours dans le même sens, la figure formée est un rectangle.

Pour prouver que l'angle $\alpha\beta\gamma$ est droit, il suffit de prouver que les deux autres angles en β sont complémentaires.

Or il résulte immédiatement des données que les deux Δ $\alpha B\beta$ et $\beta C\gamma$ sont égaux.

Donc :   angle $\alpha\beta B$ = angle $\beta\gamma C$.

Par conséquent : $\alpha\beta B + \gamma\beta C = 90°$.

Donc $\alpha\beta\gamma$ est droit.

Ex. 2. Si les trois côtés d'un Δ valent respectivement a, $\dfrac{a}{2}$ et $\dfrac{a}{2}\sqrt{3}$, le Δ est rectangle.

Il est ici naturel de voir si le théorème de Pythagore s'applique.

Connaissant les trois côtés, les carrés valent a^2, $\dfrac{a^2}{4}$ et $\dfrac{3a^2}{4}$.

Or $\dfrac{a^2}{4} + \dfrac{3a^2}{4}$ vaut a^2. Donc le Δ est rectangle.

Ex. 3. Si la surface d'un Δ ABC est égale à $p(p - a)$, le Δ est rectangle.

La formule $S = p(p - a)$ par association d'idées me fait songer à la formule suivante, constamment employée, $S = pr$.

Il résulte alors de l'hypothèse que dans le Δ en question on a :

$$r = p - a.$$

Ce qui n'a lieu que dans le Δ rectangle.

Donc l'angle A est droit.

Ex. 4. Si l'on joint les sommets d'un hexagone régulier de deux en deux, l'angle obtenu est droit.

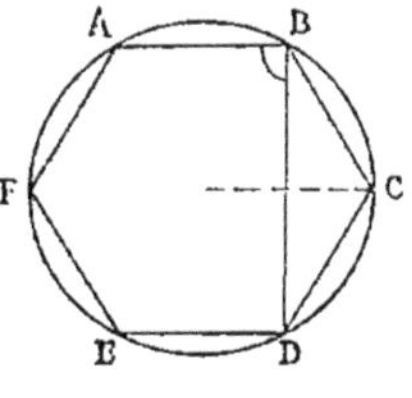

Je dis que l'angle AB est droit. En effet, si nous le mesurons, on trouve qu'il vaut $\dfrac{1}{2}$ arc AED. Mais cet arc vaut trois fois 60°.

Donc l'angle ABD est mesuré par le nombre $\dfrac{3 \times 60}{2} = 90$. Donc il est droit.

Ex. 5. Si dans un Δ la médiane est égale à la moitié du côté auquel elle aboutit, le Δ est rectangle.

En effet, si $MB = MC = MA$, la circonférence décrite de M comme centre avec MB pour rayon passe par A, puis par C. Mais alors BC étant un diamètre de ce cercle, l'angle BAC est inscrit dans une demi-circonférence. Donc il est droit.

Ex. 6. Aux deux extrémités d'une droite AB on mène deux pps AC et BD telles que $AC \times BD = \overline{AB}^2$. Prouver que, si on joint AD et BC, l'angle APB est droit.

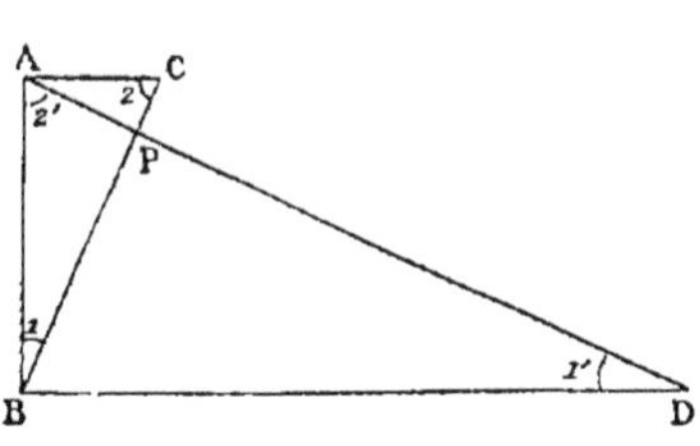

Nous ignorons *a priori* à laquelle des huit méthodes on peut recourir.

Mais il faut utiliser la donnée $\dfrac{AC}{AB} = \dfrac{AB}{BD}$, ainsi que la perpendicularité des droites AC et BD ; nous voyons donc que les deux $\triangle$ ACD et ABD sont semblables. AC ayant pour homologue AB, les angles opposés 1 et 1′ sont égaux.

De même les angles 2 et 2′ sont égaux.

Mais maintenant la méthode à suivre est tout indiquée.

Il suffit de montrer que $1 + 2' = 90°$, ce qui est évident puisque $1 + 2' = 1' + 2'$. — Donc l'angle P est droit.

Ex. 7. Etant donnés deux cercles tangents en A, si on mène la tangente commune BC aux deux cercles, elle est vue du point de contact sous un angle droit.

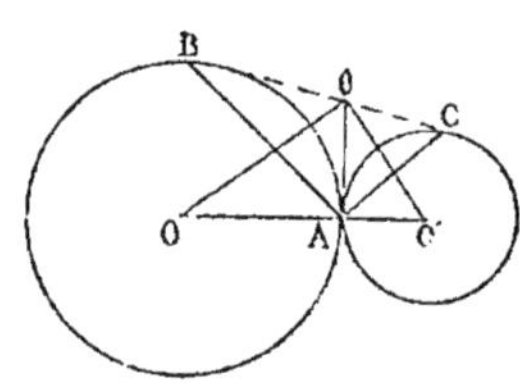

Une façon d'utiliser les données est de dire que les deux cercles ont une tg. commune Aθ.

Mais si nous menons cette tg., la figure nous montre immédiatement que $A\theta = \theta B$ et que $A\theta = \theta C$, comme tgs issues d'un même point.

Mais alors $B\theta = \theta C$ donc θ est le milieu de BC.

Donc dans le $\triangle$ ABC la médiane est égale à la moitié du côté auquel elle aboutit. Donc l'angle BAC est droit.

Ex. 8. Dans la figure précédente l'angle OθO′ est droit.

En effet, Oθ est la bissectrice de l'angle BθA.

$$O'\theta \qquad\qquad — \qquad\qquad A\theta C.$$

Mais ces deux angles sont supplémentaires. Donc Oθ est pp. à O′θ, et l'angle OθO′ est droit.

Ex. 9. Sur les deux pps AX et BY on prend deux longueurs AC et BD telles que l'on ait :

$$AC \times BD = PA \times PB,$$

P étant un point pris sur AB. Prouver que l'angle CPD est droit.

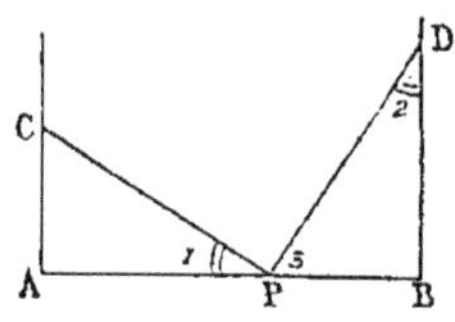

La relation (1) peut s'écrire :

$$\dfrac{AC}{PB} = \dfrac{PA}{BD}.$$ Donc on a deux $\triangle$ semblables.

Donc comme 2 est le complément de 3, 1 sera le complément de 3. Et par conséquent CPD est un angle droit.

Ex. 10. On mène la tangente commune MM′ à deux

cercles et on joint les points de contact aux extrémités A
et B des deux diamètres.

Prouver que les deux droites AM et BM' se coupent à angle droit.

Une façon d'utiliser les données est de dire que les rayons OM et O'M' sont plles. Mais alors les angles en A et en B sont complémentaires. Donc I est droit.

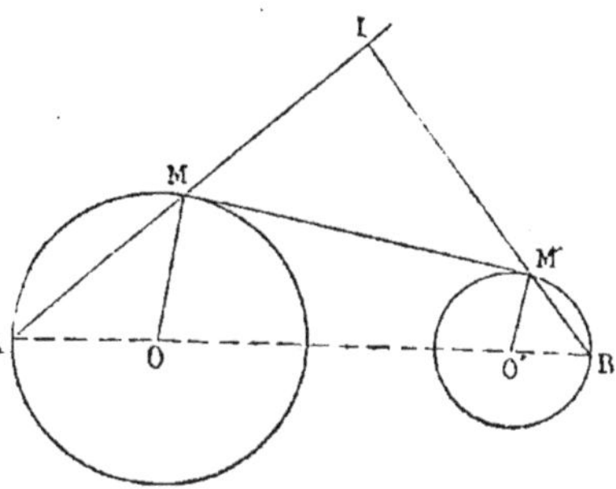

Ex. 11. Du centre P d'un cercle on abaisse des pps sur
les deux cordes AF et FB, et on mène
la tg. AC. Prouver que l'angle PFC
est droit.

Il suffit pour cela de prouver que cet
angle PFC est égal à l'angle droit PAC.
— Cela se fera par la considération des
deux △ PAC et PCF. Ils ont PC commun
PF = PA. De plus la droite CP étant pp.
à AF, PC est bissectrice de l'angle P.

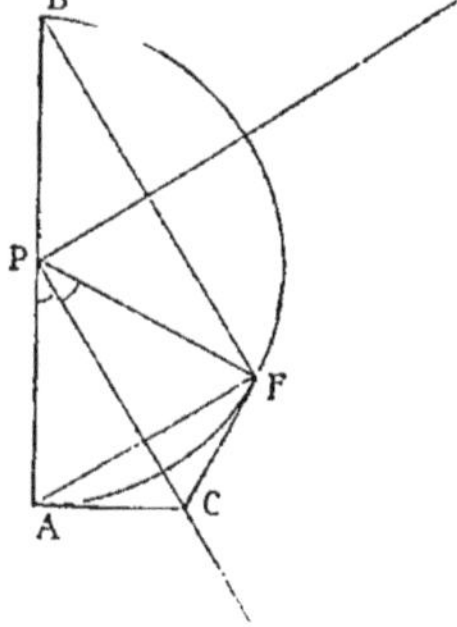

Donc les deux triangles sont égaux —
et PFC est droit.

Ex. 12. Si d'un point M pris sur
l'hypoténuse d'un △ rectangle isocèle
on mène des pps MH et MK sur les deux autres côtés et
qu'on prenne le symétrique N du point M par rapport à
la droite HK, de ce point N on voit
l'hypoténuse BC sous un angle
droit.

Après examen attentif de la figure,
nous voyons que l'angle HNK est
droit (c'est une façon d'utiliser l'hypothèse de N symétrique de M).

Or si réellement CNB est droit, il
résulte de ces deux idées réunies que
les deux angles CNH et KNB doivent être égaux.

Le problème sera donc résolu si on parvient à prouver l'égalité
de ces deux angles aigus.

Nous devons utiliser encore que le △ rectangle CHM est isocèle, c'est-à-dire que $C = 45°$. Mais alors $MH = CH$, et comme $MH = NH$, on a $NH = HC$. — Le $\triangle$ CHN est donc isocèle.

Mais l'autre $\triangle$ NKB l'est aussi, puisque $NK = KM$.

Cela posé, la méthode des $\triangle$ semblables s'impose tout naturellement, et il n'y a plus dès lors, pour résoudre le problème, qu'à voir si les angles obtus sont égaux. — Mais ils le sont, car ils ont leurs côtés deux à deux pps.

Par conséquent, les deux angles aigus en N sont égaux. Donc l'angle CNB est droit. (C. q. f. d.)

§ 12. — Transformer une expression (qui est une somme, une différence, un produit ou un quotient de longueurs, d'angles, de carrés, ou de surfaces) en une autre équivalente donnée. — Ou encore prouver qu'une expression est constante.

Quand on dit qu'*une expression est constante*, en général il faut commencer à chercher la valeur de cette constante — ce qui d'ordinaire se fait aisément en considérant un cas particulier.

Le seul conseil général qu'on puisse donner pour transformer une expression en une autre, est celui-ci :

Transformer petit à petit l'une des deux expressions données de façon à se rapprocher insensiblement de l'autre, et pour cela avoir soin d'introduire les éléments qui figurent dans cette autre expression.

1. Quand on aura à *transformer une somme de deux carrés*, on pourra calculer chacun d'eux séparément, puis ajouter membre à membre.

2. Quand on aura à transformer une *somme de la forme* $\lambda A^2 + \mu B^2$, on calculera séparément A^2 et B^2, puis on les ajoutera après avoir multiplié la première par λ et la seconde par μ.

3. Quand on aura à transformer une expression *de la forme* $A^2 \pm B^2 \pm C^2$... on arrivera souvent au résultat en groupant les termes deux à deux et en utilisant la formule $b^2 + c^2 = 2m^2 + \dfrac{a^2}{2}$ ou la relation de Stewart.

(Bien entendu, on ne pourra procéder de la sorte que quand les longueurs A, B, C... auront deux à deux une même extrémité.)

4. Quand l'expression dont on part renferme *des produits de deux longueurs* b *et* c (*ayant même extrémité*), on pourra utiliser les formules connues :

(Car ce sont des expressions bien connues du produit des deux côtés d'un Δ.)

$$bc = 2Rh \quad \text{ou} \quad bc = uv \pm l^2.$$

5. Quand l'une des expressions données est *une somme de deux ou plusieurs longueurs*, on pourra quelquefois la transformer en utilisant le *théorème de Ptolémée*.

6. Si l'on a à transformer une expression de la *forme*
$$\frac{1}{A} + \frac{1}{B} + \dots,$$
on pourra commencer par réduire au même dénominateur, ce qui ramènera en général la question à *l'évaluation d'un rapport*, et alors on pourra ou bien calculer chacun des termes, puis diviser, ou bien se servir des théorèmes connus sur le rapport des surfaces de deux Δ ayant un angle commun, ou une base commune, etc....

REMARQUE. — Il est bien entendu que dans ce qui va suivre les lettres employées A, B, C.. a, b, c... x, y... S, s... doivent désigner des nombres abstraits, à savoir les nombres qui mesurent les longueurs ou les angles ou les surfaces. — Néanmoins, pour abréger le langage, très fréquemment la même lettre A servira à désigner aussi bien la longueur que le nombre qui la mesure — et on s'abstiendra de préciser. Cela tient à ce que l'on applique le théorème, qui dit que le rapport de deux grandeurs est égal au rapport des nombres qui les mesurent chacune.

Il convient aussi de remarquer que toutes les transformations doivent être *homogènes*. — Cela constitue un des rares modes de vérification *a priori*, possibles en géométrie.

EXEMPLES RELATIFS AU § 12

I. *Exemples de transformation d'une somme de deux carrés opérée en calculant séparément chacun d'eux.*

Ex. 1. Dans tout Δ la somme des carrés des deux côtés est égale à deux fois le carré de la médiane, plus deux fois le carré de la moitié du troisième côté.

Pour prouver que l'on a :

$$\overline{AB}^2 + \overline{AC}^2 = 2\overline{AM}^2 + 2BM^2,$$

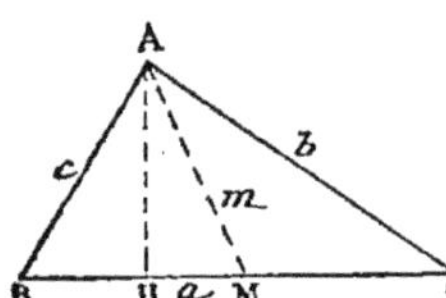

calculons $\overline{AB}^2$, puis $\overline{AC}^2$, et ajoutons :

$$\overline{AB}^2 = \overline{AM}^2 + \overline{BM}^2 - 2BM \times MH,$$

$$\overline{AC}^2 = \overline{AM}^2 + \overline{MC}^2 + 2CM \times MH.$$

En ajoutant membre à membre, on en déduira la formule fondamentale demandée :

$$b^2 + c^2 = 2m^2 + \frac{a^2}{2},$$

a, b, c, m étant les nombres mesure des longueurs BC, AC, AB, AM.

Ex. 2. Prouver que si on mène une corde AB, puis la pp. OH, enfin le diamètre plle CD, on a la relation :

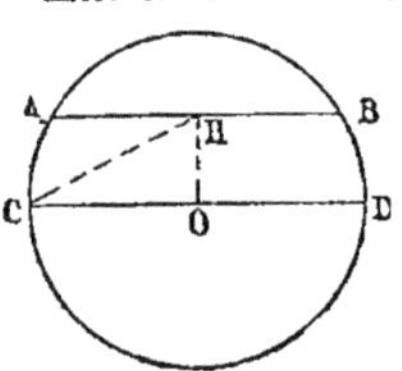

$$\overline{AH}^2 + \overline{HC}^2 = 2R^2.$$

Calculons successivement $\overline{AH}^2$ et $\overline{HC}^2$, puis ajoutons. Nous avons :

$$\overline{AH}^2 = \overline{AO}^2 - \overline{OH}^2,$$

$$\overline{HC}^2 = \overline{HO}^2 + \overline{OC}^2;$$

d'où, en ajoutant : $\quad \overline{AH}^2 + \overline{HC}^2 = 2R^2.$

Ex. 3. Par un point A situé à l'intérieur d'un cercle à une distance d du centre, on mène deux cordes rectangulaires BC et DE. Prouver que l'on a :

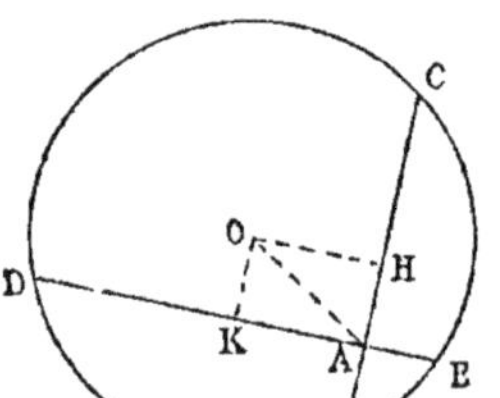

$$\overline{BC}^2 + \overline{DE}^2 = 8R^2 - 4d^2 \quad (1).$$

Pour le prouver, calculons BC, puis DE.

On sait que, pour calculer une corde, on en calcule très souvent la moitié en fonction de sa distance au centre. — Cette remarque nous conduit à mener les pps OH et OK. Nous avons :

$$\overline{BC}^2 = 4\overline{CH}^2 = 4(R^2 - \overline{OH}^2),$$

$$\overline{DE}^2 = 4\overline{DK}^2 = 4(R^2 - OK^2).$$

Ajoutons, il vient :

$$\overline{BC}^2 + \overline{DE}^2 = 8R^2 - 4(\overline{OH}^2 + \overline{OK}^2).$$

Mais le rectangle OHAK nous donne :

$$\overline{OH}^2 + \overline{OK}^2 = \overline{OA}^2 = d,$$

d'où la relation (1).

Ex. 4. Par un point A pris sur un diamètre BC, on mène une droite MN inclinée de 45° sur BC. Prouver que la somme des carrés des segments AM et AN est constante quand le point A se déplace sur le diamètre.

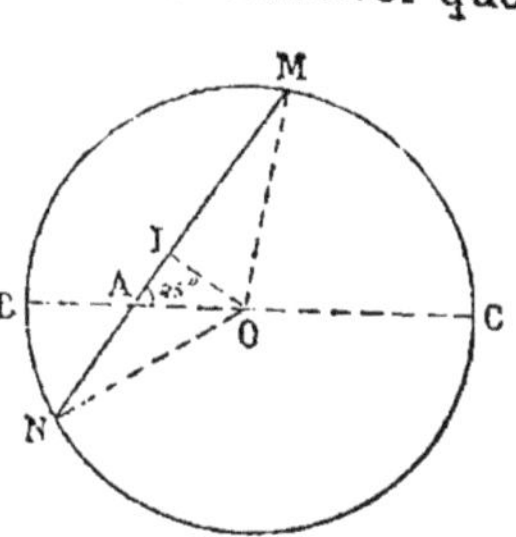

Première solution. — Evaluons encore séparément $\overline{AM}^2$ et $\overline{AN}^2$ en utilisant les données. Si nous désignons par R et par d les nombres qui mesurent le rayon et OA, nous avons, en calculant AM et AN par la méthode du carré du côté opposé à un angle aigu ou obtus :

$$R^2 = \overline{AM}^2 + d^2 - 2d\,\frac{AM\sqrt{2}}{2}$$

$$R^2 = AN^2 + d^2 + 2d\,\frac{AN\sqrt{2}}{2}$$

donc : $\quad 2R^2 = \overline{AM}^2 + \overline{AN}^2 + 2d^2 - d\sqrt{2}(AM - AN).$

Mais I étant le milieu de MN, on sait que $\dfrac{AM - AN}{2} = IA$.

Donc, comme $IA = \dfrac{d}{\sqrt{2}}$, on aura :

$$2R^2 = \overline{AM}^2 + \overline{AN}^2 + 2d^2 - 2d^2.$$

donc : $\quad \overline{AM}^2 + \overline{AN}^2 = 2R^2.$

Deuxième solution. — La solution précédente étant un peu longue, il est naturel d'essayer s'il ne serait pas plus simple de remplacer $\overline{AM}^2 + \overline{AN}^2$ par $(AM + AN)^2 - 2AM \times AN$.

Or on a :

$$\overline{MN}^2 = 4(R^2 - \overline{OI}^2) = 4R^2 - 4\,\frac{d^2}{2} = 4R^2 - 2d^2$$

Donc : $\quad AM \times AN = AB \times AC = R^2 - d^2.$

$$\overline{AM}^2 + \overline{AN}^2 = 2R^2.$$

Comme exemple de transformation d'une expression de la forme $\lambda A^2 + \mu B^2$ en une autre transformation obtenue en calculant A^2 et B^2, puis ajoutant après avoir multiplié par des facteurs convenables, nous rappellerons la démonstration du *théorème de Stewart* :

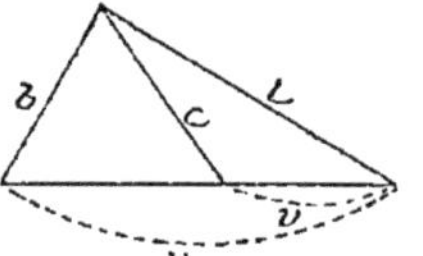

1° dans le cas où la droite est intérieure au Δ, auquel cas on l'écrit : $b^2 u + c^2 v = l^2 (u + v) + uv (u + v)$,

2° dans le cas où la droite partant du sommet **A** est extérieure, auquel cas on l'écrit :

$$b^2 u - c^2 v = l^2 (u - v) - uv (u - v),$$

formules qu'on peut encore écrire, si l'on a :

$$\frac{u}{v} = \frac{m}{n},$$

m et n étant des nombres :

$$b^2 m \pm c^2 n = l^2 (m \pm n) \pm uv (m \pm n).$$

II. *Exemples de la transformation d'une somme de plus de deux carrés, effectuée en utilisant une ou plusieurs fois la relation* $b^2 + c^2 = 2m^2 + \dfrac{a^2}{2}$ *ou celle de Stewart.*

Ex. 1. Étant donnés deux rectangles ABCD et A'B'C'D', prouver que la somme des carrés de leurs distances à un point quelconque O du plan est égale à huit fois le carré de la droite Oω allant au milieu de II', augmenté d'une quantité constante.

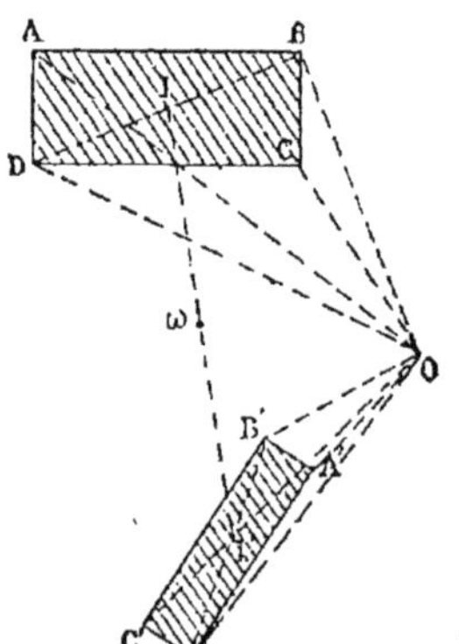

Nous pouvons évidemment grouper les sommes indiquées deux à deux et nous aurons de la sorte :

$$\overline{OA}^2 + \overline{OC}^2 = 2\overline{OI}^2 + 2\overline{AI}^2$$

$$\overline{OB}^2 + \overline{OD}^2 = 2\overline{OI}^2 + 2\overline{BI}^2$$

$$\overline{OA'}^2 + \overline{OC'}^2 = 2\overline{OI'}^2 + 2\overline{A'I'}^2$$

$$\overline{OA'}^2 + \overline{OD'}^2 = 2\overline{OI'}^2 + 2\overline{B'I'}^2$$

d'où, en ajoutant membre à membre et transformant à nouveau, on obtient la relation demandée.

Ex. 2. Dans tout quadrilatère la somme des carrés des quatre côtés est égale à la somme des carrés des diagonales, plus quatre fois le carré de la droite joignant leurs milieux.

(Procédé analogue.)

Ex. 3. Dans tout parallélogramme, la somme des carrés des quatre côtés est égale à la somme des carrés des diagonales.

(Procédé analogue.)

Ex. 4. La somme des carrés des nombres qui mesurent les douze arêtes d'un parallélépipède quelconque est égale à la somme des carrés des quatre diagonales.

Ex. 5. Dans tout quadrilatère si on joint les milieux des côtés, la somme des carrés des diagonales du quadrilatère est égale au double de la somme des carrés des diagonales du parallélogramme intérieur.

Ex. 6. P étant un point quelconque pris dans le plan d'un $\triangle$ ABC, et G désignant son centre de gravité, on a :

$$\overline{PA}^2 + \overline{PB}^2 + \overline{PC}^2 = 3\overline{PG}^2 + \frac{\overline{AB}^2 + \overline{BC}^2 + \overline{CA}^2}{2}.$$

Nous avons d'abord :

$$\overline{PA}^2 + \overline{PB}^2 = 2\overline{PM''}^2 + \frac{c^2}{2},$$

c étant le côté AB.

D'où, en ajoutant aux deux membres $\overline{PC}^2$:

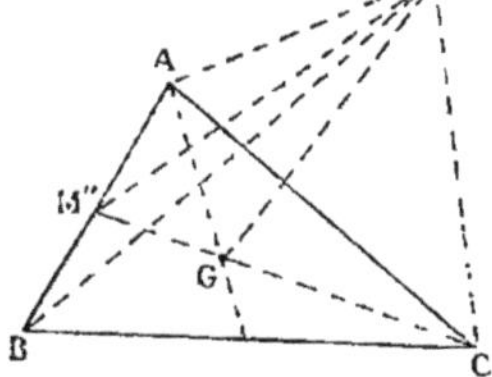

$$\overline{PA}^2 + \overline{PB}^2 + \overline{PC}^2 = 2\overline{PM''}^2 + \overline{PC}^2 + \frac{c^2}{2}.$$

Mais, afin de nous rapprocher de l'expression proposée, il faut introduire dans le second membre PG. Cela nous fait tout naturellement songer à la relation de Stewart, laquelle, appliquée au $\triangle$ PM''C, donne :

$$\overline{PM''}^2 \times 2 + \overline{PC}^2 \times 1 = \overline{PG}^2 (2 + 1) + M''G \times GC (2 + 1),$$

c'est-à-dire : $2\overline{PM''}^2 + \overline{PC}^2 = 3\overline{PG}^2 + 3 . \dfrac{\overline{2CM''}^2}{9}.$

On a donc :

$$\overline{PA}^2 + \overline{PB}^2 + \overline{PC}^2 = 3\overline{PG}^2 + \frac{\overline{2CM''}^2}{3} + \frac{c^2}{3},$$

ou puisque

$$2\overline{CM''}^2 = b^2 + a^2 - \frac{c^2}{2},$$

$$\overline{PA}^2 + \overline{PB}^2 + \overline{PC}^2 = 3\overline{PG}^2 + \frac{a^2 + b^2 + c^2}{3}$$

(relation homogène et de plus symétrique en a, b, c, aucun des nombres a, b, c n'étant avantagé. Et ce résultat nous prouve que quelle que soit la position du point P, qu'il soit pris dans l'angle ABC ou dans un autre, la relation $\overline{PA}^2 + \overline{PB}^2 + \overline{PC}^2$ est constante).

N. B. — On voit dans l'exemple précédent que l'on a utilisé et la formule

$$b^2 + c^2 = 2m^2 + \frac{a^2}{2}$$

et la formule de Stewart.

Ex. 7. Dans tout Δ on a la relation :

$$\overline{PA}^2 + \overline{PB}^2 + \overline{PC}^2 = 3\overline{PG}^2 + \left(\overline{GA}^2 + \overline{GB}^2 + \overline{GC}^2\right).$$

III. *Exemples de transformation d'une expression donnée obtenue en se rapprochant peu à peu du résultat demandé en se laissant aller à l'appel naturel des idées.*

Ex. 1. Si on a deux cordes rectangulaires CB et DE se coupant en A dans l'intérieur d'un cercle, la somme des carrés des quatre segments formés est constante et égale à $4R^2$.

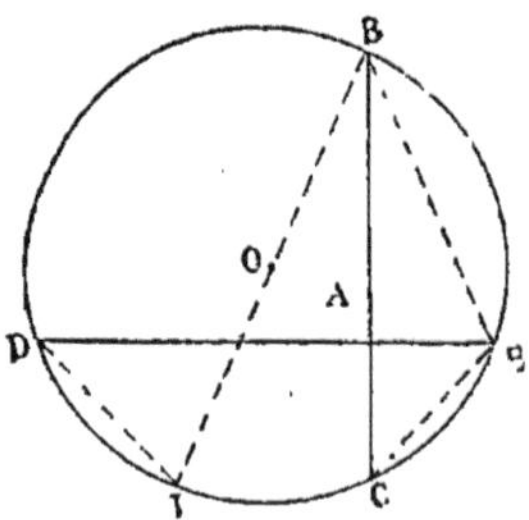

J'ai à prouver que l'on a :

$$\overline{AB}^2 + \overline{AD}^2 + \overline{AE}^2 + \overline{AC}^2 = 4R^2. \quad (1)$$

On voit immédiatement que le premier membre peut se transformer en celui-ci :

$$\overline{DB}^2 + \overline{CE}^2.$$

Or si on a :

$$\overline{DB}^2 + \overline{CE}^2 = 4R^2,$$

on doit avoir :

$$\overline{DB}^2 = 4R^2 - \overline{CE}^2.$$

Mais on est alors naturellement conduit à mener le diamètre BOI, et toute la question revient à prouver que les deux cordes DI et CE sont égales.

Si nous cherchons à employer pour cela la méthode des arcs égaux, nous serons conduits à comparer entre eux les angles DBI et ABE. Mais ceux-ci sont égaux. (On le prouve par la méthode des $\triangle$ semblables BDI et BAE.)

Donc la relation (1) est établie.

Ex. 2. Étant donnés deux cercles concentriques de rayons R et r, on considère deux cordes rectangulaires AB et CAD appartenant, la première au petit cercle, la seconde au grand. Prouver que l'on a la relation :

$$\overline{AB}^2 + \overline{AC}^2 + \overline{AD}^2 = 2(R^2 + r^2).$$

Par une association d'idées bien naturelle, $\overline{AC}^2 + \overline{AD}^2$ nous fait songer au carré de $(AC + AD)$. Le premier membre pourra donc s'écrire :

$$\overline{AB}^2 + \overline{CD}^2 - 2AC \times AD.$$

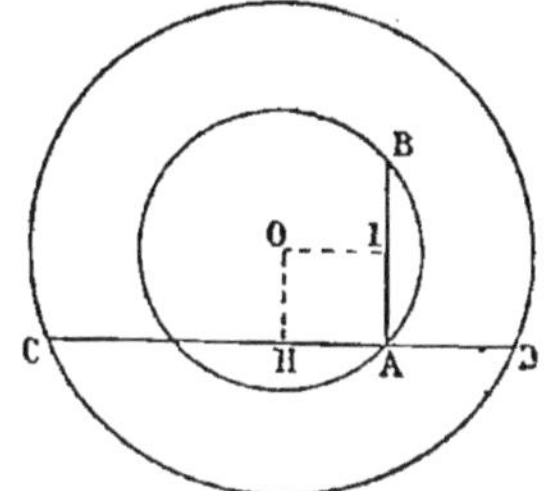

Cette fois nous avons, pour commencer, à calculer deux cordes AB et CD. Nous savons que très souvent ce calcul des cordes se fait en fonction de leurs distances au centre. Nous sommes donc conduits à mener les deux pps OH et OI, et nous aurons :

$$\overline{AB}^2 + \overline{CD}^2 = 4\left(C^2 - \overline{OI}^2\right) + 4\left(R^2 - \overline{OH}^2\right).$$

Mais, d'autre part, il est facile d'exprimer en fonction de R et de r le produit $AC \times AD$. Car on a :

$$AC \times AD = R^2 - r^2.$$

Dès lors on trouvera :

$$\begin{aligned}
\overline{AB}^2 + \overline{AC}^2 + \overline{AD}^2 &= 4r^2 + 4R^2 - 4\left(\overline{OI}^2 + \overline{OH}^2\right) - 2(R^2 - r^2),\\
&= 4r^2 + 4R^2 - 4r^2 - 2R^2 + 2r^2,\\
&= 2(R^2 + r^2).
\end{aligned}$$

Ex. 3. Dans tout Δ isocèle si on mène d'une des extrémités B de la base BC la pp. BH, on a la relation :

$$\overline{AB}^2 + \overline{AC}^2 + \overline{CB}^2 = 3\overline{BH}^2 + 2\overline{AH}^2 + \overline{CH}^2 \ (1).$$

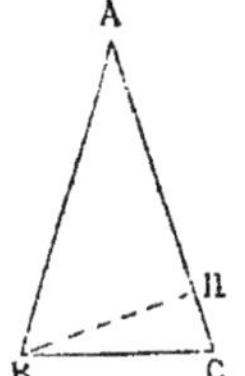

Pour savoir de quelle façon commencer, considérons le second membre. Nous y voyons figurer

$$\overline{BH}^2 + \overline{AH}^2.$$

Cela nous fait immédiatement songer à transformer leur somme en $\overline{AB}^2$ et cela nous rapproche déjà du premier membre.

Mais nous sommes alors conduits à dédoubler les termes, et les écrire comme il suit :

$$\left(\overline{BH}^2 + \overline{AH}^2\right) + \left(\overline{BH}^2 + \overline{CH}^2\right) + \overline{CH}^2 + \overline{AH}^2.$$

Sous cette forme on voit que le second membre est égal à :

$$\overline{AB}^2 + \overline{BC}^2 + \overline{AB}^2,$$

ce qui peut s'écrire, si on veut :

$$\overline{AB}^2 + \overline{BC}^2 + \overline{AC}^2, \text{ d'où la relation (1).}$$

Ex. 4. Par un point I pris sur la bissectrice d'un angle droit on mène au hasard une sécante AB, prouver que la relation $\left(\dfrac{1}{OA} + \dfrac{1}{OB}\right)$ est constante.

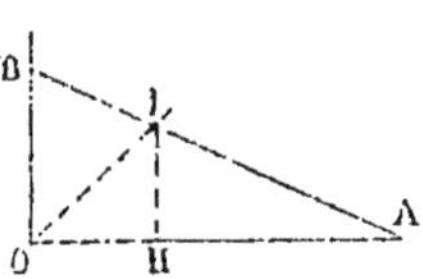

Si cette relation est constante, elle est encore vraie quand la droite est ⊥ à un des côtés. Mais alors OA valant OH, et OB étant infini, la somme vaut $\dfrac{1}{OH}$. On a donc à démontrer que

$$\frac{1}{OA} + \frac{1}{OB} = \frac{1}{a},$$

a étant le nombre qui mesure la longueur comme OH.

Ce qui revient à prouver que l'on a :

$$a.OB + a \times OA = OA \times OB.$$

Mais ces différents produits me font songer aux surfaces des Δ OIB, OIA et OBA, et comme on a :

$$\text{aire OBA} = \text{aire OIB} + \text{aire OIA},$$

la relation demandée est établie.

Ex. 5. Dans un Δ rectangle ABC, si on appelle h le nombre qui mesure la hauteur, m et n les segments BI et CK déterminés sur les côtés de l'angle droit par les pps HI et HK, on a la relation :

$$h^3 = amn.$$

En effet, $h^2 = BH \times HC$.

Pour transformer cette égalité et y introduire les éléments m et n, remarquons que l'on a :

$$\overline{BH}^2 = c \times m,$$
$$\overline{HC}^2 = b \times n.$$

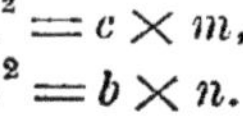
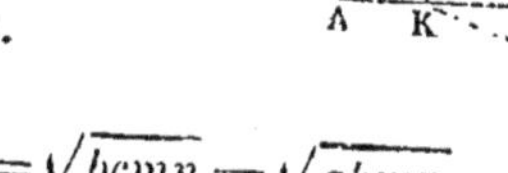

D'où :

$$h^2 = \sqrt{bcmn} = \sqrt{ahmn},$$

et par conséquent :

$$h^3 = amn.$$

Ex. 6. On prouverait que l'on a de même la relation :

$$a^2 = 3h^2 + m^2 + n^2.$$

Ex. 7. Si l'on a la relation $\dfrac{AC}{CB} = \dfrac{AD}{DB}$, prouver (sans s'occuper des signes) que l'on en déduit :

$$\frac{2}{AB} = \frac{1}{CA} + \frac{1}{CB},$$

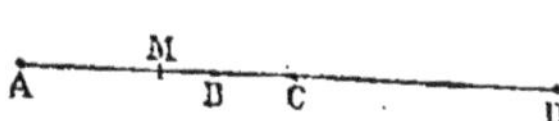

et $\qquad \overline{MA}^2 = MC \times MD,$

M étant le milieu de AB.

Ex. 8. Dans un $\triangle$ rectangle ABC, on mène la hauteur AH. On inscrit dans chacun des $\triangle$ partiels formés un cercle. Prouver que l'on a la relation

$$r^2 = r'^2 + r''^2,$$

r désignant le rayon du cercle inscrit dans le $\triangle$ ABC, r' et r'' les deux autres.

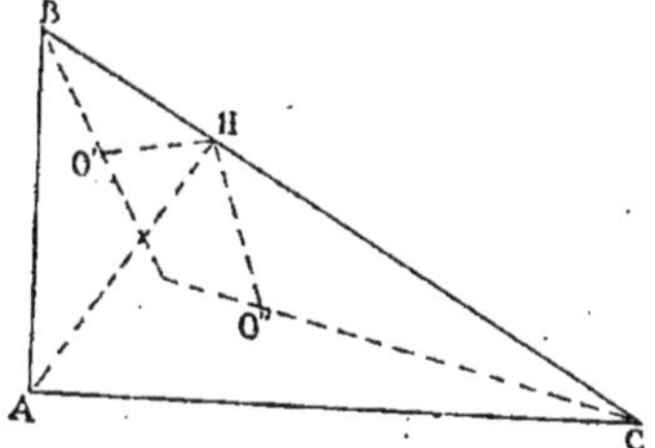

Nous avons à calculer

$$r'^2 + r''^2.$$

Or, dans un $\triangle$ rectangle on sait que $r = p - a$.

Par conséquent, si nous appelons h **la hauteur AH, on aura :**

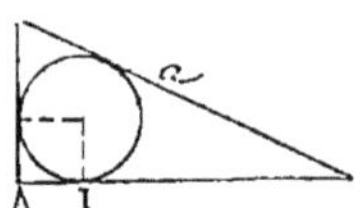

$$2r = b + c - a,$$
$$2r' = h + u - c,$$
$$2r'' = h + v - b,$$

u et v étant les nombres mesurant les segments BH et HC. Tâchons d'exprimer r' et r'' en fonction de a, b, c. Nous avons :

$$ah = bc, \quad c^2 = au, \quad b^2 = av.$$

Donc :
$$2r' = \frac{bc}{a} + \frac{c^2}{a} - c = \frac{c}{a}(b + c - a) = \frac{c}{a} \cdot 2r.$$

$$2r'' = \frac{bc}{a} + \frac{b^2}{a} - b = \frac{b}{a}(c + b - a) = \frac{b}{a} \cdot 2r.$$

Donc :
$$r'^2 + r''^2 = \frac{c^2 + b^2}{a^2} r^2 = r^2.$$

N. B. — On voit que pour transformer l'expression $r'^2 + r''^2$ nous avons calculé séparément r' et r'', en nous laissant aller à l'appel des idées.

Remarque I. — Au cours de la démonstration précédente, nous avons trouvé la relation :

$$a \times r'' = b \times r,$$

résultat simple, auquel nous sommes arrivés longuement. Nous sommes donc conduits à chercher une méthode plus courte. — Et nous savons qu'on y arrive en cherchant à prouver directement que $ar'' = br$.

La méthode des $\triangle$ semblables pourrait nous y conduire. Mais cela sera fait plus vite, si on songe que les $\triangle$ partiels formés par la hauteur sont semblables au grand $\triangle$ ABC et qu'alors le rapport de deux éléments homologues est toujours égal au rapport de deux côtés homologues. On aura donc tout de suite :

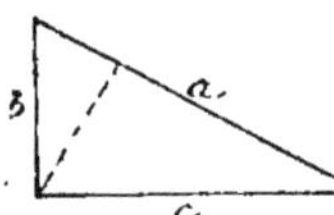

$$\frac{r}{r''} = \frac{a}{b} \cdot$$

Mais alors on aura :
$$\frac{r}{a} = \frac{r''}{b} = \frac{r'}{c},$$

d'où :
$$\frac{r^2}{a^2} = \frac{r'^2 + r''^2}{b^2 + c^2},$$

c'est-à-dire :
$$r^2 = r'^2 + r''^2.$$

Ceci est réellement la bonne solution du problème proposé.

Mais nous avons tenu néanmoins à garder la première pour bien montrer comment on est parfois amené à abandonner une première façon de faire exacte pour en prendre une meilleure.

C'eût été même presque une faute que de ne pas profiter de ce résultat inattendu $ar'' = br$.

Remarque II. — On aurait encore pu dire ceci : les Δ partiels étant semblables au Δ total, on aura :

$$\frac{S}{r^2} = \frac{S'}{r'^2} = \frac{S''}{r''^2} = \frac{S' + S''}{r'^2 + r''^2},$$

donc :

$$r^2 = r'^2 + r''^2.$$

Ex. 9. Si dans un Δ rectangle on mène la hauteur, puis qu'on inscrive dans les Δ partiels des cercles de rayon r' et r'', on a la relation :

$$br' + cr'' = ar.$$

On pourrait y arriver en partant de la relation $S = pr$, et exprimant que :

$$S' + S'' = S,$$

S' et S'' étant les surfaces des deux Δ ACH et ABH.

Mais on y arrivera bien plus vite en remarquant que :

$$\frac{r}{a} = \frac{r'}{b} = \frac{r''}{c},$$

d'où :

$$\frac{ar}{a^2} = \frac{br' + cr''}{b^2 + c^2}.$$

et par conséquent : $ar = br' + cr''$.

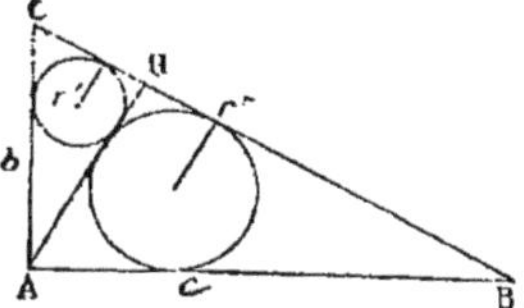

IV. *Exemples de transformation d'un rapport, ou d'une somme de rapports.*

Ex. 1. Le rapport des surfaces de deux Δ qui ont deux angles supplémentaires est égal au rapport des produits des côtés qui les comprennent.

En effet, les nombres qui mesurent les surfaces des Δ ABC et ADE sont $\dfrac{AC \times BH}{2}$ et $\dfrac{AE + DI}{2}$. Mais le rapport de deux grandeurs est égal au rapport des nombres qui les mesurent, on aura donc :

$$\frac{\text{Surface ABC}}{\text{Surface ADE}} = \frac{\frac{1}{2} AC.BH}{\frac{1}{2} AE \times DI} = \frac{AC}{AE} \times \frac{BH}{DI}.$$

Mais :

$$\frac{BH}{DI} = \frac{AB}{AD}.$$

Donc : $$\frac{\text{Surface ABC}}{\text{Surface ADE}} = \frac{AC}{AE} \times \frac{AB}{AD} = \frac{AC \times AB}{AD.\,AE}.$$

Ex. 2. Etant donné un quadrilatère inscrit dans un cercle, prouver que l'on a :

$$\frac{AB \times BC}{AD \times DC} = \frac{BI}{ID}.$$

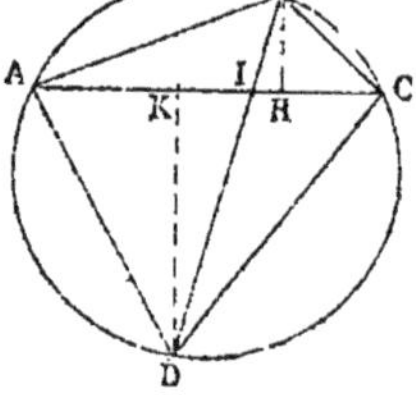

Nous avons dans le premier membre le rapport des produits des côtés qui comprennent deux angles B et D, angles qui sont supplémentaires. Le premier membre est donc le rapport des surfaces des deux $\triangle$ ABC et DAC. — Mais ce rapport est aussi égal au rapport des hauteurs BH et DK.

Or, $$\frac{BH}{DK} = \frac{BI}{ID},$$

d'où le théorème.

Ex. 3. Dans tout $\triangle$, si O désigne l'orthocentre, on a la relation :

$$\frac{OH}{AH} + \frac{OK}{BK} + \frac{OI}{CI} = 1.$$

Le rapport $\dfrac{OH}{AH}$ me fait songer au rapport des surfaces des deux $\triangle$ OBC et ABC, et ainsi des autres. Il y a donc lieu de prouver que

$$\frac{OBC}{ABC} + \frac{AOC}{ABC} + \ldots = 1,$$

ce qui est évident.

N. B. — Cette relation peut s'écrire symboliquement : $\Sigma \dfrac{OH}{AH} = 1.$

Ex. 4. Etant donnés une droite D et un point extérieur P, par le point P on mène une droite sur laquelle on prend deux points M et N également distants de la droite et du point P. Prouver que la somme $\left(\dfrac{1}{PM} + \dfrac{1}{PN}\right)$ est constante, quand la droite tourne autour du point P.

Cherchons d'abord la valeur de cette constante. Il suffit pour cela de considérer la position de cette droite mobile, quand elle est ou $\parallel$ à la droite D, ou pp. On trouvera que la somme vaut $\dfrac{2}{PO}$, PO étant la pp. menée du point P à la droite.

La question est donc ramenée à prouver que :

$$\frac{1}{PM} + \frac{1}{PN} = \frac{2}{PO}.$$

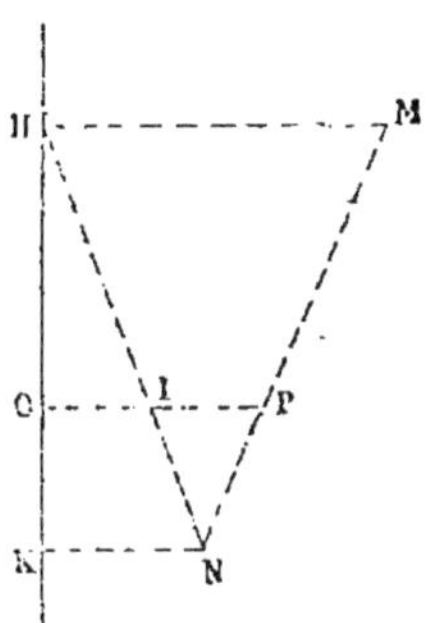

Or, cette égalité constitue une *relation* entre PM, PN et PO — ou, ce qui revient au même, une relation entre MH, NK et PO.

Il suffit donc pour l'établir de chercher à calculer PO en fonction de MH et de NK (problème connu). — Pour calculer PO, employons, en effet, la méthode connue de décomposition en deux parties. On a :

$$PO = PI + IO,$$

$$\frac{PI}{MH} = \frac{PN}{NM},$$

$$\frac{IO}{NK} = \frac{HO}{HK} = \frac{MP}{MN}.$$

Donc :

$$PO = \frac{2MH.\,NK}{MH + NK} = \frac{2PM.\,PN}{PM + PN},$$

d'où :

$$\frac{2}{PO} = \frac{PM + PN}{PM \times PN} = \frac{1}{PN} + \frac{1}{PM}.$$

V. *Exemple de transformation d'une somme de longueurs à l'aide du théorème de Ptolémée.*

Ex. Dans tout Δ la somme des distances d, d', d'' du centre ω du cercle circonscrit aux trois côtés est égale à $R + r$.

Je dis que

$$d + d' + d'' = R + r.$$

D'abord le quadrilatère $\omega CMM'$ étant inscriptible, si nous appliquons le théorème de Ptolémée, cela nous donnera toujours une relation entre d, d' et R, puisque $C\omega$ vaut R. On se rapprochera donc du résultat en écrivant que :

$$d \times CM' + d'.CM = MM' \times R.$$

ou que :

$$db + d'a = Rc \quad (1),$$

a, b, c désignant les trois côtés.

Mais par symétrie on a aussi :

$$d'c + d''b = Ra \quad (2),$$
$$d''a + dc = Rb \quad (3).$$

Ajoutons membre à membre, on aura :

$$d(b + c) + d'(c + a) + d''(a + b) = R \times 2p.$$

De cette relation il faut déduire une expression où figure la somme $(d + d' + d'')$. Et on y arrivera en remplaçant les sommes $b + c$, $c + a$, $a + b$ par les binômes correspondants. Il viendra donc :

$$d(2p - a) + d'(2p - b) + d''(2p - c) = 2pR,$$

ou :

$$2p(d + d' + d'') - (ad + bd' + cd'') = 2pR,$$

ou :

$$2p(d + d' + d'') - 2 \text{ surface ABC} = 2pR.$$

Mais on nous parle dans l'énoncé de r. Il est donc naturel d'appliquer la formule $S = pr$, ce qui donne finalement :

$$2p(d + d' + d'') - 2pr = 2pR,$$

d'où :

$$d + d' + d'' = R + r.$$

Remarque. — Nous avons développé longuement la démonstration précédente pour bien montrer que la résolution de pareils problèmes n'est pas une affaire de pure inspiration, mais qu'il y a toujours une idée qui guide vers telle ou telle transformation.

IIe CATÉGORIE DE PROBLÈMES

Problèmes où le genre de question énoncé paraît simple (une méthode assez nette s'y adaptant), *mais où il y a un ou plusieurs sous-entendus* (c'est-à-dire une ou plusieurs vérités non énoncées, peu connues ou même inconnues, et qu'il faut au préalable de soi-même démontrer).

Quand le genre de question proposée comporte une ou plusieurs méthodes bien nettes (méthode que nous nous sommes attachés précédemment à bien grouper ensemble), la nécessité d'utiliser les données nous amène en général *a priori*, ainsi que nous l'avons montré dans les problèmes de la 1ʳᵉ catégorie, à faire un choix parmi ces méthodes. — Mais alors, quand on veut pousser plus loin, on est quelquefois arrêté brusquement parce que l'on se heurte à une égalité qui paraît, d'après la figure, devoir être vraie (qui même doit être vraie), mais qui n'est pas établie. — Il faut alors de toute nécessité, abandonnant la première recherche, s'attacher exclusivement à la démonstration de la seconde — quitte à revenir à la première ensuite.

On voit donc bien qu'ici le problème est double, puisque, outre la proposition qu'on demande d'établir et qui rentre en général dans l'un des douze cas que nous avons établis dans notre première catégorie, on a à en démontrer de soi-même une autre sous-entendue (rentrant elle aussi dans l'un des douze cas précédents).

REMARQUE. — Lors de la rédaction du problème proposé, on pourra, si l'on veut, pour plus de clarté, procéder par synthèse, et dire par exemple ceci : Démontrons d'abord la proposition suivante B..... Etablissons maintenant la proposée A.....

Nous allons donner des exemples de ce nouveau genre de problèmes.

EXEMPLES RELATIFS AUX PROBLÈMES DE LA 2ᵉ CATÉGORIE

Ex. 1. Sur les deux côtés d'un angle O, on prend des longueurs égales OA et OA′, OB et OB′. On joint en croix. Prouver que, si I est le point de rencontre de AB′ et de A′B, OI est bissectrice.

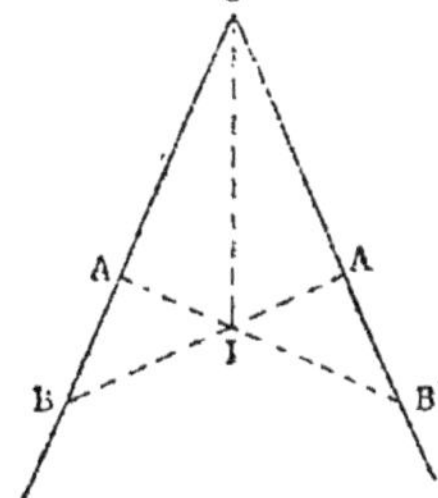

Pour prouver que OI est bissectrice, nous avons la méthode naturellement indiquée des deux △ égaux OIA et OIA′. Mais, pour arriver à prouver leur égalité, il faut de toute nécessité démontrer d'abord que :

$$IA = IA'.$$

Cela se fera par la considération des deux △ BAI et B′A′I. Ces

Δ ont $AB = A'B'$ comme différence de deux longueurs égales, et c'est tout ce qui résulte des données.

Il faut donc de nouveau, que de nous-même, sans qu'on nous l'ait demandé, on prouve que les angles en B et B' sont égaux, ce qui se fera facilement cette fois par la considération des deux Δ égaux OBA' et OAB'.

Et alors le théorème proposé sera démontré.

Cet exemple nous montre donc bien que, pour prouver que les deux angles en D sont égaux, il faut de soi-même prouver :

$$1° \text{ que } B = B',$$
$$2° \text{ que } IA = IA',$$

puis alors seulement on pourra prouver que OI est bissectrice.

Ex. 2. Dans tout Δ, si on considère le cercle passant par deux sommets et l'orthocentre, et qu'on prolonge OH en O', on a :

$$OH = O'H.$$

L'angle BOC étant le supplément de l'angle A, il est facile de prouver que l'arc BOC est égal à l'arc BRC.

Mais alors les deux arcs situés de part et d'autre de la corde commune ayant le même nombre de degrés, on peut démontrer que les deux cercles sont égaux.

Cette démonstration supplémentaire et non demandée une fois faite, alors seulement on pourra prouver que OH = HO', car il n'y aura plus qu'à replier par la pensée la partie supérieure du plan autour de BC.

REMARQUE. — On voit qu'on a employé ici la méthode de rotation, mais il a fallu au préalable prouver de soi-même l'égalité des deux arcs.

Ex. 3. Etant donné un cercle de diamètre AB, par l'extrémité C d'une corde AC, on mène la tg. qui coupe AB en θ. Prouver que, si $C\theta = AC$, la corde CB est égale au rayon.

Pour faire ce problème, on peut s'appuyer sur cette propriété (et la démontrer au préalable), que dans un Δ rectangle ACB inscrit dans un cercle, l'angle formé par un côté AC et le rayon CO est égal à l'angle formé par CB et la hauteur CH. Car, une fois ce théorème établi, on prouvera aisément que l'angle au centre COB vaut 60°.

Ex. 4. Dans un Δ ABC, ω désignant le centre du cercle circonscrit et O l'orthocentre, démontrer que, si du milieu I de la droite $O\omega$ on décrit un cercle passant par le pied H de la hauteur AH, ce cercle passe aussi par le pied M de la médiane et par le milieu α de la droite AO.

Nous avons ici à démontrer que des longueurs IH, IM, $I\alpha$ sont égales.

On voit immédiatement, I étant le milieu de $O\omega$ dans le trapèze birectangle $OH\omega M$, que $IH = IM$; car, si on mène la plle $I\mu$, on a deux obliques également écartées.

Reste à voir que $I\alpha = IM$.

On ne voit pas du tout laquelle des méthodes indiquées au § Ier

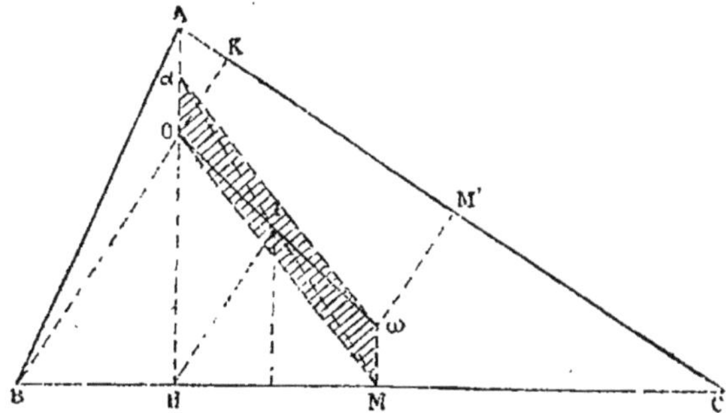

pourrait convenir. Il n'y a donc qu'une ressource : examiner soigneusement la figure en utilisant toutes les données $O\alpha$ qui est plle à $M\omega$ paraît lui être égal. Si donc on parvenait à prouver que OA est le double de $M\omega$, le problème serait fait.

Nous sommes donc conduits à prouver avant tout que AO $= 2M\omega$, — c'est-à-dire que le rapport $\dfrac{AO}{M\omega}$ vaut 2, question qui se traitera par la considération des Δ semblables. Ces Δ ici sont AOB et $M\omega M'$, et ils nous donnent :

$$\frac{AO}{M\omega} = \frac{AB}{MM'} = 2.$$

Et maintenant que, de nous-même, nous avons traité cette question supplémentaire, le problème proposé est achevé. Car, du moment que la figure $O\alpha M\omega$ est un parallélogramme, αIM est une diagonale et $I\alpha = IM$.

NOTA. — Le cercle précédent s'appelle le cercle des neuf points.

Ex. 5. Un Δ équilatéral ABC étant circonscrit à un cercle, calculer la hauteur en fonction du rayon R.

La méthode qui paraît devoir réussir pour le calcul de la hauteur AH paraît être celle du Δ rectangle ABH. Mais nous n'y connaissons ni AB, ni BH. — Or, si nous faisons la figure avec soin, AH paraît passer par le centre. Vérifions donc d'abord cette première idée, et pour cela joignons A au centre O. — AO étant bissectrice, et le Δ équilatéral ABC étant isocèle, AO est pp. à BC.

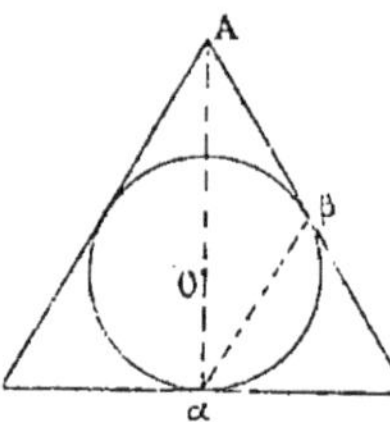

Mais BC est tg. Donc, si on appelle α le point de contact, Oα est pp. à BC. Par conséquent AO et Cα sont en prolongement. Donc la hauteur passe par le centre O, et par le point de contact α.

Ce premier point établi, remarquons que α pied de la hauteur dans le Δ isocèle est le milieu de BC.

On a donc :

$$\overline{AH}^2 = A\alpha^2 = \overline{AB}^2 - \frac{\overline{AB}^2}{4} = \frac{3}{4}\overline{AB}^2.$$

Et maintenant il y a lieu de calculer AB, ce qui est facile, puisque αβ étant la droite des milieux, AB=2αβ. Donc :

$$AB = 2R\sqrt{3}.$$

Dès lors : $$\overline{AH}^2 = \frac{3}{4}\,4R^2 \times 3 = 9R^2,$$

et par conséquent : $$AH = 3R.$$

Remarque. — On aurait pu arriver plus vite à ce calcul de AH. Car, une fois prouvé que la hauteur AH passe par le centre, toutes les trois hauteurs passent par le centre. Mais alors, O étant le centre de gravité du Δ, AH vaut trois fois OH.

Donc : $$AH = 3R.$$

Ex. 6. Dans tout parallélogramme circonscrit à un cercle, les diagonales sont rectangulaires.

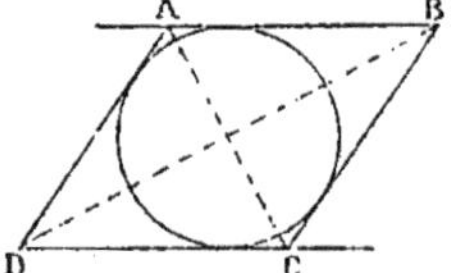

On pourrait y arriver en démontrant que le parallélogramme est un losange, c'est-à-dire que AB = AD.

Nous avons donc ici à démontrer de nous-même une vérité qu'on ne nous dit pas. — Pour le voir, refaisons une seconde figure sans les diagonales.

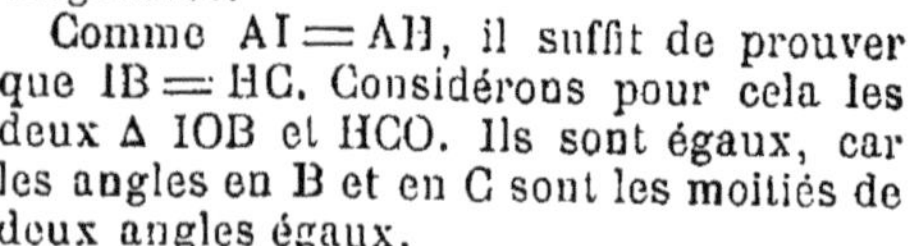

Comme AI = AH, il suffit de prouver que IB = HC. Considérons pour cela les deux Δ IOB et HCO. Ils sont égaux, car les angles en B et en C sont les moitiés de deux angles égaux.

Donc AB = AC. Donc les diagonales d'un losange étant orthogonales, le théorème est démontré.

R ᴇᴍ. — Supposons qu'on n'ait pas fait choix de la méthode AB $=$ AD. La figure nous montrant que les diagonales ont l'air de passer par le centre, voyons si cela est vrai. Et le problème alors sera fait. Car quand une tg. roule, la partie interceptée entre deux tgs plles est vue du centre sous un angle droit. — Or, pour prouver que la diagonale AC passe par le centre, nous avons à prouver que trois points A, O, C sont en ligne droite — ce qui se fera naturellement par la méthode des angles égaux AOI et COH, I, O et H étant en ligne droite.

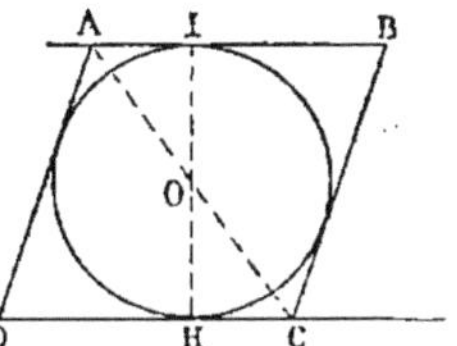

Ex. 7. Etant donné un $\frac{1}{2}$ cercle O de rayon a. On le coupe par une droite II'. Aux points de rencontre I et I' on mène à II' les pps If et I'f' qui coupent en f et f' le diamètre AA'. Prouver que le produit I$f\times$I'f' est égal à la puissance du point f par rapport au cercle.

Puisque l'on doit avoir :

$$\mathrm{I}f\times\mathrm{I}'f=f\mathrm{A}\times f\mathrm{A}',$$

H étant le point où If prolongé coupe la demi-circonférence inférieure, tout revient à prouver que fH$=$I'f'.

La méthode des Δ égaux OfH et OfI' est tout indiquée. Mais, pour prouver leur égalité, il faut *au préalable* prouver que HOI' est une ligne droite. — Or, cela s'établit aisément, car l'angle I'IH est droit, donc I'H est un diamètre.

Cette propriété une fois démontrée, les Δ seront égaux, car OH $=$OI'; les angles en O sont égaux, ainsi que les angles H et I' (alternes-internes). Par conséquent, on a :

$$\mathrm{I}f\times\mathrm{I}'f=\mathrm{I}f\times f\mathrm{H}=f\mathrm{A}\times f\mathrm{A}'. \quad \text{C. q. f. d.}$$

Ex. 8. On a deux cercles O et O' de rayons R et R', tgs extérieurement en A. On mène la tg. commune extérieure BB'. Calculer les cordes AB et AB'.

Si nous considérons le Δ ABO, nous essayerons d'appliquer la méthode du carré du côté opposé à un angle aigu O. Mais cette méthode ne peut être employée que si on calcule *au préalable* la projection OC de OB sur OA.

Il faudra donc commencer par calculer cette projection OC (ce qui devra se faire par la méthode des Δ semblables OBC et BB'I, ce dernier Δ s'obtenant en menant par B une plle BI à la droite OO').

IIIe CATÉGORIE DE PROBLÈMES

Problèmes où on ne voit pas du tout, ni a priori, ni même après avoir transformé les données, celle des méthodes qui peut avoir chance d'aboutir.

Nous touchons ici à un genre de questions où il faut absolument un peu d'inspiration et une certaine pratique, — et où on ne peut formuler aucune règle précise.

Le seul conseil général à donner est toutefois celui-ci :

Il faut faire la figure avec le plus de soin possible, reprendre une à une toutes les données de la figure, voir ce qui en découle, voir aussi les vérités cachées qu'il faudrait peut-être démontrer au préalable, songer enfin à toutes les propriétés de la figure.

Puis quand on aura, de cette façon, pris en quelque sorte possession de la figure, alors seulement la plupart du temps on finira par découvrir celle des méthodes qu'il y a lieu d'essayer de préférence, et la solution apparaîtra alors, en quelque sorte, brusquement.

EXEMPLES RELATIFS AUX PROBLÈMES DE LA 3e CATÉGORIE

Ex. 1. Un angle droit pivote autour du point de contact de deux circonférences tgs extérieurement. Démontrer que la droite qui joint les points où les côtés rencontrent les circonférences passe par un point fixe.

Par raison de symétrie, le point fixe doit évidemment se trouver sur la ligne des centres OO'.

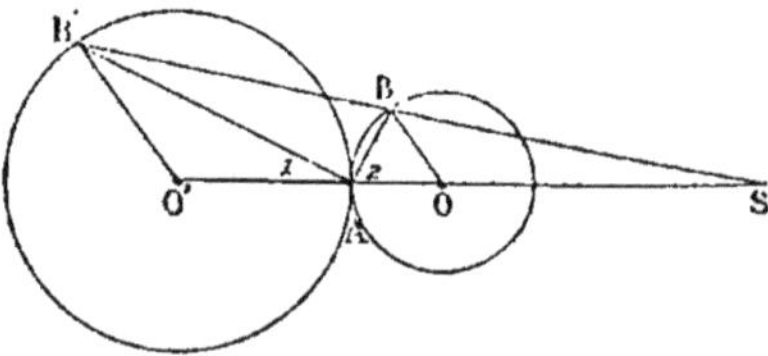

Mais nous ne voyons pas du tout la marche à suivre. — Seulement l'examen attentif de la figure nous montre que les rayons OB et O'B' paraissent être plles. Vérifions donc cette idée préconçue, et pour cela tâchons de prouver que les angles en O et O' sont supplémentaires. Cela est facile. Car, l'angle BAB'

étant droit. les angles numérotés 1 et 2 sont complémentaires.

Cela fait. comme on sait que les droites joignant les extrémités de deux rayons plles et de même sens passent par le centre de similitude externe, on en couclut que toutes les droites BB' passent en effet par un point fixe.

Ex. 2. Sur les trois côtés d'un Δ quelconque ABC on construit des Δ équilatéraux. Prouver que les droites Aα, Bβ et Cγ sont concourantes.

Soit O le point de rencontre de Aα et de Bβ. Pour prouver que les trois points C, O, γ sont en ligne droite, nous ne voyons pas du tout, même en utilisant les données, celles des méthodes indiquées au paragraphe 7 qu'il convient d'appliquer.

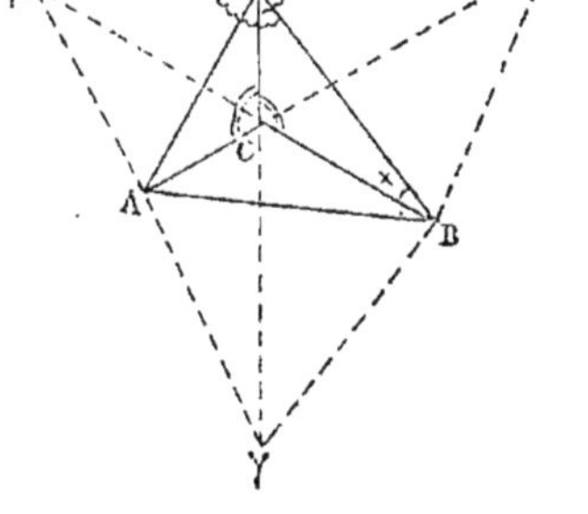

Nous n'avons donc qu'une ressource : faire la figure avec grand soin, utiliser les données, voir ce qui en découle, et finalement, de déductions en déductions, retomber sur une méthode conduisant au résultat.

D'abord les angles des Δ équilatéraux valant 60°, la figure nous montre que Cα étant égal à CB,

et Cβ à CA, les deux Δ qui se croisent (ACα et BCβ) sont égaux. Il en résulte que les angles en α et B marqués d'une croix sont égaux. Mais alors des points α et B on voit CO sous le même angle. Donc α et B sont sur un segment capable placé sur CO. Donc le quadrilatère COαB est inscriptible. — Et de même pour le quadrilatère COAβ.

Mais alors les angles COB et COA valent 120° (car les quadrilatères étant inscriptibles, ces angles sont les suppléments des angles en α et β qui valent chacun 60°). Donc l'angle restant AOB vaut aussi 120°, et par conséquent le *quadrilatère* AOBγ *est, lui aussi, inscriptible.*

La marche à suivre paraît maintenant se dégager. Tâchons, ce qui est naturel, de prouver que l'angle BOγ vaut 60°.

Mais cela est clair. Car cet angle BOγ est égal à l'angle BAγ comme ayant même mesure, et celui-ci vaut 60°.

Par conséquent, les deux angles COB et BOγ étant supplémentaires, COγ est une ligne droite.

Donc les trois droites proposées sont concourantes.

Ex. 3. On considère l'hexagone αβγδελ obtenu en joignant de deux en deux les sommets d'un hexagone régulier ABCDEF de côté R : 1° évaluer sa surface ; 2° évaluer la longueur $\alpha\beta$.

La figure nous montre que l'hexagone intérieur a l'air d'être régulier. Vérifions donc avant tout cette idée préconçue.

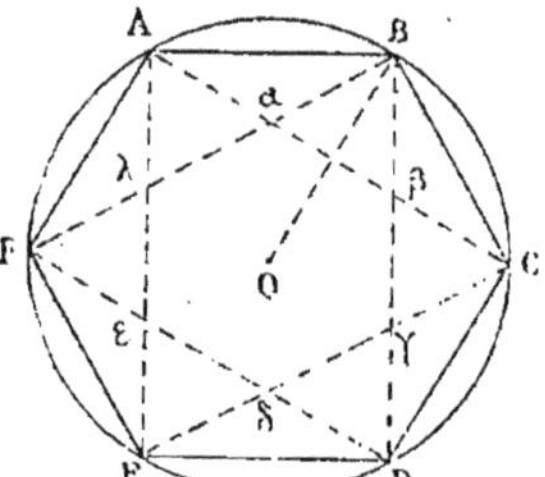

On verrait facilement que les angles α, β,... sont égaux, en mesurant les arcs. — Quant aux côtés, ils sont égaux aussi. (La considération des $\triangle$ B$\alpha\beta$ et C$\beta\gamma$ le prouve, pourvu qu'on démontre que Bβ = βC.)

Mesurons maintenant la surface de $\alpha\beta\gamma\delta\epsilon\lambda$.

Le périmètre est connu, puisque

$$\alpha\beta = \frac{1}{3}\,AC = \frac{1}{3}\,R\sqrt{3}.$$

Mais quel est l'apothème ?

Le centre O paraît être aussi celui du petit hexagone. C'est une nouvelle vérité à rechercher.

Pour le prouver, joignons OB. OB est pp. à AC, puisque B est le milieu de l'arc AC. Mais alors I est le milieu de OB, puisque l'apothème du $\triangle$ équilatéral inscrit vaut la moitié du rayon. Donc OαBβ est un losange et Oα = Oβ.

Il sera maintenant facile d'évaluer la surface demandée de cet hexagone intérieur.

REMARQUE. — On aurait pu aller plus vite, et s'abstenir de calculer l'apothème OI, en remarquant que le rapport des surfaces de deux polygones réguliers d'un même nombre de côtés est égal au carré du rapport des côtés.

Pour évaluer la longueur $\alpha\gamma$ en fonction du rayon R, puisque nous avons de nous-même démontré que $\alpha\beta$ était le tiers de AC, il suffit de remarquer que $\alpha\gamma$. qui paraît être plle à BC, l'est effectivement (puisque la figure αBγC est un rectangle). Donc $\alpha\gamma$ = R.

Ex. 4. Une ellipse étant définie par ses foyers f et f' et un point M, on mène la tg. θ en M, et d'un point P pris sur cette tg., on mène une deuxième droite Pθ' tg. en M'. Prouver que la droite Pf est bissectrice de l'angle des deux rayons secteurs fM et fM'.

Ce problème ne peut être fait qu'à condition de démontrer au préalable l'égalité des deux $\triangle$ P$\varphi f'$ et P$f\varphi'$, φ et φ' étant les points symétriques des deux foyers par rapport aux deux tgs.

Ex. 5. Aux deux extrémités A et B d'une droite AB

égale à *a* on fait des angles de 120°. Sur les droites ainsi obtenues on prend deux mêmes longueurs AC et BD, égales à *b*. En C et D on fait de nouveau des angles égaux à 120° et on porte sur les droites ainsi obtenues deux longueurs égales à A. Prouver que la droite MN ainsi obtenue est égale à AC.

Première solution. — On ne voit pas du tout *a priori* laquelle des méthodes il faut employer pour montrer que MN est égal à AC. — Cherchons à transformer les données, pour voir ce qui en découle.

D'abord il est naturel de joindre CD, car d'après une propriété connue la figure ABCD est un trapèze.

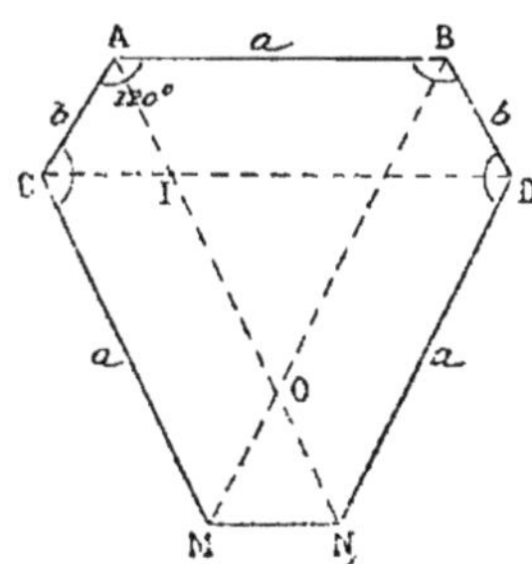

Mais alors l'angle ACD est le supplément de CAB, donc vaut 60°. — Comme conséquence immédiate, nous voyons, l'angle total ACM valant 120°, que la diagonale CD est bissectrice de l'angle C. — Et maintenant nous pouvons aisément conclure que MN est plle à AB. Car la figure CDMN est forcément un trapèze, et deux droites plles à une troisième sont plles entre elles.

Pour prouver que MN est égal à AC, l'examen attentif de la figure nous porte à voir que la figure ABCM est un trapèze isocèle, et de même pour ABDN.

Mais alors nous avons en OMN un Δ qui paraît être égal au Δ ACI. Par conséquent MN = CI. Mais ACI est un Δ équilatéral. Donc MN = AC.

Deuxième solution. — Pour prouver que MN = AC on transformera comme tout à l'heure les hypothèses, et on verra que CD est bissectrice.

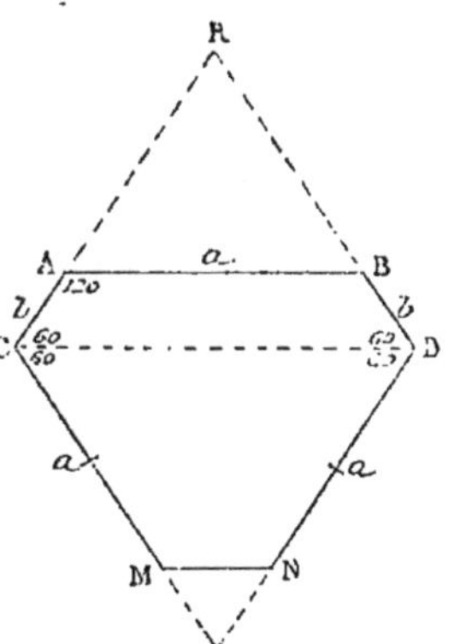

Comme en dessus et en dessous de CD nous avons deux angles de 60°, si nous avons l'idée de prolonger les côtés en R et en S on aura :

$$CD = CR = CS.$$

Mais le Δ RAB est, lui aussi, équilatéral. Donc AR = *a*. Donc CD = *b* + *a*.

CS étant égal à *b* + *a*, et CM valant *a*, SM vaudra *b*. Mais le Δ MSN est équilatéral.

Par conséquent :   MN = MS = *b* = AC.

Remarque. — Cette solution plus simple est évidemment le résultat d'une heureuse inspiration.

Ex. 6. Dans l'hexagone précédent, montrer que, si la somme des deux côtés adjacents (AB + AC) est constante et égale à p, la surface de l'hexagone est maximum quand AB = AC.

Nous savons en géométrie que quand la somme de deux longueurs est constante, le maximum de leur produit a lieu quand elles sont égales. — Il est maintenant naturel de chercher à évaluer la surface de l'hexagone en fonction de a et b.

Il est clair que la première difficulté consiste pour évaluer l'aire de cette figure à voir exactement de quoi elle se compose. Il faut d'abord s'attacher à prouver, de *soi-même* comme nous l'avons fait tout à l'heure, qu'elle se compose de deux trapèzes, — et puis aussi que chacun d'eux est la différence de deux Δ équilatéraux.

Une fois ces deux questions traitées, on dira, en appelant S le nombre qui mesure la surface :

$$S = 2 \frac{(a + b)^2 \sqrt{3}}{4} - \frac{a^2 \sqrt{3}}{4} - \frac{b^2 \sqrt{3}}{4}$$

$$= \frac{\sqrt{3}}{4} \left[a^2 + b^2 + 4ab \right]$$

$$= \frac{\sqrt{3}}{4} \left[(a + b)^2 + 2ab \right]$$

$$= \frac{\sqrt{3}}{4} \left[p^2 + 2ab \right].$$

Et on sait maintenant que le maximum de S aura lieu quand ab sera maximum, c'est-à-dire quand $a = b$.

L'hexagone doit donc être régulier.

Ex. 7. Etant données une $\frac{1}{2}$ circonférence de diamètre AB et les deux tgs à ses extrémités. On considère une tg. CD. Dans le trapèze ABCD ainsi formé on mène les diagonales qui se coupent en **M**. Prouver que si de **M** on mène la pp. **MP** sur le diamètre **AB**, pp. qui coupe le cercle en **N**, le rapport $\dfrac{MP}{PN}$ est constant.

On ne voit pas *a priori* par quelle méthode traiter ce problème. Il faut donc commencer par faire la figure avec soin, de façon à arriver à quelques certitudes utiles. — On verra de la sorte que le point de contact de **CD** paraît être précisément le point **N** dont on parle dans l'énoncé. On sera alors naturellement conduit à démontrer, avant tout, que les trois points **N, M, P** sont en ligne droite, — ou mieux que la pp. **NP** menée de **N** sur **AB** passe par le point **M** (ce qui se fera en calculant **NO** et **NO'**, **O** et **O'** étant les points où **NP** coupe les deux diagonales).

Ce premier point bien établi, il faudra alors évaluer le rapport $\dfrac{MP}{PN}$, ce qui pourra se faire en calculant séparément (par la méthode des $\triangle$ semblables) **MP** et **NM**.

On verra de la sorte que $\dfrac{MP}{NP}$ vaut $\dfrac{1}{2}$.

IVᵉ CATÉGORIE DE PROBLÈMES

Des problèmes où on ne dit pas ce qu'il faut démontrer, mais où on demande simplement d'étudier une figure donnée.

On sait qu'étudier une figure de géométrie, c'est y faire des découvertes, savoir si des longueurs sont égales ou non, évaluer leur rapport, voir si elles sont plles, — voir ensuite ce qu'y sont les angles, — les surfaces, etc., etc.

Il est évident que ce genre de questions rentre dans la troisième catégorie précédente, avec cette différence qu'elle exige encore plus d'inspiration et d'initiative.

Le conseil général est donc le même.

Les idées préconçues naissent de la considération de la figure.

Nous ne donnerons pas ici de nouveaux exemples développés. Nous nous contenterons de poser les questions suivantes, le lecteur n'ayant pour les résoudre, s'il est embarrassé, qu'à se reporter aux exemples analogues ou identiques donnés dans les paragraphes précédents.

EXEMPLES DE LA 4e CATÉGORIE

Ex. 1. Etudier le parallélogramme circonscrit à un cercle.

Ex. 2. Etudier les propriétés du Δ équilatéral circonscrit à un cercle.

Ex. 3. Etudier les propriétés d'un hexagone dans lequel tous les angles sont égaux, les côtés étant égaux de deux en deux.

Ex. 4. Etudier la figure suivante, obtenue : 1° en faisant passer trois cercles par deux sommets d'un Δ et l'ortho-centre ;

2° En menant par les sommets du Δ des plles aux autres côtés ;

3° En circonscrivant un cercle au Δ ainsi formé.

Ex. 5. Etudier la figure obtenue en prenant deux circonférences tgs extérieurement et menant la tg. commune.

Ex. 6. Etudier la figure obtenue en considérant un trapèze birectangle, le côté oblique étant égal à la somme des deux bases.

Ex. 7. Etudier la figure obtenue en menant trois cercles égaux tgs entre eux et tgs tous trois intérieurement à un même cercle.

CHAPITRE II

Recherche des lieux géométriques dans le plan.

Avant d'indiquer les procédés à employer pour trouver les lieux géométriques, rappelons que, les lieux inconnus se ramenant en général à des lieux connus, il est essentiel d'avoir, d'abord, bien présents à l'esprit, par groupes, les différents lieux géométriques étudiés dans le cours.

Ces lieux, rangés par ordre, sont les suivants :

Lieux déjà connus qui sont des lignes droites.

1. Lieu des points M tels qu'ils sont tous en ligne droite avec deux points fixes.

2. Lieu des points M tels que, si on les joint à un point fixe situé sur une droite, l'angle formé avec cette droite fixe est constant.

3. Lieu des points également distant de deux points.

4. Lieu des points également distant de deux demi-droites, ou de deux droites.

5. Lieu des points distant d'une droite d'une longueur donnée.

6. Lieu des points tels que la somme de leurs distances à deux demi-droites est constante.

7. Lieu des points tels que la différence de leurs distances à deux demi-droites est constante (ce lieu se compose de deux demi-droites).

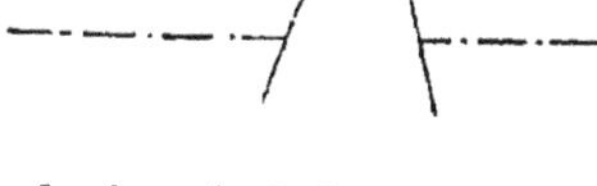

8. Extension au cas de deux droites indéfinies.

9. Lieu constituant la figure homothétique d'une droite.

10. Lieu figure inverse d'un cercle, le pôle d'inversion étant sur le cercle.

11. Lieu des points M tels que $\overline{MA}^2 - \overline{MB}^2 =$ constante.

12. Lieu des points d'égale puissance par rapport à deux circonférences (axe radical).

13. Polaire d'un point par rapport à un angle ou par rapport à un cercle.

Lieux déjà connus qui sont des circonférences.

1. Lieu des points distant d'un point A d'une longueur donnée (circonférence de centre A).

2. Lieu des points d'où on voit une droite donnée sous un angle donné (segment capable).

3. Lieu des points d'où on voit une droite sous un angle droit (demi-circonférence placée sur la droite comme diamètre).

4. Lieu des points tels que le rapport $\dfrac{\rho}{\rho'}$ de leurs distances à deux points fixes A et B est constant (circonférence décrite sur la droite joignant les deux points conjugués des points A et B).

5. Lieu des points tels que la somme $\rho^2 + \rho'^2$ des carrés de leurs distances à deux points fixes A et B est constante (circonférence ayant pour centre le milieu I de la droite AB).

6. Lieu des points M tels que la somme algébrique $(\alpha\rho^2 + \beta\rho'^2)$ soit constante, ρ et ρ' désignant les rayons vecteurs AM et BM, α et β étant des nombres donnés (cercle de Stewart).

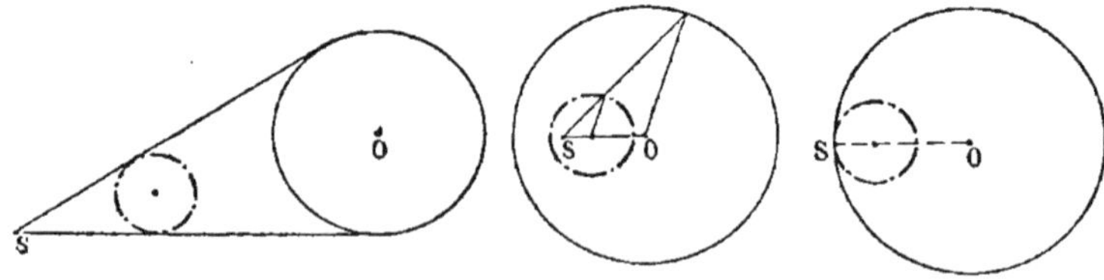

7. Lieu figure homothétique d'une circonférence O, le

centre d'homothétie S lui étant extérieur, intérieur ou encore étant sur cette circonférence.

(Cas où l'homothétie est inverse.)

8. Lieu figure inverse d'une droite (on trouve une circonférence passant par le pôle P d'inversion et coupant, tou-

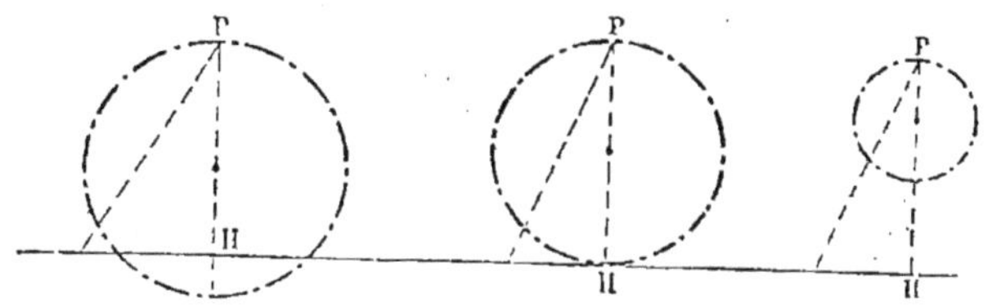

chant ou ne coupant pas la droite donnée selon que la puissance d'inversion μ^2 est supérieure, égale ou inférieure au carré de la distance PH du pôle à la droite).

9. Cas où la puissance d'inversion est négative.

10. Lieu figure inverse d'une circonférence, le pôle d'inversion n'étant pas sur la circonférence.

Recherche des lieux géométriques.

1er CAS. — Quand le lieu géométrique à établir est indiqué d'avance, ou qu'on a de fortes raisons de croire que c'est une ligne ou un ensemble de lignes de la figure, lignes limitées ou indéfinies, la méthode naturellement indiquée est la *méthode de vérification* (ou *méthode synthétique*) — laquelle consiste à prouver, en utilisant les données :

1° *Que tout point de la ligne (ou des lignes) satisfait à la propriété indiquée dans l'énoncé;*

2° *Qu'un point pris en dehors n'y satisfait pas.*

N. B. — On peut aussi employer la marche suivante, qui est moins franchement synthétique que la précédente :

1° Prouver que tout point du lieu doit se trouver sur la ligne, ou sur les lignes en question (et nulle part ailleurs);

2° Qu'un point quelconque de cette ligne ou de ces lignes est un point de lieu.

REMARQUE. — Il est indispensable de remarquer que, pour pouvoir affirmer qu'une ligne simple ou multiple est un lieu géométrique, il faut toujours démontrer *deux parties*, la définition du lieu géométrique étant double.

2° CAS. — Quand la nature du lieu géométrique demandé des points ayant une certaine propriété qu'on énonce n'est pas connue, il y a lieu d'employer la méthode analytique (ou de recherche).

Et, dans ce cas, il convient d'adopter la marche suivante qui comprend, en général, trois parties successives :

1° On cherche pour commencer à se faire une idée non seulement de la forme du lieu, mais encore de la position qu'occupe sur la figure la ligne simple ou multiple ainsi trouvée (1).

2° On transforme toujours la propriété donnée d'un point du lieu en une autre nouvelle propriété (telle que le lieu ou devienne évident, ou se ramène à un lieu déjà connu).

3° Une fois connue d'une façon certaine la ligne (unique ou non) sur laquelle doivent se trouver les points du lieu, on regarde si les points de cette ligne ont, tous ou non, la propriété énoncée au début.

PREMIÈRE PARTIE

Comment procéder pour se faire une idée du lieu?

Pour se faire une idée de la forme et de la position qu'occupe le lieu cherché parmi les lignes de la figure, il

---

(1) Il est toutefois à remarquer que, quelquefois, cette première recherche est ou impossible à faire, ou inutile.

n'y a qu'à examiner si sur la figure il y a des *points remarquables* qui doivent appartenir au lieu, puis on construira avec soin, par tâtonnement au besoin, et comme on pourra, un ou plusieurs autres points du lieu.

En joignant par un trait continu les divers points ainsi obtenus, on verra bien si les points *paraissent* être en *ligne droite* ou sur *un cercle*. (Nous écartons ici pour le moment le cas où la ligne serait une ellipse, hyperbole ou parabole. Du reste, on arriverait facilement à une conviction en cherchant le centre de la circonférence passant par trois points et voyant si elle passe ou non par le quatrième et le cinquième...)

Il ne faudra pas oublier de voir si, par raison de symétrie, le lieu ne paraît pas devoir se composer de plusieurs droites ou de plusieurs circonférences ou arcs de cercle.

————

Après avoir trouvé, comme nous venons de le dire, la forme probable du lieu, il sera aisé de noter la position qui paraît occuper dans la figure la ligne en question — indication précieuse, comme nous le montreront les exemples qui suivent.

REMARQUE I. — Il y a des cas où la recherche dont nous parlons ici est *impossible*. Il faut alors passer tout de suite à la deuxième partie qui consiste à transformer la propriété.

Il y a aussi des cas où, bien que cette recherche soit possible, elle est *inutile*. Cela se produit quand la transformation dont on va parler dans la deuxième partie se fait sans effort, et immédiatement.

REMARQUE II. — Quand, n'ayant rien vu tout de suite dans la question, on a été obligé pour se guider de chercher au préalable la forme du lieu, il faut bien remarquer que, lors de la rédaction du problème, on ne devra pas expliquer en détail comment on est arrivé à se faire une idée du lieu. On ne devra jamais parler (tout au plus) que des points remarquables par lesquels il doit passer, quand il y en a.

————

DEUXIÈME PARTIE

Comment procéder pour transformer la propriété d'un point quelconque du lieu en une autre nouvelle propriété qui rend le lieu évident?

Pour résoudre la question, nous distinguerons deux cas :

1ᵉʳ CAS. — Supposons que les constructions préalables que nous avons faites nous aient amené à connaître la forme probable et la position probable du lieu.

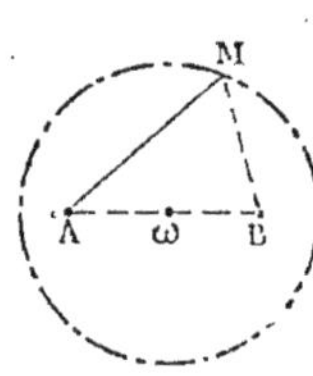

1° Supposons, pour fixer les idées, que le lieu *paraisse être une circonférence ayant son centre ω au milieu de la droite AB joignant deux points fixes de la figure.* Comme on ne trouve un pareil lieu qu'au cas où la somme des carrés des distances MA et MB est constante, on sera tout naturellement conduit à transformer la propriété du lieu en celle-ci, que :

$$\overline{MA}^2 + \overline{MB}^2 = \text{constante.}$$

On sera donc guidé dans le sens de la transformation qu'il faudra faire. (Il faudra s'occuper des longueurs MA et MB.)

2° Si dans la figure le lieu paraît être un arc de cercle passant par deux points fixes A et B, on sera conduit, naturellement, à s'occuper de l'angle AMB, et on devra chercher à transformer la propriété donnée du point M en celle-ci : que l'angle AMB est constant.

3° Si dans la figure il y a deux points fixes A et B et si le lieu paraît être une circonférence coupant la droite AB en un point situé entre A et B, l'autre point étant en dehors, on sera naturellement amené ou à voir si le rapport $\dfrac{MA}{MB}$ est constant, ou, songeant à la relation de Stewart, à voir si $a\rho^2 \pm \beta\rho'^2$ est constant.

Ces considérations générales une fois établies, nous allons pouvoir donner le conseil suivant, quand on soupçonnera le lieu d'être une droite. On devra, selon le cas, et en s'inspirant de la position que la droite paraît occuper dans la figure, voyant de même si dans cette figure il y a ou un point fixe ou deux points fixes, ou une ou deux droites fixes..., on devra diriger la transformation de façon à pouvoir, *en utilisant les données* :

1° Ou prouver qu'un point quelconque du lieu est en ligne droite avec deux points fixes ;

2° Ou prouver que le point M du lieu étant joint au point fixe **A**, la droite **AM** fait un angle constant avec une droite fixe **AB** de la figure ;

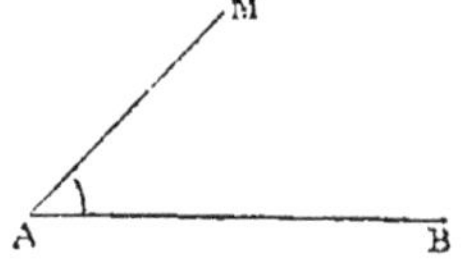

3° Ou prouver que ce point M est à égale distance de deux points fixes de la figure ;

4° Ou prouver que sa distance à une droite fixe est constante ;

5° Ou prouver que la somme ou la différence de ses distances à deux droites fixes est constante ;

6° Ou prouver que

$$\rho^2 - \rho'^2 = \text{constante,}$$

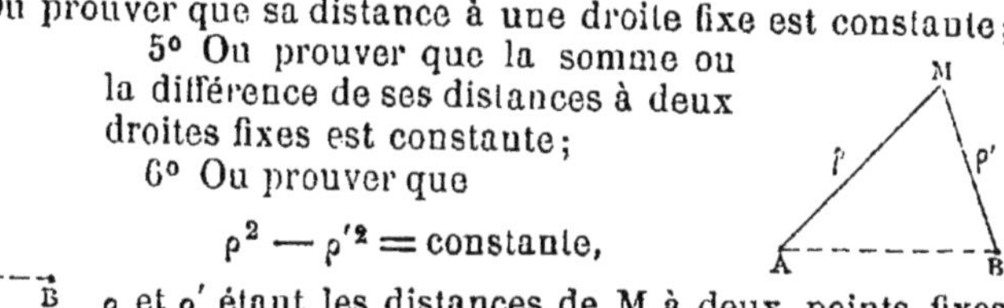

ρ et ρ' étant les distances de **M** à deux points fixes **A** et **B** ;

7° Ou prouver que tous les points M du lieu appartiennent à la figure homothétique d'une droite ;

8° Ou prouver que ces points M sont sur la figure inverse d'un cercle (le cas se produit quand dans la figure il y a un point fixe **A** et un cercle fixe) ;

9° Ou prouver que ces points M sont d'égale puissance par rapport à deux cercles ;

10° Ou prouver que ces points M sont sur la polaire d'un point fixe prise par rapport à une droite ou à un cercle.

On voit que nous avons, ici, repris un à un tous les lieux connus qui sont des lignes droites — de telle sorte que nous ramenons bien le lieu cherché à un lieu connu. —

On procédera d'une façon tout à fait analogue quand on soupçonnera le lieu cherché d'être une circonférence, car, selon les indications fournies par sa position sur la figure, on trouvera encore une dizaine de façons différentes de ramener le lieu à un lieu connu.

2° CAS. — Supposons maintenant que nous ne connaissions pas du tout la forme présumée du lieu, soit parce que nous n'avons pas pu la trouver, soit parce que nous n'avons même pas essayé de le faire.

On ne sera alors plus guidé du tout dans le sens de la transformation à effectuer sur la propriété du point M — on ne saura plus *a priori* s'il faut s'occuper d'angles ou de distances.

La seule chose qu'il faudra faire alors, c'est d'examiner attentivement la propriété connue du point M — et de voir les diverses transformations qui en découlent — jusqu'à ce qu'on en découvre une, qui paraisse susceptible de conduire à un lieu connu. Quelquefois la transformation est facile, mais souvent elle est difficile, surtout quand les idées se pressent en foule et qu'on ne sait à laquelle s'arrêter, puisqu'on n'est guidé par rien. — On peut dire qu'alors on rentre dans la catégorie des problèmes difficiles, — problèmes qui ne peuvent être résolus qu'à l'aide d'une heureuse inspiration.

Parmi ces méthodes à artifices, une des plus employées consiste à transformer la figure F en même temps que le lieu cherché en une autre F' à l'aide de l'inversion, le pôle d'inversion et la puissance d'inversion étant convenablement choisis. Alors, au lieu de faire le problème avec la figure F, on devra faire un problème avec la figure F', si ce nouveau problème est plus facile que le proposé. On en déduira alors aisément, en prenant la figure inverse du lieu trouvé, le lieu primitivement demandé.

On pourra également transformer le problème par les polaires réciproques.

TROISIÈME PARTIE

Comment faire enfin pour voir si les points de la droite ou de la circonférence trouvée sont, tous ou non, des points du lieu?

La règle à suivre consiste à prendre sur la ligne trouvée ξ un point arbitraire μ, et à montrer que ce point μ peut être regardé comme obtenu absolument de la même façon qu'on obtenait le point courant M.

Cette recherche est quelquefois toute une affaire. Il suffit, pour s'en convaincre, de songer à la façon de démontrer les réciproques des lieux géométriques établis dans le cours, par exemple pour la droite de Simpson, pour le lieu des points tels que le rapport de leurs distances à deux points fixes est constant, etc.

Il y a deux cas pourtant où cette recherche peut se simplifier, et dans ces cas-là elle s'établit par un raisonnement et un tour de phrase toujours les mêmes :

1er CAS. — *Si le lieu cherché S′ provient de points M situés sur des droites issues d'un point fixe O et aboutissant à une courbe connue S*, pour prouver que tout point μ de cette courbe S′ est un point du lieu, il suffit de *prouver que la droite Oμ rencontre la courbe S*. Cela fait, on raisonnera alors toujours comme il suit :

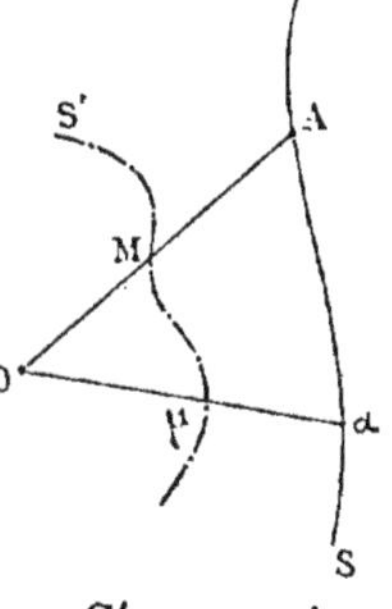

La droite μO rencontrant la courbe S en α, sur cette droite Oα doit se trouver nécessairement un point du lieu. Or tous ceux-ci sont sur la courbe S′ et nulle part ailleurs. Donc le point du lieu correspondant à Oα devant être sur Oα et sur S′ ne peut se trouver qu'au point μ.

EXEMPLE. — Quand on cherche le lieu figure homothétique d'un

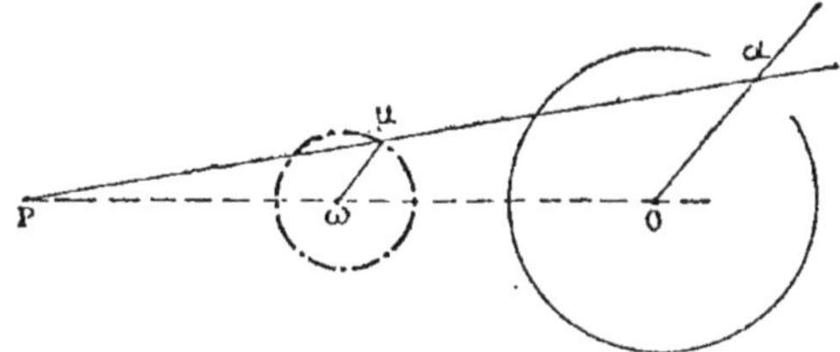

cercle O, de rayon R, le rapport étant K, on trouve que tous les points M sont sur une circonférence de centre ω et de rayon R × K. Réciproquement, si on prend un point μ sur cette circonférence ω, μ est un point du lieu. En effet, si on joint μω, puis que par O on mène une plle qui rencontre Pμ en α, on aura :

$$\frac{O\alpha}{\omega\mu} = \frac{PO}{P\omega},$$

c'est-à-dire :

$$\frac{O\alpha}{KR} = \frac{1}{K}, \quad \text{donc } O\alpha = R.$$

Donc α est sur la circonférence O. Donc Pμ *rencontre la circonférence* O. On peut alors faire le raisonnement général précité, et il en résulte que μ est un point du lieu.

    2° CAS. — *Si le lieu cherché* S$'$ *est donné par l'intersection* M *de deux droites, l'une d'elles* Ax *partant d'un point* A *mobile sur une courbe* S, *l'autre* Oy *pivotant autour d'un point fixe* O, pour prouver qu'un point μ pris au

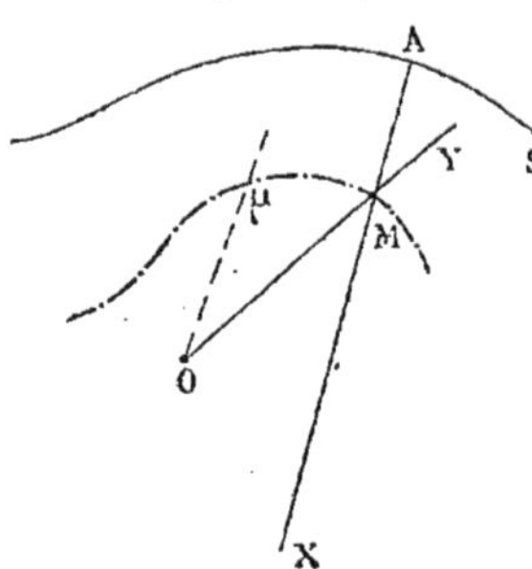

hasard sur la courbe S$'$ est un point du lieu, il suffira encore de prouver que *à ce point* μ *correspond certainement sur la courbe* S *un point* α. Le raisonnement général précité pourra alors encore convenir.

    EXEMPLE. — Supposons qu'en cherchant le lieu des centres des cercles inscrits dans les Δ variables OAH on ait trouvé un arc de cercle OMB, pour prouver qu'un point quelconque μ de cet arc est un point du lieu, on dira :

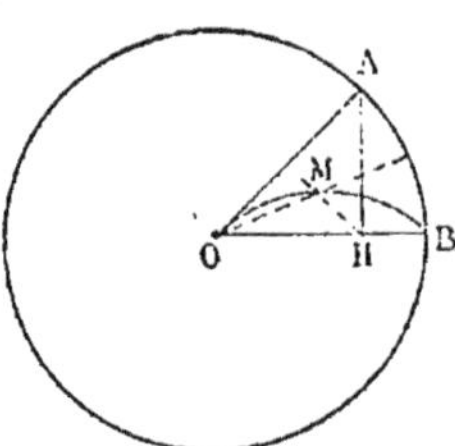
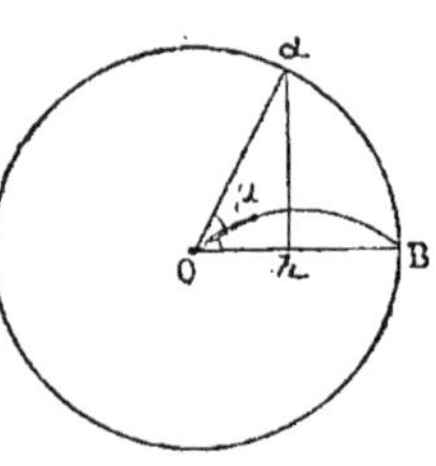

Joignons Oμ et faisons en μOα un angle égal à l'angle μOB. Toute droite partant du centre O coupant la circonférence, Oα la coupera certainement en un point α. Mais alors on a un Δ Oαh, lequel a un centre de cercle inscrit, centre qui doit se trouver : 1° sur la bissectrice Oμ; 2° sur l'arc OMB; donc en μ. Donc μ est un point du lieu.

    N. B. — On voit qu'au point μ correspond forcément sur la première courbe un point α.

En résumé, pour trouver un lieu géométrique, on voit que :

1° On cherchera à se faire une idée de la forme et de la position du lieu (et cela est le plus souvent possible);

2° On transformera la propriété d'un point quelconque du lieu en une autre propriété nouvelle, telle que le lieu devienne évident ;

3° On regardera si tous les points de la ligne trouvée sont ou non des points du lieu.

Avant de donner des exemples appropriés à tout ce que nous venons de dire, il convient encore de remarquer qu'il y a toute une catégorie de problèmes, où pour trouver un lieu on emploie un artifice basé sur la *rotation*, artifice qui permet d'établir le problème fondamental suivant :

PROBLÈME FONDAMENTAL. — *Soit* A *un point fixe et* S *une ligne donnée.* A *est le sommet d'un* Δ *dont un sommet* B *parcourt la ligne* S. *Trouver le lieu du troisième sommet* C *sachant que le* Δ *reste toujours semblable à un* Δ *donné* αβγ.

Soit ABC un Δ quelconque répondant à la question, donc semblable au Δ αβγ.

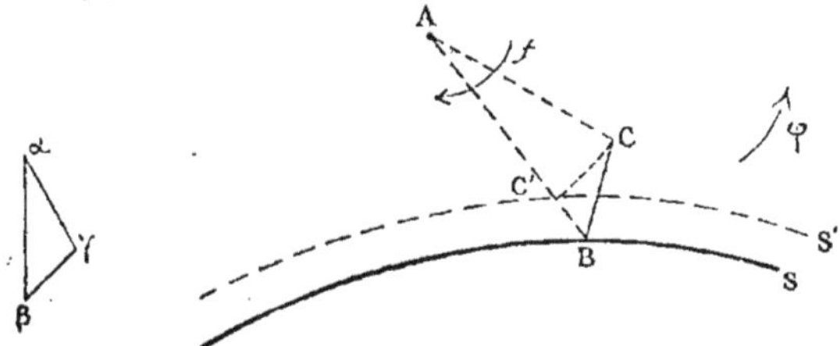

Imaginons que AC tourne autour de β de l'angle connu α dans le sens *f*. C viendra en C', et on aura :

$$\frac{\overline{AC'}}{\overline{AB}} = \frac{\overline{AC}}{\overline{AB}}.$$

Mais $\dfrac{\overline{AC}}{\overline{AB}}$ est constant, puisqu'il est égal au rapport $\dfrac{\alpha\gamma}{\alpha\beta}$. Si donc on appelle K ce rapport connu, on aura : $\dfrac{\overline{AC'}}{\overline{AB}} = K.$

ce qui montre que le point C′ se trouve sur la figure homothétique de la courbe S.

Si donc on connait cette figure S′ homothétique de S, le lieu du troisième sommet C ne sera autre que S′, quand cette ligne S′ aura tourné de l'angle α autour de A, et dans le sens inverse φ.

Passons maintenant aux exemples en les divisant en trois paragraphes :

§ 1. Lieux qui sont des droites.
§ 2. Lieux qui sont des cercles.
§ 3. Lieux qui sont des coniques.

§ 1ᵉʳ. — Exemples de lieux géométriques qui sont des lignes droites.

Ex. 1. (*Où on prouve, après transformation, que les points sont à égale distance de deux points fixes.*)

Un angle droit pivote autour d'un point fixe A. On joint les points B et C où les côtés rencontrent les deux côtés Ox et Oy d'un angle droit fixe O. Lieu des milieux M de ces droites BC.

1° D'après la règle, commençons par nous faire une idée de la *forme*, et aussi de la position du lieu. — Pour cela prenons

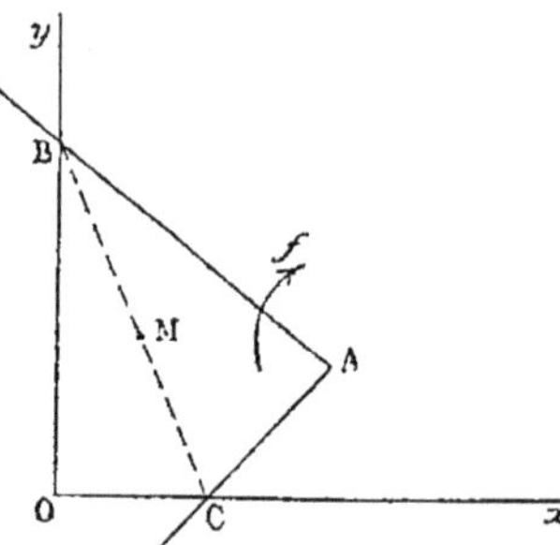

d'abord une position quelconque ABC, d'où le point courant M. Supposons ensuite que le côté AC tournant dans le sens f vienne en AO. La droite BC viendra en OO′, d'où le point particulier (1), milieu de OO′.

Si l'angle droit continue à tourner dans le sens f, et si le point C vient en C′ au delà de O, la droite BC vient en B′C′ dans l'angle X′OY, d'où le point milieu (2).

On voit, en continuant la rotation, que la droite BC tend à être rejetée tout entière à l'infini. Donc le lieu a des points à l'infini — et même dans les deux sens, en Z et Z′.

D'ailleurs, la figure montre que tous les points M, 1, 2..... paraissent être en ligne droite.

Mieux que cela : l'examen attentif de la figure montre que cette ligne droite paraît passer par le milieu de la droite OA, et paraît lui être pp.

2° Pour vérifier cette idée préconçue, comme nous devons maintenant transformer la propriété du point courant M en une autre nouvelle propriété, nous dirons que, si le lieu est réellement

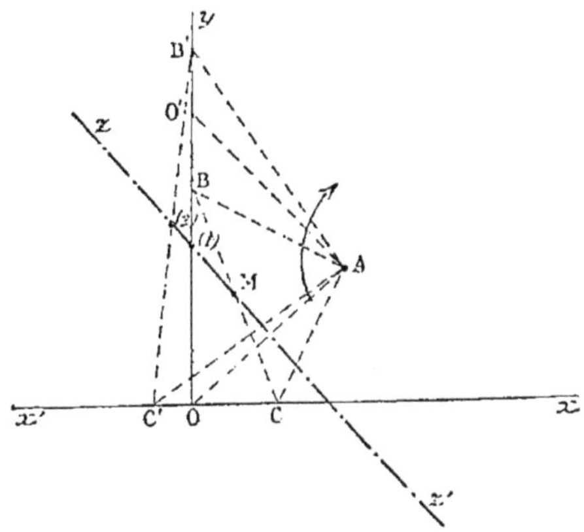

la droite pp. à OA, il est naturel de chercher à voir si M est à égale distance de O et de A.

Nous devons pour cela utiliser les données, à savoir que O et A

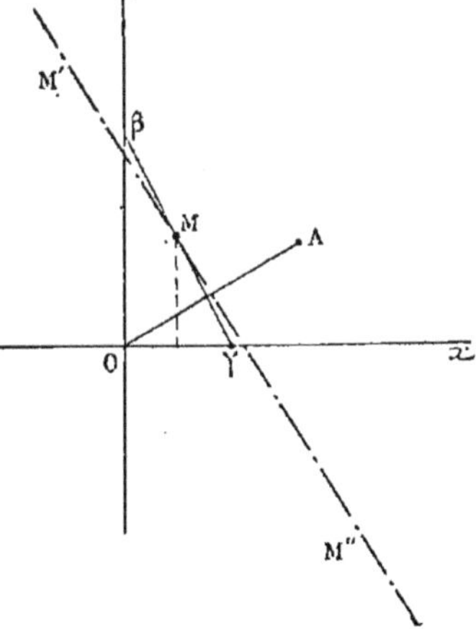

sont droits. Mais alors OM médiane du Δ rectangle BOC est égal à la moitié de BC. AM médiane du Δ rectangle BAC vaut aussi la moitié de BC. Par conséquent :

$$OM = AM.$$

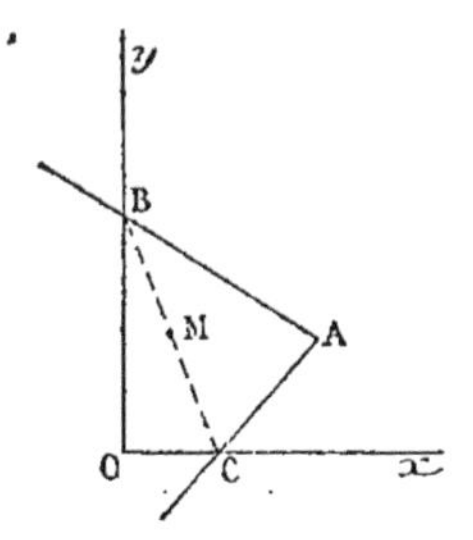

Donc tous les points M milieux des droites analogues à BC se trouvent en même temps avoir cette autre propriété : d'être à égale distance de O et de A. Donc *ils sont tous sur la pp. élevée à OA en son milieu et nulle part ailleurs.*

(Ce qui vérifie bien l'idée préconçue.)

3° Pour voir si tous les points de cette pp. sont ou non des points du lieu, prenons-y un point quelconque M, dans l'angle XOY, et voyons si M peut être regardé comme le milieu d'une droite vue de A sous un angle droit.

Nous pou ons toujours par ce point M mener une droite βγ, telle que M en soit le milieu (construction connue), mais alors le Δ Oβγ étant rectangle, on a :

$$OM = M\beta = M\gamma;$$

et par conséquent aussi, puisque

$$OM = AM,$$

on a :

$$AM = M\beta = M\gamma.$$

Donc le Δ Aβγ est droit. Donc M est un point du lieu.

Comme la même démonstration s'appliquerait textuellement à tous les points M′ ou M″ pris dans les angles yOx′ et y′Ox, on voit que tous les points de la droite Z sont des points du lieu.

Donc on peut affirmer que le *lieu cherché se compose de la droite Z tout entière.*

Ex. 2. (*Où on est ramené à prouver que les droites* MA *font un angle constant avec une droite fixe.*)

On considère tous les cercles tgs en A à une droite fixe

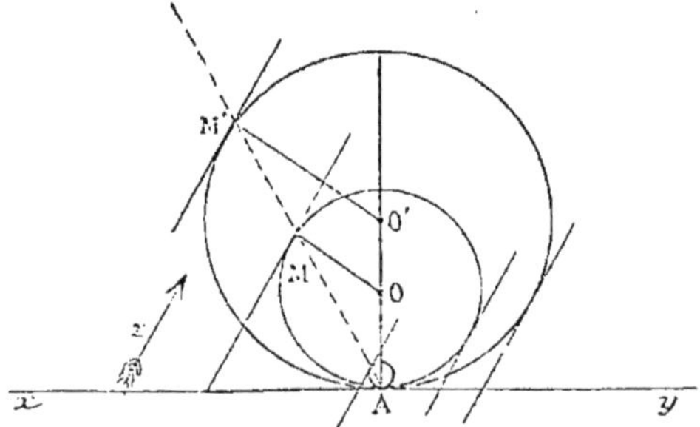

XY ; et on leur mène des tgs plles à une direction donnée Z. Lieu des points de contact M.

1° Cherchons à nous faire *une idée de la forme du lieu*, afin -de voir s'ils paraissent constituer une droite ou un cercle.

Pour cela, considérons deux cercles quelconques O et O', d'où les points M et M'. Puis considérons un tout petit cercle, nous verrons que le point de contact correspondant paraît se rapprocher de A. A doit même être un point du lieu. Il suffirait pour cela d'imaginer un cercle réduit à un point.

Quand nous aurons de la sorte fait, avec soin, la figure, nous verrons aisément que la droite AM paraît passer par M'. Le lieu paraît donc être une ligne droite passant par A, et même paraît avoir des points à l'infini.

Mieux que cela, le lieu paraît devoir contenir encore une seconde droite issue de A. Car on peut chaque fois mener deux tgs plles à Z.

2° Cherchons maintenant à vérifier cette idée préconçue. — Pour cela, cherchons, en utilisant les données, à transformer la propriété du point M du lieu en une nouvelle autre propriété, telle que le lieu se ramène à un lieu connu.

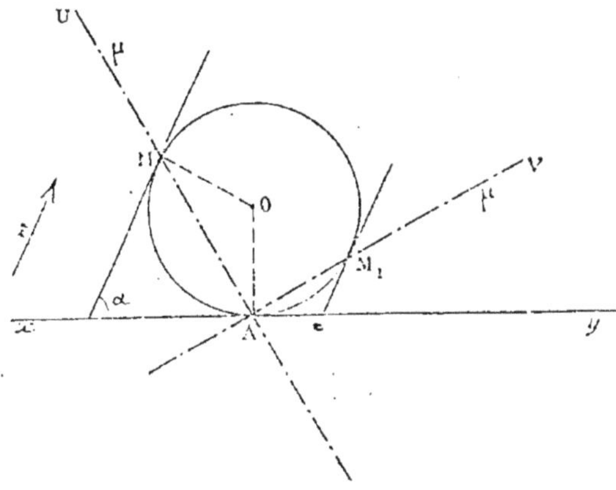

Ayant à prouver que des points M, M' sont en ligne droite avec le point A, il est logique (puisque nous avons ici un point fixe placé sur une droite fixe) de chercher à prouver que les droites AM, AM'... font avec AX un angle constant.

Cherchons à évaluer l'angle MAX. — Par hypothèse z est donné on connaît donc l'angle α de z avec xy. Mais par hypothèse, B étant le point où la tg. en M coupe xy, MB est tg., ainsi que BA. Donc le Δ BMA est isocèle et l'on a :

$MAX = 90° - \dfrac{\alpha}{2}$, quantité constante. Donc tous les points M sont en ligne droite.

Il en est de même des points M_1.

Donc tous les points du lieu sont sur les deux droites U et V, et nulle part ailleurs.

3° Pour achever, il nous reste à voir si *tous les points de ces droites sont des points du lieu.*

Pour cela, prenons sur la droite U un point quelconque μ. Par ce point μ on peut faire passer un cercle ω tg. à xy. — A ce cercle ω on peut évidemment mener une tg. plle à z. — Mais tous les points de contact doivent se trouver sur la droite U. Donc, dans ce cercle ω le point de contact doit se trouver à l'intersection de la droite $A\mu$ avec le cercle, c'est-à-dire précisément au point μ. Donc μ est un point du lieu.

On voit donc bien que la demi-droite AU tout entière fait partie du lieu. — De même pour AV.

Et comme il y a évidemment symétrie par rapport à la droite xy, on pourra dire que *le lieu cherché se compose de deux droites indéfinies UU' et VV', passant par le point A* (droites évidemment rectangulaires).

Ex. 3. (*Où on prouve, après transformation, que les points sont à égale distance d'une droite fixe.*)

Etant donnés une droite D et un point fixe **A**, trouver le lieu des points M tels que si on mène les pps MH sur D on ait :

$$\overline{MH}^2 = AB\,(AB + MH).$$

Nous ne pouvons pas ici nous faire une idée de la forme du lieu. Mais si nous transformons la relation fournie par l'hypothèse, et que nous l'écrivions :

$$\overline{MH}^2 - AB \times MH - \overline{AB}^2 = 0 \quad (1),$$

nous voyons que le nombre x, qui mesure MH, s'obtiendra en résolvant l'équation :

$$x^2 - dx - d^2 = 0 \quad (1),$$

d désignant le nombre qui mesure AB.

On en tirera :

$$x = \frac{d + d\sqrt{5}}{2},$$

ce qui nous apprend que MA est constant. Les points du lieu

sont donc sur une parallèle à la droite donnée D. — D'ailleurs un point quelconque de cette plle est un point du lieu. Car si

$$\mathrm{MH} = \frac{d}{2}\left(\sqrt{5} + 1\right),$$

en remontant de proche en proche, on arrive à la relation (1).

Le lieu est donc une plle.

Remarque. — La distance MH s'obtiendrait en partageant AB en moyenne et extrême raison par des segments soustractifs.

Ex. 4. (*ramenant la question au lieu des points* M *tels que l'angle* MAX = *constante*).

Lieu des points tels que le rapport de leurs distances aux deux côtés d'un angle est constant.

1° Soit M un point tel que l'on ait :

$$\frac{\mathrm{MH}}{\mathrm{MH'}} = \mathrm{K},$$

MH et MH' étant des droites pps (point qu'il est facile de construire). — Il nous est facile d'en construire un second M_1.

D'autre part, si MH est nul, MH' doit l'être aussi puisque

$$\mathrm{MH} = \mathrm{K} \times \mathrm{MH'}.$$

Donc O est un point du lieu. — La figure, une fois faite avec soin, on voit donc que les trois points O, M et M_1 paraissent être en ligne droite.

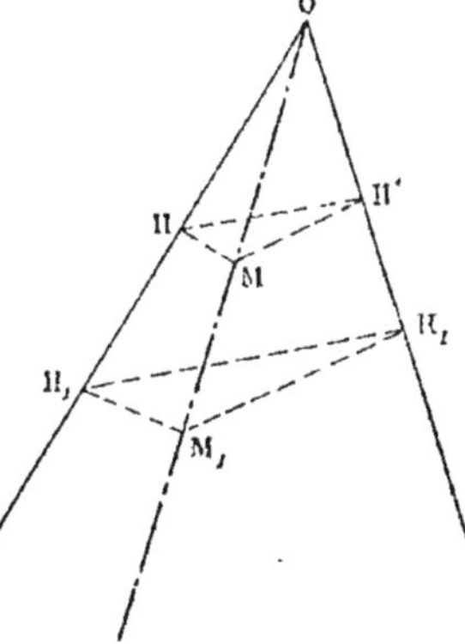

2° Cela fait, pour justifier cette présomption, cherchons à transformer la propriété du point courant M en une autre nouvelle qui rende le lieu évident. Il est assez naturel de tâcher, comme tout à l'heure, de prouver que l'angle HOM est constant.

Pour y arriver, utilisons les données. H et H' étant des angles droits, le quadrilatère OHMH' est inscriptible et l'on a : HOM = HH'M. Mais dans tous les Δ tels que HMH' on a un angle constant M compris entre deux côtés proportionnels. Par conséquent l'angle HH'M est constant. Donc tous les points M sont sur une droite partant du sommet O, et nulle part ailleurs.

3° Voyons, pour terminer, si un point quelconque μ pris sur cette droite OX est un point du lieu.

Pour cela, menons les pps μh et $\mu h'$.

On a :

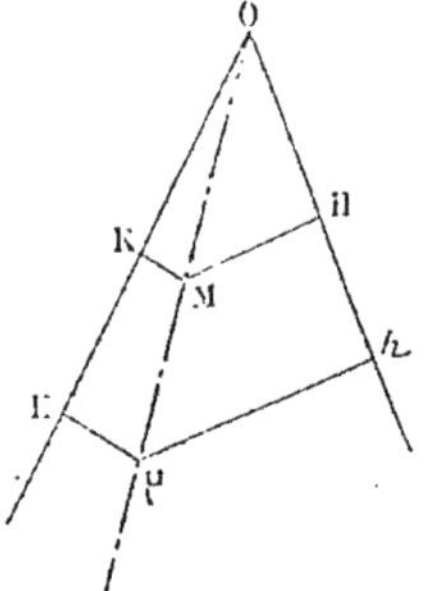

$$\frac{\mu h}{\mathrm{MH}} = \frac{\mathrm{O}\mu}{\mathrm{OM}} = \frac{\mu h'}{\mathrm{MH'}},$$

donc :

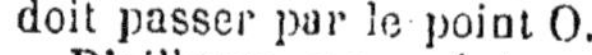

$$\frac{\mu h}{\mu h'} = \mathrm{K}.$$

Donc μ est un point du lieu.

Par conséquent, *le lieu cherché est la droite OX tout entière.*

REMARQUE. — On aurait pu trouver plus rapidement le lieu précédent en s'appuyant sur une propriété des polygones homothétiques.

En effet, il est facile de voir que le Δ MHH' reste toujours semblable à lui-même. Donc les Δ MHH' et $M_1 H_1 H'_1$ sont non seulement semblables mais encore homothétiques. — Or on a vu dans le cours de géométrie que les droites joignant les sommets homologues sont toutes concourantes. Donc la droite joignant MM' doit passer par le point O.

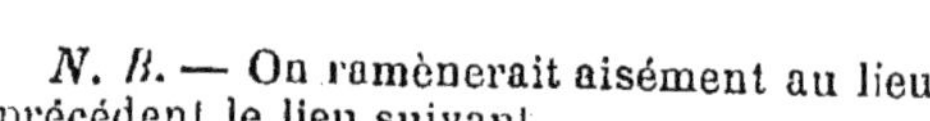

D'ailleurs un point quelconque μ fait partie du lieu. On en conclut que le lieu est la droite OX tout entière.

N. B. — On ramènerait aisément au lieu précédent le lieu suivant.

Ex. 5. Lieu des points **M** tels que les pplles aux deux côtés de l'angle AOB soient dans un rapport donné K.

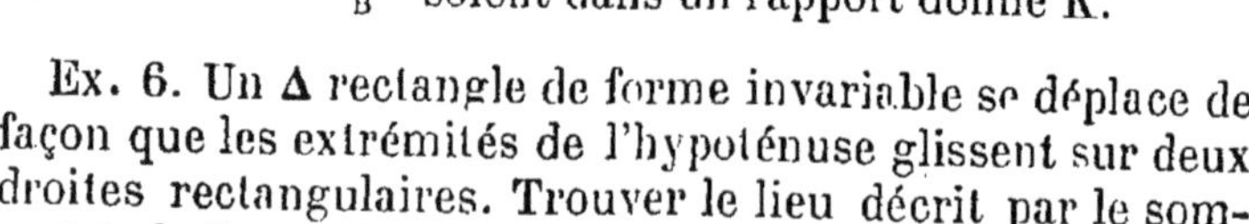

Ex. 6. Un Δ rectangle de forme invariable se déplace de façon que les extrémités de l'hypoténuse glissent sur deux droites rectangulaires. Trouver le lieu décrit par le sommet **A** de l'angle droit.

Dans cet exemple, on voit assez vite, en utilisant les données, que le quadrilatère OBAC étant inscriptible, l'angle AOC est égal à l'angle ABC, donc est constant. Par conséquent, *tous les points* A *du lieu sont sur la droite* O*z partant de* O *et faisant avec* O*x un angle égal à l'angle* B *du* Δ ABC (1).

Maintenant un point quelconque de cette droite O*z* est-il un point du lieu?

Ici il faut procéder avec quelque minutie, en posant bien la question. — D'abord comment le Δ se déplace-t-il? Il est acquis que le point C parcourt la droite O*x*. Mais l'énoncé ne nous dit pas si C peut se déplacer sur son prolongement O*x'*. Par conséquent il y a deux cas à considérer.

1er CAS. — Supposons que le point C soit assujetti à se déplacer seulement sur la ligne O*x*.

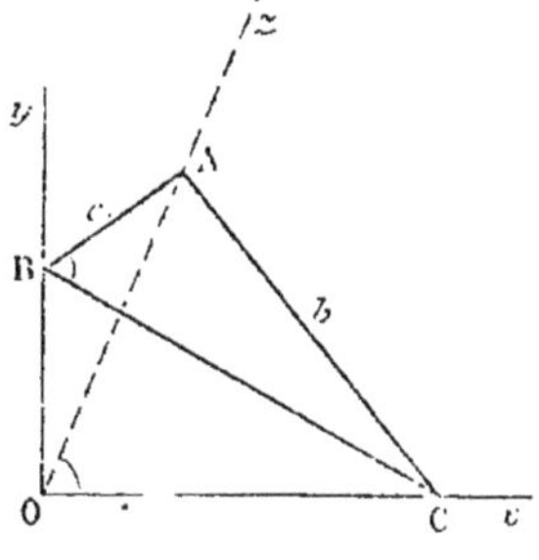

Il est clair que dans ce cas la droite AC, de longueur *b*, devant toujours s'appuyer sur les deux droites O*x* et O*z*, si nous menons

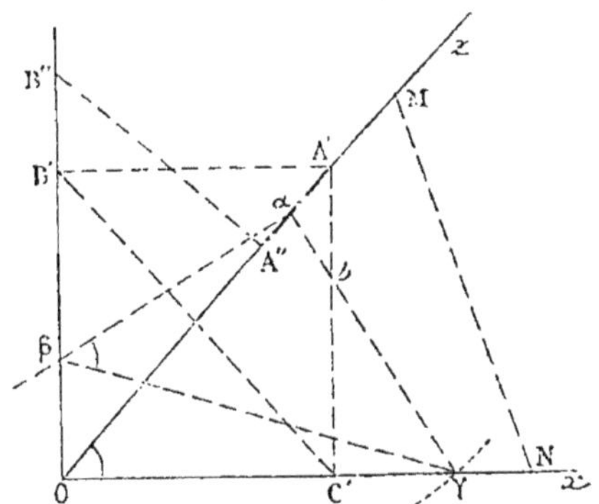

une pp. A'C' égale à *b*, aucune droite telle que MN issue des points au delà de A' ne pourra être égale à *b*. Par conséquent A' marquera la position limite des sommets A du côté de *z* (et le Δ correspondant sera le Δ A'C'B').

Mais il y a sur la droite O*z*, du côté de O, une seconde position limite A'', atteinte quand le sommet mobile C sera venu en O. (OA'' étant égal à *b*, si on mène la pp. A''B'', OA''B'' sera la position extrême que pourra prendre le Δ ABC.)

---

(1) On voit par cet exemple que l'on peut, quelquefois, trouver assez vite (et sans recourir à la construction de points du lieu en nombre suffisant) la forme et la position du lieu.

Je dis maintenant que tout point α pris sur Oz, entre A′ et A″, est un point du lieu, c'est-à-dire peut être regardé comme le sommet de l'angle droit d'un Δ rectangle égal à ABC et ayant deux sommets sur Ox et Oy. — En effet, si de α comme centre on décrit une circonférence de rayon b, elle coupera forcément Ox en γ (puisque b est plus grand que la pp. menée de α sur Ox). D'autre part la pp. menée en α à αγ rencontre forcément Oy en β. Et du reste le Δ αβγ est égal au Δ ABC, puisque le quadrilatère

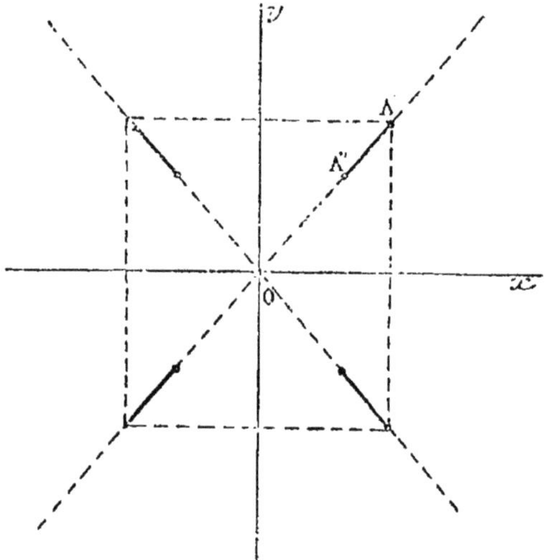

Oγαβ étant inscriptible, αβγ = αOx, donc est égal à l'angle B du Δ ABC.

Donc α est bien un point du lieu. — Ce qui montre que *le lieu se compose de la droite limitée A′A″*.

Et même si le Δ ABC se déplace sans en sortir dans les quatre angles formés par xx' et yy', le lieu se composera évidemment de quatre droites égales à A′A″, disposées comme le montre la figure.

2° Cas. — Supposons maintenant que le Δ de forme invariable ABC se déplace de façon à ce que le point C puisse se déplacer sur Ox′ aussi bien que sur Ox. On verrait comme tout à l'heure que le point A ne peut pas se déplacer sur Oz au delà de A′.

Mais le côté AC peut venir jusqu'en OC″ (OC″ étant égal à b) et alors le Δ prenant la position OC″B″, on voit que O est le point limite où peut arriver le sommet.

D'ailleurs tout point α de cette droite limitée OA (allant de O en A′) est un point du lieu (démonstration analogue à la précé-

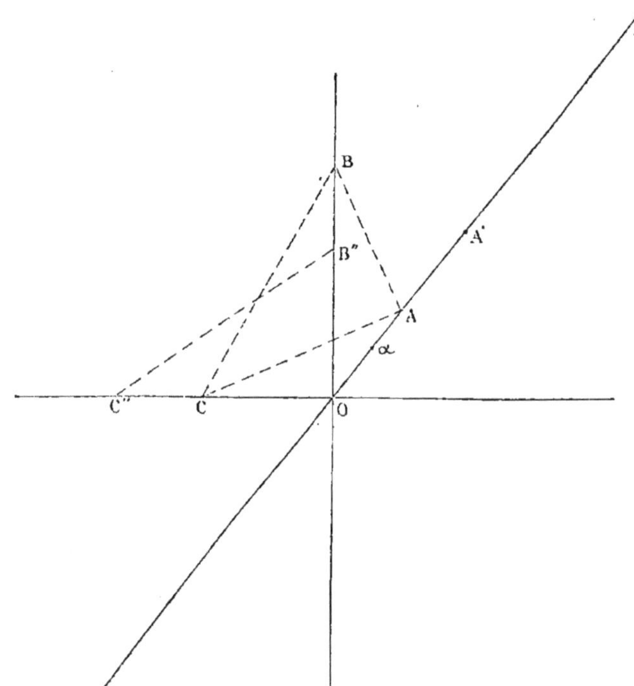

dente). — Donc, dans le second cas, le lieu se compose de la droite limitée OA′.

Et si on suppose que le Δ puisse se déplacer dans les quatre

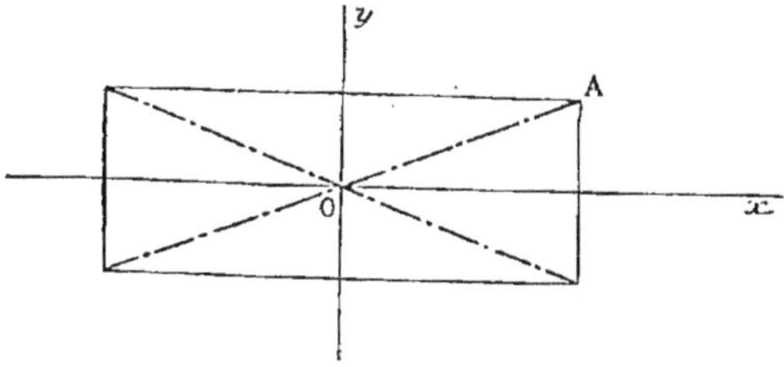

angles, on aura alors pour le lieu quatre droites égales à OA′ disposées ainsi que l'indique la figure ci-dessus.

Ex. 7. *Ramenant le lieu à celui des points tels que* ρ^2 *— ρ'^2 = constante, ou encore le ramenant à être un axe radical.*

On donne un cercle et un point extérieur A. Lieu des points tels que les tgs menées de ces points à la circonférence soient égales à leurs distances au point.

Soit M un point tel que la tg. MO soit égale à MA.

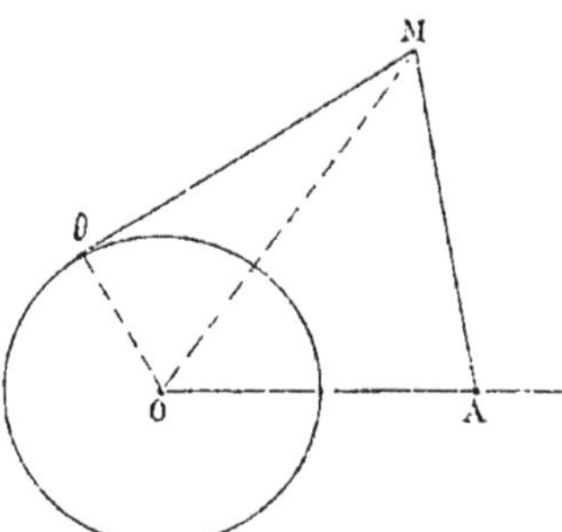

Si du point A on mène des tgs et qu'on en prenne les milieux, ils seront des points du lieu. La figure montre du reste que ces points paraissent être en ligne droite (1).

Pour savoir comment transformer la propriété de ce point M en une nouvelle autre propriété qui rende le lieu évident, remarquons d'abord que ici nous avons un problème à deux points fixes. Or dans ces sortes de problèmes, quand le lieu paraît être une ligne droite, on démontre ordinairement que $\rho = \rho'$ ou que $\rho^2 - \rho'^2 =$ constante, ρ et ρ' désignant les distances de M aux deux points fixes.

Il est dès lors assez naturel de nous occuper des deux longueurs OM et MA.

Mais il faut utiliser les données, à savoir que MO est tg., c'est-à-dire pp. au rayon Oθ. Nous aurons donc :

$$\overline{M\theta}^2 = \overline{OM}^2 - R^2.$$

Donc, comme Mθ = MA, on aura :

$$\overline{MO}^2 - R^2 = \overline{MA}^2,$$

c'est-à-dire :

$$\overline{MO}^2 - \overline{MA}^2 = R^2 =\text{ constante.}$$

Tous les points du lieu sont donc sur la pp. comme xy élevée à la droite OA.

Maintenant tout point μ de cette pp. est-il un point du lieu ? Oui. Car la droite étant forcément extérieure au cercle (facile à prouver)

---

(1) Rappelons encore que cela se pense ou se dit, mais ne s'écrit pas.

de tout point μ, on peut mener une tg. $\theta\theta'$ au cercle. Sur chaque tg., il y a un point du lieu. Mais tous les points du lieu sont sur xy et pas ailleurs, donc le point du lieu situé sur la tg. $\theta\theta'$, devant être à la fois sur $\theta\theta'$ et sur xy, ne peut être qu'en μ.

(Nous trouvons ici le tour de phrase préconisé page 154.)

Donc le lieu se compose de la droite xy *tout entière.*

REMARQUE. — On aurait pu donner du problème précédent une solution plus élégante, en remarquant que le lieu cherché n'est autre que l'axe radical de deux cercles : à savoir le cercle O et le cercle point A (puisque, quand un cercle se réduit à un point, toute droite passant par le point coupe le cercle en deux points confondus, c'est-à-dire est une tg.).

Ex. 8. (*Démontrant qu'un point du lieu se trouve sur une droite fixe de la figure.*)

Lieu des centres des rectangles inscrits dans un Δ donné.

Cherchons d'abord à nous faire une idée du lieu. Si le rectangle se réduit à la droite double BC, son centre est en M au milieu de BC. S'il se réduit à la hauteur AH, il est en O au milieu de AH. — Si PQP'Q' est un rectangle quelconque, son centre I peut être regardé à volonté comme étant le point

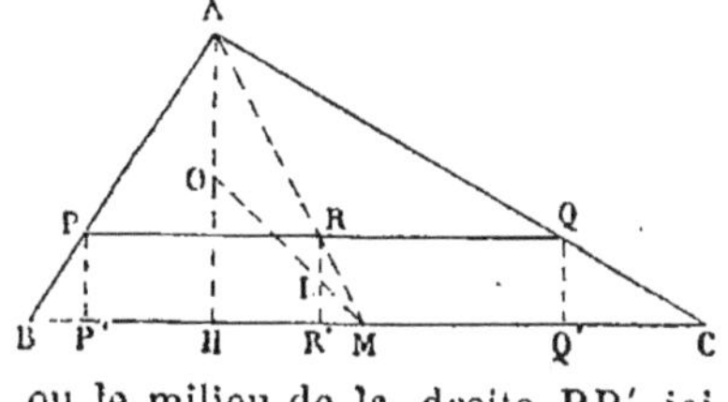

de rencontre des diagonales, ou le milieu de la droite RR' joignant les milieux de deux côtés plles.

Envisageons-le à ce second point de vue.

En faisant soigneusement la figure, on voit que les trois points M, I, O paraissent être en ligne droite. Tâchons donc de vérifier cette idée préconçue (1).

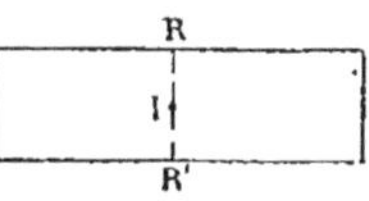

Un examen attentif de la figure nous montre que, R étant le milieu de PQ, le milieu de la pp. RR' est le centre du rectangle. Mais O étant le milieu de la droite AH, on a :

$$1 = \frac{AO}{OH}, \quad 1 = \frac{RI}{IR'}.$$

Par conséquent $\dfrac{AO}{OH} = \dfrac{RI}{IR'}$, donc les segments formés sur les

---

(1) Rappelons que ces deux dernières phrases ne doivent pas s'écrire.

droites plles étant proportionnels, les trois points M, I et O sont en ligne droite.

Donc, le centre I ayant cette nouvelle propriété, tous les poïnts du lieu sont sur la droite OM, et nulle part ailleurs.

Maintenant tout point pris sur cette droite indéfinie OM est-il un point du lieu?

Prenons d'abord un point μ situé entre O et M.

Par ce point μ nous pouvons toujours mener une pp. à BC jusqu'au point M_1 où elle rencontre AM. Et par ce point M_1 on peut toujours mener une plle P_1 Q_1 à BC. Donc *au point μ cor-*

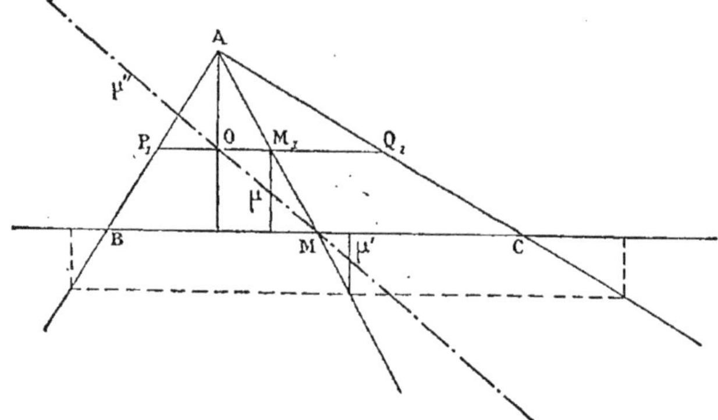

respond toujours un rectangle inscrit. — Ce rectangle a un centre qui, d'après ce qui précède, doit se trouver sur la droite OM, ainsi que sur la pp. menée à BC du milieu M_1. Donc il doit être en μ.

Donc *le lieu cherché se compose déjà de la droite limitée MO.*

Mais prenons maintenant deux points μ′ et μ″ situés sur le prolongement de OM, l'un au-dessous de M, l'autre au-dessus de O. En raisonnant comme précédemment, on verrait que μ′ et μ″ sont les centres de deux rectangles ex-inscrits aux △ rectangles situés, l'un au-dessous de BC, l'autre au-dessus.

Le lieu se compose donc de la droite tout entière.

Ex. 9. Etant donnés un cercle O et une droite extérieure D, d'un point P pris sur cette droite on mène des tgs. Lieu des centres des cercles circonscrits à tous les △ PAB ainsi formés.

(En faisant la figure avec soin on verrait que tous les points du lieu paraissent être sur une droite plle à D. Mais ici nous avons un point fixe O et une droite fixe D. Or il est rare que, quand un lieu se compose d'une droite plle à la droite fixe, ce lieu ne se trouve pas par l'homothétie. — Il est donc naturel d'après cela de chercher à évaluer le rapport $\dfrac{OM}{OP}\Big)$ (1).

Pour trouver le lieu du point M, il faut utiliser les données, à savoir que PB est tg., c'est-à-dire pp. à OB, et que la pp. IM passe par le milieu I de PB. Il en résulte immédiatement que :

$$\frac{OM}{OP} = \frac{1}{2}.$$

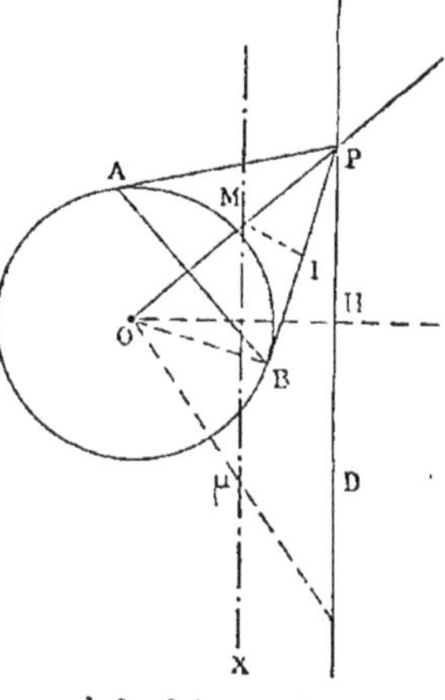

Donc tous les points M se trouvent sur la figure homothétique de la droite D, c'est-à-dire sur une plle X à la droite D menée par le milieu de la pp. OH.

Réciproquement, tout point μ de cette plle X est un point du lieu. Car si on joint μO, cette droite coupe forcément la circonférence. Donc au point μ correspond un point P, donc aussi un Δ analogue à PAB. Ce Δ a évidemment un centre de cercle circonscrit, lequel, devant se trouver à la fois sur la droite Oμ et sur la plle X, ne peut être qu'au point μ.

Le lieu cherché se compose donc de la droite plle X tout entière.

Ex. 10. Étant donnés deux diamètres rectangulaires AB et CD, par l'extrémité A du diamètre on mène une sécante AR.

Par le point où elle rencontre la circonférence on mène la tg., et par le point où elle rencontre CD on mène la plle à AB. Cette plle rencontrant la tg. en M, on demande le lieu décrit par le point M, quand la sécante tourne.

Commençons par nous faire une idée de la forme et de la position du lieu.

Quand nous aurons tracé soigneusement deux ou trois points du lieu, nous verrons que ces points paraissent être en ligne droite. — Du reste le point B est forcément un point du lieu. — Le point C aussi. — Mais ici va se produire une particularité,

---

(1) Tout ce qui est écrit dans cette parenthèse peut se penser, mais ne doit guère s'écrire.

due à ce que la tg. en C se confondant avec la plle au diamètre, ces deux droites se rencontrent en tous leurs points. Par consé-

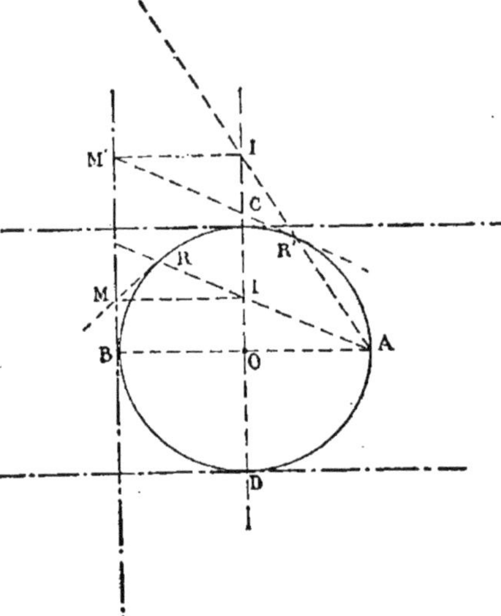

quent le lieu cherché des points **M** se compose aussi nécessairement des deux tgs indéfinies menées en **C** et en **D**.

Nous venons de voir du reste que les autres points d'intersection, même ceux **M'** qui proviennent des sécantes telles que **AR'**, paraissent être sur la tg. en **B**.

Pour vérifier cette idée préconçue, transformons comme toujours la propriété du point **M** en une autre nouvelle. — Il est naturel ici de chercher à démontrer que la plle **IM** est égale au rayon.

Mais ici, grand embarras. — La nécessité d'utiliser les données va nous être utile.

1° IM est plle à AB, donc : A $=$ RIM.

2° La sécante s'arrête en R, c'est-à-dire en un point du cercle, donc :

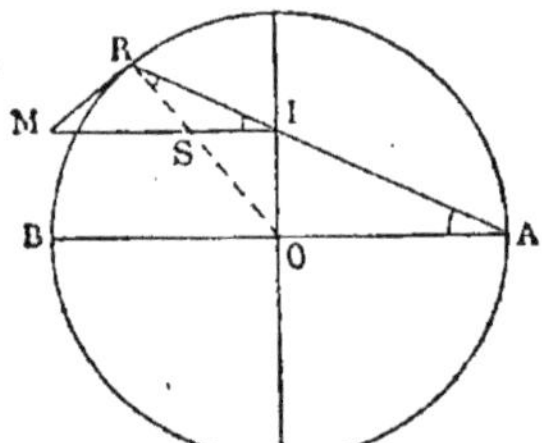

$$RO = OA,$$

et par conséquent aussi :

$$ORI = A.$$

3° RM est tg., donc l'angle ORM est droit.

Voyons maintenant ce qui va résulter de ces données ainsi transformées, au point de vue de l'égalité de IM et d'un rayon. D'abord S étant le point où IM coupe OR, le $\triangle$ RIS est isocèle et on a : IS $=$ RS. Mais alors il va suffire de prouver que MS est égal à OS, ce qui va nous être facile par la méthode connue des deux $\triangle$ égaux MRS et OIS.

Donc, on a bien IM $=$ OR (1).

---

(1) On aurait pu y arriver encore en remarquant que les $\triangle$ RIM et RIO sont égaux (côté adjacent égal à deux angles égaux).

Donc tous les points du lieu sont sur la tg. en B, et nulle part ailleurs.

REMARQUE. — Par une petite figure auxiliaire latérale, il est facile de se rendre compte que quand nous aurons exprimé que RM est pp. à AR, puisque l'angle MIR est égal à l'angle OAR, nous n'aurons pas utilisé toutes les données du problème. Nous aurons bien écrit que RM est une tg. et que IM est plle à OA, mais nous n'aurons pas écrit que R est à même distance de O que A. Il faudra donc encore absolument, pour faire le problème, s'appuyer sur ce que OR est égal à OA (car il faut toujours utiliser toutes les hypothèses).

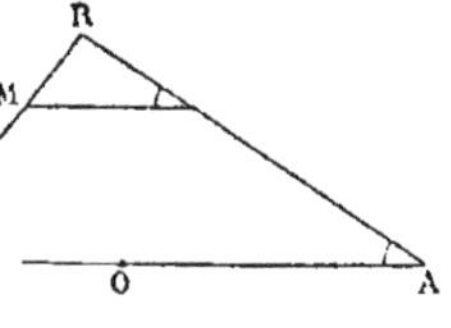

Pour finir, reste à voir si un point quelconque μ de cette tg. est un point du lieu.

Pour le voir remarquons que du point μ on peut toujours mener une tg. au cercle; à cette tg. θ correspond une sécante, et à cette sécante correspond un point du lieu, car elle rencontre forcément le diamètre CD. Mais tous les points du lieu sont sur la tg. en B.

Donc le point du lieu qui correspond à la sécante provenant du point μ, devant être à la fois sur la tg. θ et sur la tg. en B, ne pourra être qu'au point μ. Donc μ est un point du lieu.

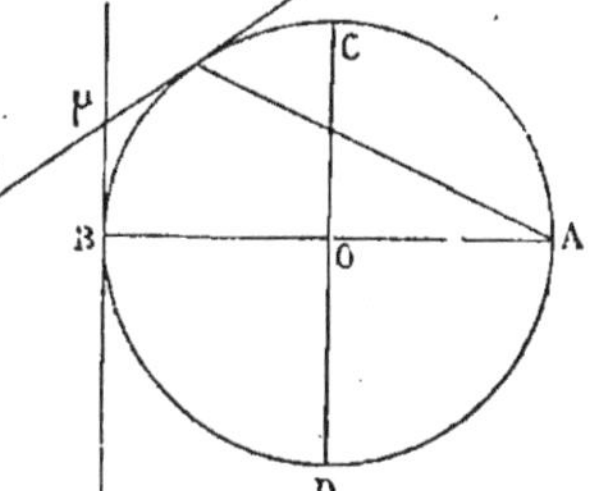

Et ce raisonnement subsiste quelque haut que soit pris le point μ.

Donc dans ce problème le lieu se compose des trois tangentes indéfinies menées en B, en C et en D.

Ex. 11. Etant donné un angle droit xOy, un second angle droit pivote autour du point fixe A.

La droite qui joint les points B et C se rencontre avec Ox et Oy, on la partage en I dans le rapport donné $\dfrac{m}{n}$. Trouver le lieu décrit par le point I, quand l'angle pivote.

Le lieu paraît être, après les recherches habituelles, une ligne droite.

Mais nous sommes *a priori* assez embarrassés pour faire la transformation de la propriété du point I.

La seule chose que nous voyions, en utilisant les données,

c'est que l'angle ACB est égal à l'angle AOB, lequel est constant.

Mais, l'appel des idées se produisant, l'examen attentif de la figure nous montre que dans le Δ ABC, deux angles étant toujours égaux, ce Δ reste toujours semblable à lui-même.

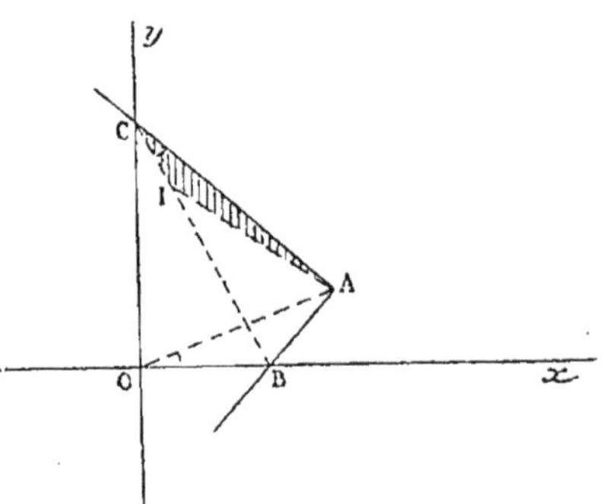

Il en résulte la proportionnalité des côtés, on a donc encore, comme conséquence des données, la proportion :

$$\frac{AC}{CB} = \text{constante.}$$

Mais CI est une portion de CB, et on a :

$$CI = CB \times \frac{m}{n}.$$

Par conséquent on a :

$$\frac{AC}{\dfrac{m}{n}\,CB} = \text{constante.}$$

Donc :
$$\frac{AC}{CI} = \text{constante.}$$

Dès lors le Δ ACI reste lui aussi toujours semblable à lui-même.

Mais une fois cette découverte faite, le problème est fini. Car il suffit d'appliquer le lieu traité page 156, et de dire :

Le point I *décrit une droite qui n'est autre que la droite homothétique de Oy quand elle aura tourné autour du point* A *de l'angle AOx.*

Remarque. — Si le point B ne doit pas traverser Oy, le lieu sera une portion de droite. — Sinon, ce sera une droite indéfinie.

Ex. 12. (*Où le lieu se déduit d'un autre lieu.*)

Trouver le lieu des sommets des paraboles ayant toutes même directrice D et même tg. θ.

Soit M le point de contact. Si nous menons la pp. MH sur la directrice et que nous joignions le point I où la tg. θ rencontre la directrice au foyer F, on a : FH = FM. Donc les deux Δ MIH et MIF sont égaux, ce qui prouve que IF fait avec IO un angle constant égal à MID. Donc le lieu des foyers F de toutes ces paraboles est une droite.

Et dès lors le lieu des sommets S en découle. Ce sera une seconde droite passant par I.

———

Pour terminer, il nous reste à signaler le problème suivant :

Ex. 13. *Quand un cercle roule intérieurement sur un cercle de rayon double, un point quelconque de la circonférence décrit une ligne droite, diamètre de la grande circonférence.*

Ce problème se traitera en s'appuyant sur ce fait que, si deux arcs égaux appartiennent à deux circonférences différentes, les angles au centre correspondants sont en raison inverse des rayons.

§ 2. — Exemples de lieux géométriques qui sont des circonférences.

Ex. 1. (*Où on démontre tout naturellement que la distance ρ d'un point M à un point fixe est constante.*)

Etant donné un cercle de centre O, par l'extrémité A du diamètre AB on mène une sécante AC qu'on prolonge d'une longueur égale à elle-même. Trouver le lieu des points D ainsi obtenus, quand la sécante AC tourne autour du point A.

En cherchant à se faire une idée de la forme et de la position du lieu, on verrait qu'il paraît être un cercle de centre B, — passant par A.

D'après cela, on est conduit à voir si réellement BD est égal à AB.

Or cela est très facile. Car par hypothèse AC = CD. Donc, comme ACB est droit, AB et BD sont deux obliques également écartées du pied de la pp. — Donc BD est con-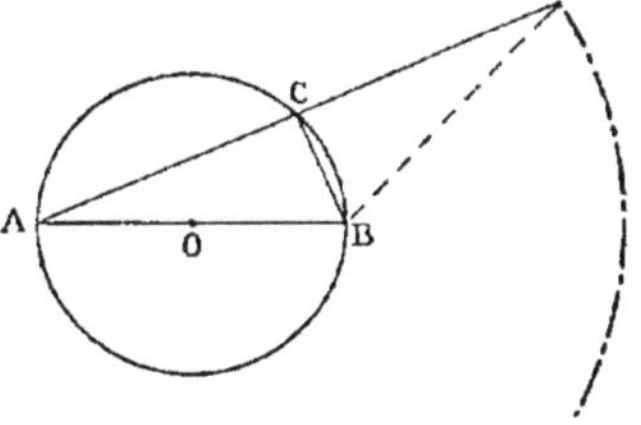stant et les points D se trouvent tous sur la circonférence décrite de B comme centre avec AB pour rayon.

Réciproquement, tout point μ pris sur ce cercle est un point du lieu. Car les deux cercles étant tgs en **A**, la droite Aμ ren-

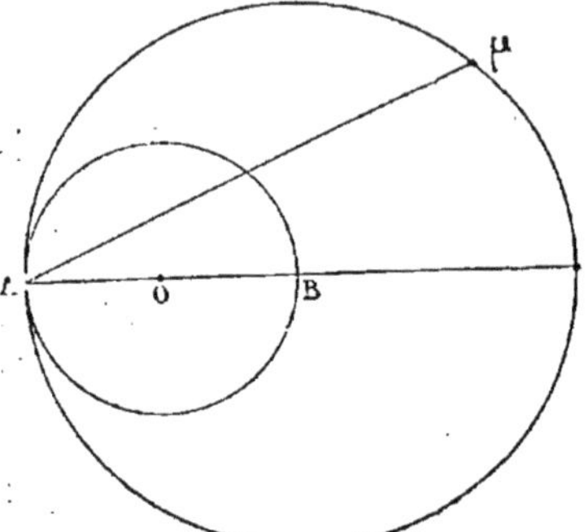

contre forcément le cercle O. Donc μA est une sécante. Or sur toute sécante il y a un point du lieu. Ce point correspondant à Aμ, ne pouvant être que sur la circonférence de centre B, sera donc forcément le point μ.

Donc le lieu cherché se compose de la circonférence tout entière.

Ex. 2. (*Où on a un point fixe, et où le lieu se ramène par une heureuse souvenance à prouver que* ρ = *constante.*)

Lieu des points **M** tels que

$$\overline{MA}^2 + \overline{MB}^2 + \overline{MC}^2 = \text{constante,}$$

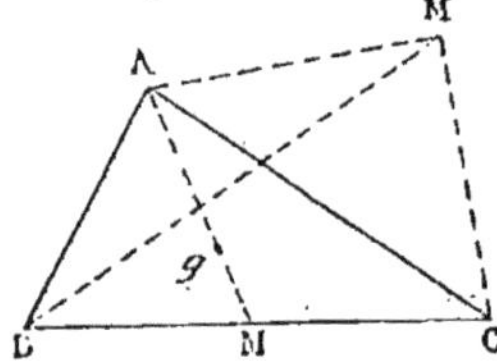

A, B, C étant les sommets d'un Δ.

D'abord ici il est impossible de se faire une idée de la forme du lieu. Nous n'avons donc qu'une ressource : transformer l'énoncé en un autre plus commode.

Or, nous ne pouvons le faire que si nous nous rappelons l'identité suivante :

$$\overline{MA}^2 + \overline{MB}^2 + \overline{MC}^2 = 3\overline{Mg}^2 + \overline{gA}^2 + \overline{gB}^2 + \overline{gC}^2,$$

Et alors le lieu devient évidemment un cercle de centre *g*.

Ex. 3. Par les différents points d'un cercle, on mène des droites parallèles et égales à une longueur donnée *l*.

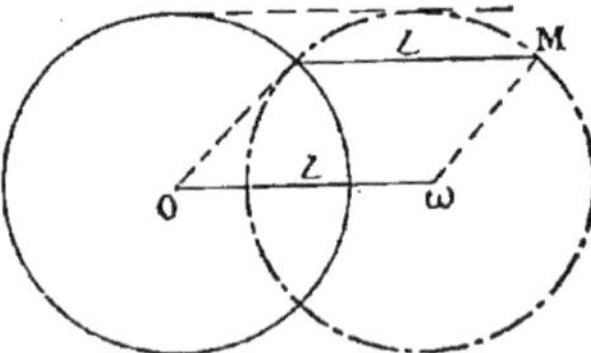

Lieu des extrémités.

Après avoir cherché la forme du lieu, on est assez naturellement conduit à prendre Oω égal à *l*, puis à prouver que Mω est constant.

Ex. 4. (*Où le lieu se ramène au lieu des points également distant d'un point fixe.*)

On donne deux cercles tgs en **A**. Un angle droit BAC

pivote autour de A. La droite interceptée BC, on la partage en M dans un rapport donné K. Lieu des points M.

Ce problème ne peut guère se faire que si on a présente à l'esprit la propriété suivante, que les rayons OC et O′B sont plles.

Mais alors la figure OCO′B est un trapèze et il est assez naturel, puisqu'on parle du rapport $\frac{CM}{MB}$, d'appliquer le théorème de Thalès, en menant la plle IM.

On aura aussi :

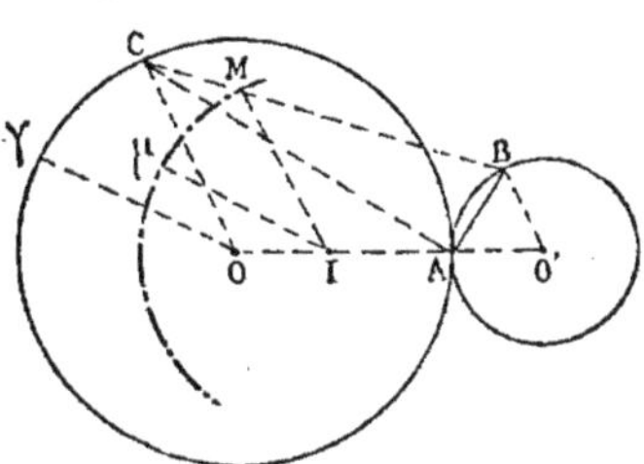

$$\frac{OI}{O'I} = K,$$

donc le point I est un point fixe. — Mais un examen attentif de la figure nous montre que la droite IM est connue en fonction des deux bases R et r et du rapport K. — Car si on en calcule les deux parties par la méthode des Δ semblables, on trouve :

$$IM = \frac{Kr + R}{K + 1},$$

donc tous les points M sont sur une circonférence de centre I.

D'ailleurs tout point μ de cette circonférence est un point du lieu. Car on peut toujours joindre μI, puis par O mener la plle Oγ, droite qui rencontre forcément la circonférence O, enfin joindre $\gamma\mu$. Cette droite $\gamma\mu$ rencontre aussi forcément la circonférence O′ (car on verrait que, toutes les droites CB passant par le centre de similitude des deux cercles O et O′, les trois cercles O, O′ et I ont même centre de similitude externe. Donc $\gamma\beta$ est vu du point A sous un angle droit d'après un théorème connu. — Il est donc acquis qu'à tout point μ correspond une droite $\gamma\beta$.

Mais sur cette droite $\gamma\beta$ il y a un point de lieu, lequel, devant être certainement sur le cercle I, n'est autre que le point μ.

Le lieu cherché est donc la circonférence I tout entière.

Ex. 5. (*Où on a deux points fixes et où le lieu se ramène naturellement à un segment capable.*)

On considère tous les Δ ayant même base et même angle au sommet, et on demande de trouver le lieu géométrique des centres des cercles inscrits.

Il est clair que BC étant fixe, et l'angle BAC étant constant,

8.

le sommet A doit se déplacer sur un arc de segment capable.

Si on cherche à se faire une idée de la forme et de la position du lieu, on voit que cela a l'air d'être un arc de cercle passant par les sommets B et C. (B fait partie du lieu, car si on considère un point α très voisin de B, dans le $\triangle \alpha$BC, la bissectrice de l'angle α passe par le milieu I de l'arc BC, et cela a encore lieu quand α est venu en B. Il faut alors, pour voir ce qu'est devenu le centre D dans ce $\triangle$ réduit à une droite, prendre l'intersection de BI avec la droite CB puisque la bissectrice de l'angle αCB est devenue CB, donc le centre est venu en B.)

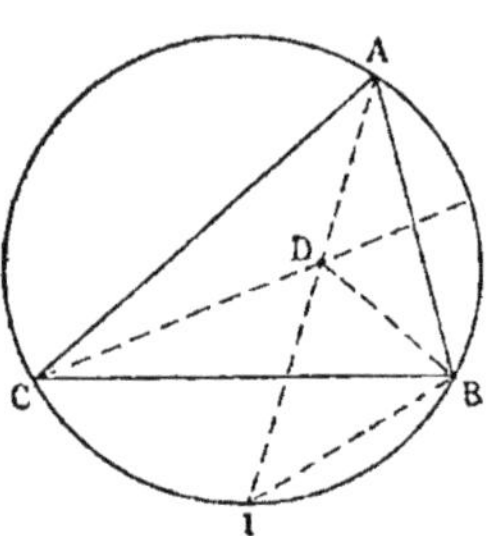

Nous sommes donc conduits, pour trouver le lieu des centres D, à tâcher de voir que ces points ont la nouvelle propriété suivante : que de chacun d'eux on voit la droite fixe BC sous un angle constant.

Évaluons donc l'angle CDB.

Dans le $\triangle$ CDB, on a :

$$CDB = 180^\circ - DCB - DBC,$$

$$= 180^\circ - \left(\frac{ACB}{2} + \frac{ABC}{2}\right)$$

$$= 180^\circ - \left(90 - \frac{A}{2}\right)$$

$$= 90^\circ + \frac{A}{2}.$$

Ce qui montre que tous les points D sont sur le segment capable de $\left(90^\circ + \dfrac{A}{2}\right)$ placé sur BC, segment qui a son centre en I.

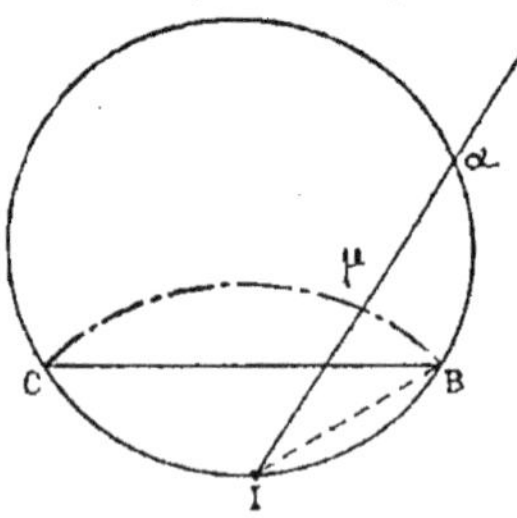

D'ailleurs tout point μ pris sur cet arc BC est un point du lieu. Car si on joint Iμ, cette droite rencontre forcément la circonférence en un point α. Donc à ce point μ correspond un $\triangle \alpha$BC, lequel a un centre inscrit. Mais celui-ci doit se trouver, non seulement sur la bissectrice αI, mais encore sur le segment capable précédent de centre I ; donc il est en μ. Donc μ est un point du lieu.

Donc *le lieu cherché est le segment capable tout entier.*

N. B. — Il serait intéressant de savoir à quel lieu correspond l'arc de cercle prolongement du lieu précédent. On verrait aisément qu'il est le lieu des centres des cercles ex-inscrits aux Δ ABC.

2° *solution du problème précédent.* — Au lieu de chercher à transformer la propriété du point D en celle-ci, que l'angle CDB est constant, on aurait pu la transformer en cette autre, que DI = IB.

Ex. 6. (*Où le lieu se ramène, grâce à une analyse bien conduite, à un segment capable d'un angle droit placé sur une droite fixe.*)

Sur une droite indéfinie xy on prend deux longueurs AB et CD. On considère deux circonférences passant par A et B, puis par C et D et coupant ces droites sous le même angle, et d'un point fixe I situé sur la droite xy on mène la pp. IH sur la ligne des centres. Trouver le lieu des points H, quand l'angle varie.

On ne peut se faire une idée du lieu, car on ne voit guère que le point I qui soit point du lieu.

Soient O et O′ les centres de deux cercles coupant les deux droites AB et CD sous le même angle α. Il est clair qu'alors les Δ OBK et O′CK′ sont semblables. On a donc :

$$\frac{OK}{O'K'} = \frac{KB}{K'D} = \frac{a}{b},$$

a et b désignant les longueurs AB et CD.

Cette relation étant vraie quel que soit l'angle α, on voit que

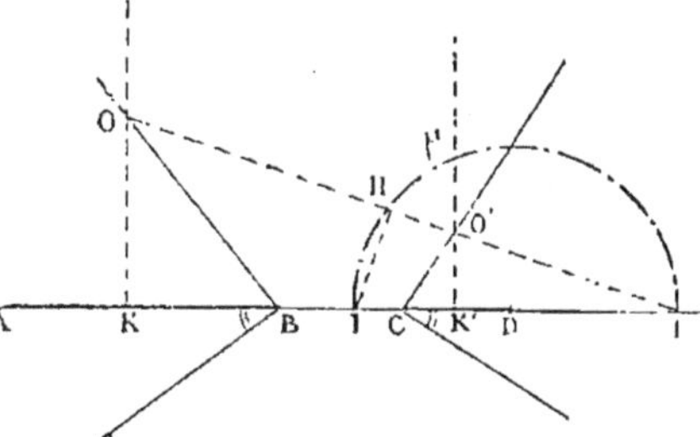

la ligne des centres O et O′ doit couper la droite AB en un point fixe I′.

Mais alors du pied H on doit voir la droite fixe II′ sous un angle droit.

Donc tous les points H du lieu sont sur la $\frac{1}{2}$ circonférence placée sur II′ comme diamètre.

Réciproquement, à tout point μ de cette $\frac{1}{2}$ circonférence correspond une droite I′μ qui coupe en ω et ω′ les deux pps, et ces points ω et ω' sont les centres de cercles coupant AB et CD sous le même angle (facile à voir par les Δ semblables). Donc μ est un point du lieu.

Le lieu est donc, au-dessus de ABCD, *la* $\frac{1}{2}$ *circonférence tout entière.*

Ex. 7. (*Où on découvre deux points fixes et où le lieu se transforme en un segment capable.*)

On donne un cercle O et deux directions fixes x et y. On considère tous les Δ inscrits dont deux côtés sont plles à x et à y. Lieu des centres des cercles inscrits dans ces Δ.

Ex. 8. (*Où par un examen attentif de la figure on trouve un segment capable de* 90°.)

Dans un Δ rectangle ABC on mène la pp. DE. On joint EC, puis BF, et ces droites se rencontrent en M. Lieu de ce point M quand la pp. DE se déplace.

On peut se faire une idée du lieu, et voir aisément que B, A, C

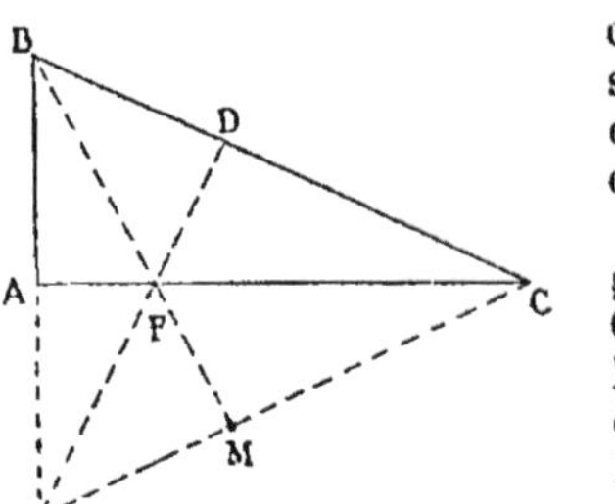

sont des points du lieu. Le lieu a donc l'air d'être le cercle circonscrit au Δ ABC. — On est donc conduit à prouver que l'angle AMC est droit.

Or, à l'examen attentif de la figure, on ne tarde pas à voir que, CA et DE étant deux hauteurs dans le Δ BEC, la troisième hauteur doit être la droite qui joint B à F. Donc BMC est droit. — Donc tous les points du lieu sont sur une $\frac{1}{2}$ circonférence placée sur BC et même sur la circonférence tout entière. (Il suffirait de considérer le cas où la pp. DE se déplace en dehors de BC.)

La réciproque se démontrerait aisément. Donc le lieu se compose de toute la circonférence.

Ex. 9. (*Où on a deux points fixes et où le lieu se ramène naturellement à* $\frac{\rho}{\rho'} =$ *constante.*)

Lieu des points d'où on voit deux circonférences données de rayons R et R' sous le même angle.

Pour nous faire une idée du lieu, remarquons que des deux centres de similitude S et S' on voit les deux cercles sous le même angle. Voilà donc déjà deux points du lieu. Mais sur une tg. AX on peut facilement trouver (par tâtonnement au besoin) un point M

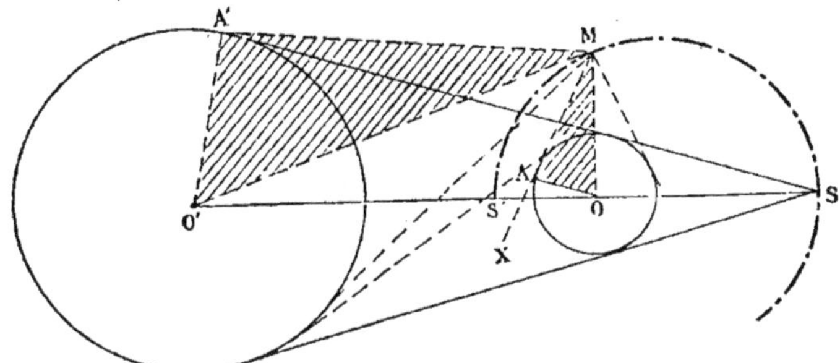

convenable. Cela seul suffit à nous montrer que le lieu paraît être une circonférence, symétrique évidemment par rapport à la droite OO'.

Pour vérifier cette idée préconçue que le lieu est un cercle, je dis qu'ici la marche à suivre est tout indi- quée, par ce fait que la circonférence présu- mée occupe la position excentrique indiquée par la figure. Il suffit de s'occuper du rap-

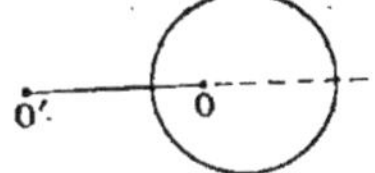

port $\frac{\rho}{\rho'}$ des distances MO et MO' aux deux points fixes O et O'.

Cela est du reste d'accord avec la nécessité où l'on est d'uti- liser les données. — Les deux angles en M étant égaux, et les droites MA et MA' étant tgs, il en résulte tout de suite que les deux Δ MAO et MA'O' sont semblables, donc :

$$\frac{MO}{MO'} = \frac{AO}{A'O'} = \frac{R}{R'}.$$

Les points du lieu sont donc sur la circonférence placée sur SS'.

Réciproquement, un point quelconque μ de cette circonférence est un point du lieu. Car si de μ on mène les deux tgs μα et μα', les deux Δ formés μαO et μα'O' sont semblables. Car il y a un théorème disant que : *quand deux Δ rectangles ont deux côtés quelconques proportionnels, ils sont semblables.* — Donc les angles en μ sont égaux.

Le lieu est donc la circonférence SS' tout entière.

Ex. 10. (*Où le lieu se ramène, mais seulement à l'aide d'un artifice, à $\dfrac{\rho}{\rho'} =$ constante.*)

Lieu des points d'où on voit deux droites données AB et CD en prolongement l'une de l'autre sous le même angle.

Nous ne pouvons ici que difficilement nous faire une idée de la forme du lieu.

Nous n'avons donc qu'une ressource, tâcher de transformer la propriété du point M en une autre, en utilisant les données.

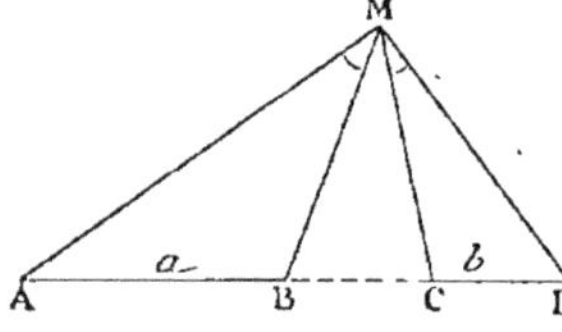

La méthode naturelle consisterait à procéder comme nous avons commencé de le faire dans l'exemple précédent 3, les cercles circonscrits aux $\triangle$ MAB et MCD devant couper les droites AB et CD sous le même angle. Mais on ne sait pas comment du lieu des pieds H on pourrait déduire le lieu des points M.

Heureusement qu'après avoir étudié attentivement la figure, on peut arriver à cette idée, que pour utiliser l'égalité des deux angles, on peut écrire que le rapport des surfaces des deux $\triangle$ MAB et MCD est égal au rapport $\dfrac{MA \times MB}{MC \times MD}$.

Comme ce rapport est aussi égal à $\dfrac{a}{b}$ puisque les deux $\triangle$ ont même hauteur, on a donc la relation :

$$\frac{MA \times MB}{MC \times MD} = \frac{a}{b}.$$

Mais il faut à tout prix simplifier ce rapport, et tâcher de n'obtenir que le rapport $\dfrac{\rho}{\rho'}$ de deux rayons vecteurs, quels qu'ils soient du reste, puisque A, B, C, D sont tous des points fixes. Pour cela l'artifice consiste à considérer les deux $\triangle$ qui se croisent AMC et BMD, $\triangle$ qui ont encore un angle égal, et qui satisfont à la relation suivante :

$$\frac{MA \times MC}{MB \times MD} = \frac{a'}{b'},$$

a' et b' désignant les longueurs connues AC et BD.

Multipliant alors membre à membre, on obtient :

$$\frac{\overline{MA}^2}{\overline{MD}^2} = \frac{a \times a'}{b \times b'}, \quad \text{d'où :} \quad \frac{MA}{MD} = \frac{\sqrt{aa'}}{\sqrt{bb'}}.$$

La nouvelle propriété des points M nous montre finalement que les points M sont tous sur une circonférence.

Remarque. — Il est facile de déterminer le diamètre de cette circonférence.

Car si on décrit un cercle passant par B et C, les tgs menées de A et de D valant $\sqrt{aa'}$ et $\sqrt{bb'}$, on doit avoir :

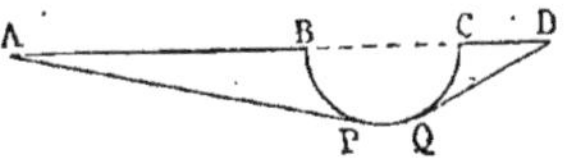

$$\frac{MA}{MD} = \frac{AP}{DQ}.$$

Il suffit donc de partager la droite AD dans le rapport $\frac{AP}{DQ}$, à l'aide des deux points conjugués.

Ex. 11. (*Où on a deux points fixes et où le lieu se ramène naturellement à $\rho^2 + \rho'^2 =$ constante.*)

Un angle droit pivote autour d'un point A pris à l'intérieur d'un cercle O. Lieu des milieux des cordes interceptées.

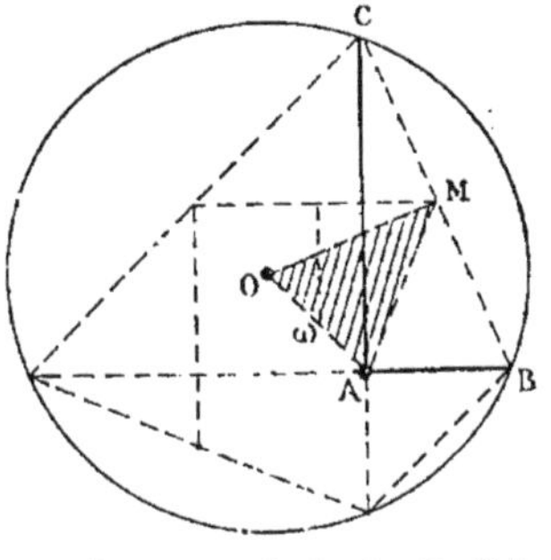

Cherchons d'abord la forme, et aussi la position du lieu.

Si on considère les quatre positions M, M_1, M_2, M_3 correspondant à l'angle BAC, on voit déjà que le lieu des points n'est pas une ligne droite, donc probablement est un cercle. Et même, si on cherche la position qu'aurait le centre, la construction montre qu'il paraît être en ω au milieu de la droite OA.

Le lieu paraissant occuper la position ci-contre qui ne correspond qu'à $\rho^2 + \rho'^2 = C^{te}$, il est donc tout naturel d'essayer de montrer que l'on a :

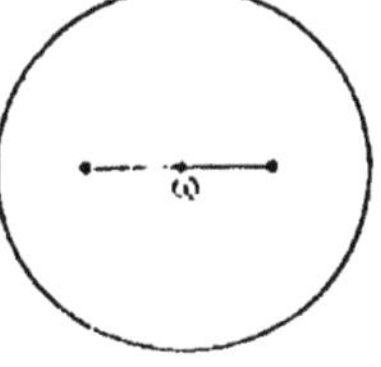

$$\overline{MA}^2 + \overline{MO}^2 = \text{constante (1)}.$$

Pour trouver le lieu, transformons la propriété du point M en une autre nouvelle, qui rende le lieu évident.

---

(1) Ce qui précède ne doit pas s'écrire

Si nous joignons AM et MO, MA étant par hypothèse une médiane dans un Δ rectangle est égal à la moitié de l'hypoténuse BC.

Mais MO, joignant le centre au milieu d'une corde BC, est pp. à BC.

Par conséquent on a :

$$\overline{MA}^2 + \overline{MO}^2 = \overline{MC}^2 + \overline{MO}^2 = \overline{OC}^2 = R^2 = \text{constante.}$$

Donc tous les points M du lieu sont sur une circonférence

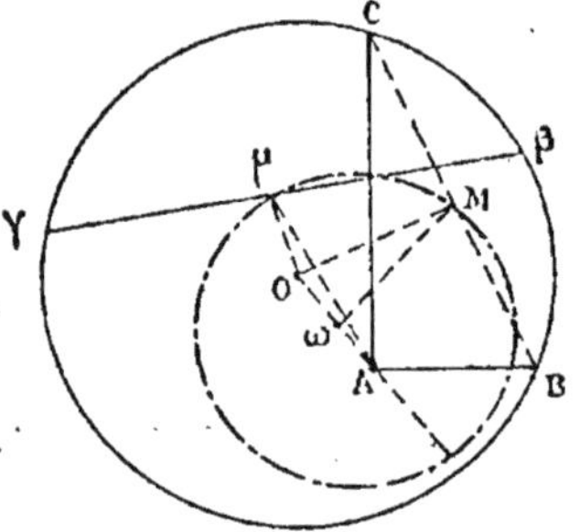

décrite du milieu ω de OA comme centre, et nulle part ailleurs.

Reste à voir si tout point μ de ce cercle ω est un point du lieu.

Par le point μ nous pouvons toujours mener une droite $\beta\gamma$ pp. à la droite $O\mu$, de telle sorte que μ sera le milieu de $\beta\gamma$.

Pour prouver que l'angle $\beta A\gamma$ est droit, il suffit de montrer que la médiane $A\mu$ est égale à $\mu\gamma$. Or on a :

$\overline{\mu O}^2 + \overline{\mu A}^2 = R^2$ (puisque le point M ayant cette propriété tous les points du cercle ω la possèdent).

Mais $\overline{\mu\gamma}^2 = R^2 - \overline{\mu O}^2$ (à cause du Δ rectangle $O\mu\gamma$).

Par conséquent $\mu\gamma = \mu A$. Donc l'angle $\beta A\gamma$ est droit, et μ est un point du lieu.

Le lieu cherché se compose donc de la circonférence ω tout entière.

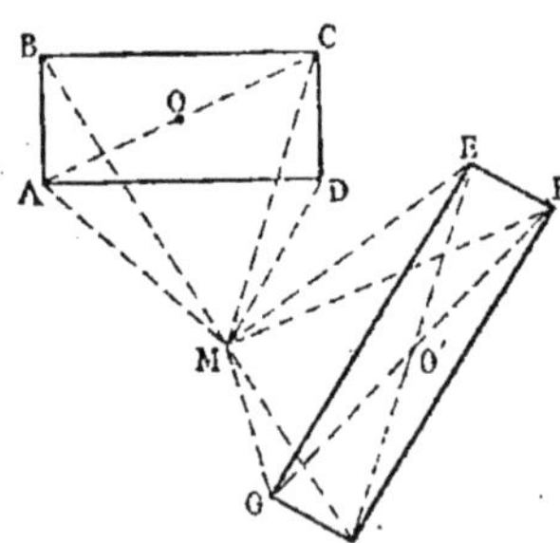

Ex. 12. (*Où on arrive à prouver que $\rho^2 + \rho'^2 =$ constante, uniquement en utilisant les données, en les transformant peu à peu.*)

Lieu des points M tels que la somme des carrés de leurs distances aux sommets de deux rectangles donnés est constante et égale à K^2.

En utilisant la relation connue, $b^2 + c^2 = 2m^2 + \dfrac{a^2}{2}$, on simplifie aisément la relation point de départ, et on arrive, sans qu'on ait eu à se faire une idée de la forme du lieu (1), à prouver, O et O′ étant les centres des deux rectangles, que :

$$\overline{MO}^2 + \overline{MO'}^2 = \text{constante, d'où le lieu.}$$

Ex. 12 *bis*. (*Conduisant à la relation* $\alpha\rho^2 - \beta\rho'^2 = C^{te}$.)

Lieu des points M tels que si on mène les tgs MA et MA′ à deux cercles donnés de centres O et O′, et de rayons R et R′,

le rapport $\dfrac{MA}{MA'}$ soit constant et égal à K.

La relation $\dfrac{\overline{MA}^2}{\overline{MA'}^2} = K^2$ peut évidemment s'écrire :

$$\frac{\overline{MO}^2 - R^2}{\overline{MO'}^2 - R'^2} = K^2,$$

c'est-à-dire : $K^2 \overline{MO'}^2 - \overline{MO}^2 = K^2 R'^2 - R^2 = \text{constante.}$

D'après la relation de Stewart, le lieu est donc en totalité ou en partie la circonférence ayant pour centre le point I qui divise la droite OO′ en segments soustractifs dans le rapport de 1 à K^2.

Ex. 13. (*Où le lieu se ramène, après examen, à la figure homothétique d'un cercle.*)

Lieu des centres de gravité de tous les $\triangle$ ABC ayant même base et même angle opposé.

On voit presque immédiatement que le centre de gravité G d'un $\triangle$ étant au tiers de la médiane à partir de la base, le lieu des points G se transforme en celui-ci.

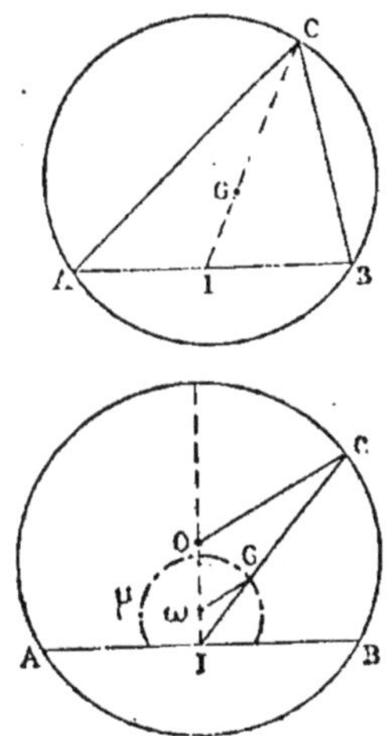

Lieu des points obtenus en joignant un point fixe I (milieu de AB) à tous les points d'une circonférence, et partageant tous ces rayons vecteurs dans le rapport de 1 à 2.

Tous les points sont donc sur la figure homothétique du cercle O, figure qui est une circonférence dont le centre ω est au tiers de IO.

D'ailleurs tous les points μ pris sur cette circonférence au dessus de AB sont des points du lieu.

---

(1) Il serait du reste impossible de construire des points du lieu ni d'y découvrir des points remarquables.

Car si on joint $I\mu$, cette droite rencontre forcément la circonférence O en un point γ, et sur cette droite $I\gamma$ doit se trouver un point du lieu, — lequel devant être sur le cercle ω ne pourra être ailleurs qu'en μ.

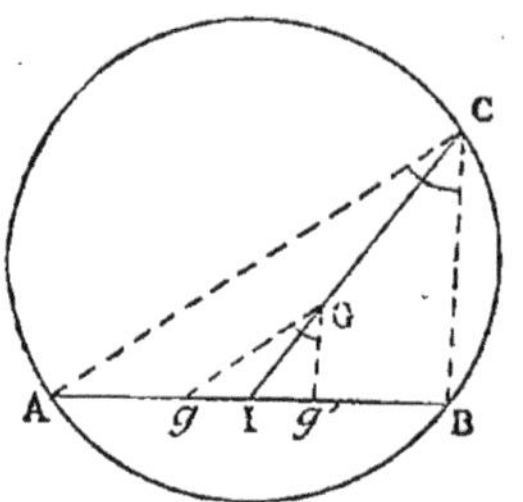

μ est donc un point du lieu.

Le lieu cherché est donc l'arc de centre ω et de rayon $\dfrac{R}{3}$ placé au-dessus de AB.

REMARQUE. — On aurait pu traiter le problème d'une deuxième façon, en remarquant que, les points g et g' situés sur IA et sur IB au tiers de leur longueur étant des points fixes du lieu, de G on voit gg' sous un angle constant.

Ex. 14. (*Où le lieu se ramène encore, par une transformation assez naturelle, à la figure homothétique d'un cercle.*)

Par l'extrémité A d'un diamètre AOB on mène des sécantes AC qu'on prolonge d'une longueur CD telle que $\dfrac{CD}{CB} = \dfrac{m}{n}$. Portant les longueurs CD en sens inverse à partir de C, ce qui donne des points D', on demande le lieu des centres I des cercles inscrits dans tous les Δ DBD' ainsi obtenus, — puis les centres des cercles ex-inscrits.

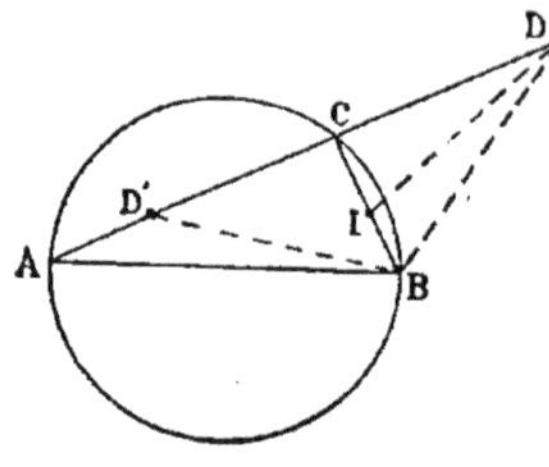

1° Le centre du Δ DBD' étant en I sur la bissectrice BC, on a, en transformant l'hypothèse :

$$\frac{CI}{IB} = \frac{CD}{DB}.$$

Or $\dfrac{CD}{CL}$ étant égal à $\dfrac{m}{n}$, on en déduit que :

$$\frac{CD}{m} = \frac{CB}{n} = \frac{\sqrt{\overline{CD}^2 + \overline{CB}^2}}{\sqrt{m^2 + n^2}} = \frac{DB}{\sqrt{m^2 + n^2}}.$$

Par conséquent on a :

$$\frac{CI}{BI} = \frac{m}{\sqrt{m^2 + n^2}}, \text{ et aussi : } \frac{BI}{BC} = \frac{\sqrt{m^2 + n^2}}{m + \sqrt{m^2 + n^2}}.$$

Donc le rapport $\dfrac{BI}{BC}$ est constant.

Cela nous montre que tous les points I sont sur la figure homothétique du cercle. B étant le centre d'homothétie, ce lieu est un cercle tangent en B au cercle donné.

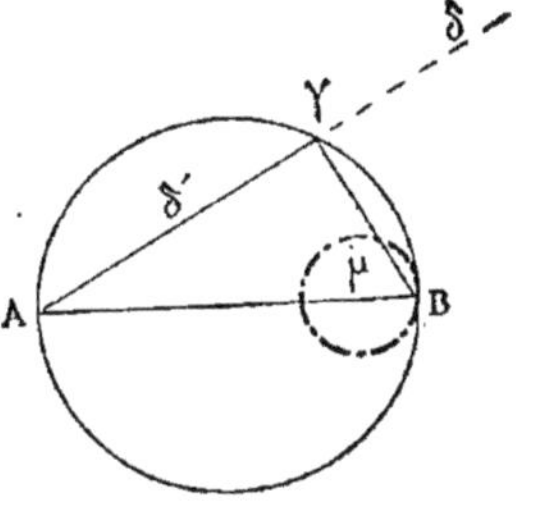

Mais il est facile de voir (par le tour de phrase habituel) que tout point μ de ce cercle tg. est un point du lieu. — Car au point μ correspond forcément un point γ, donc aussi deux points δ et δ', donc aussi un Δ δBδ', donc aussi enfin un centre de cercle inscrit, — lequel, devant être à la fois sur Bγ et sur le cercle tg., ne peut être qu'en μ.

Le lieu cherché est donc le cercle précédent tout entier.

2° Le lieu des centres I des cercles ex-inscrits se ramènerait aisément à un cercle analogue, en remarquant que :

$$\frac{I_{1}C}{I_{1}B} = \frac{CD}{BD} = \text{constante}$$

et transformant cette expression.

Ex. 15. (*Où après simplification de la figure le lieu se déduit, par homothétie, d'un autre lieu qu'il faut d'abord chercher.*)

On donne sur un cercle trois points fixes A, B, C et un quatrième point D se déplace sur le cercle. Trouver le lieu des points de rencontre des diagonales du parallélogramme obtenu en joignant les milieux des côtés du quadrilatère ABCD.

La figure nous montre que les points A et B sont inutiles, à

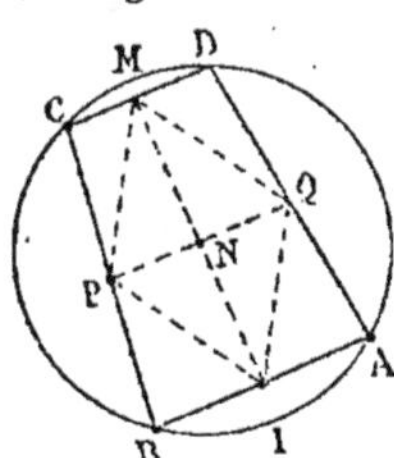

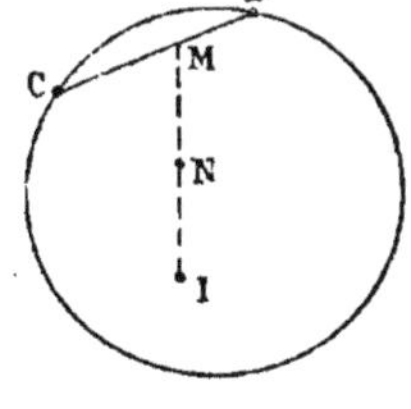

condition de les remplacer par le point milieu I. Les points P et Q le sont aussi, car le problème est alors remplacé par celui-ci :

Par le point fixe C on mène des sécantes CD. On joint leurs milieux M au point fixe I, et on demande de trouver le lieu des milieux N des droites IM.

Il est évident que ce lieu sera la figure homothétique du lieu des points M, — lieu qui est le cercle CωO homothétique du cercle O.

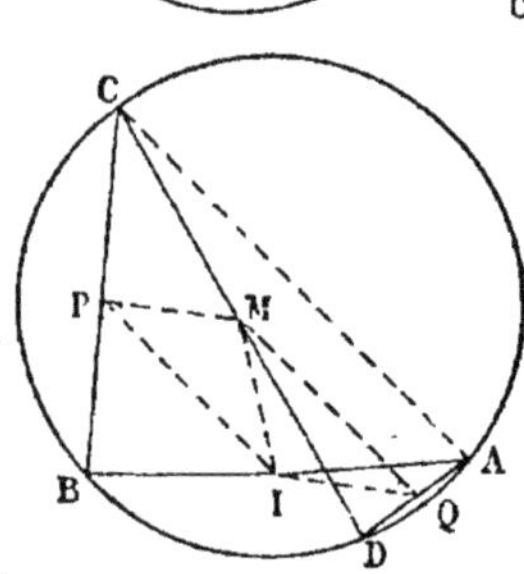

Donc les points N sont tous sur le cercle dont le centre ω_1 est au milieu de Iω.

Et comme un point quelconque de ce cercle est un point du lieu, le lieu est ce cercle tout entier.

N. B. — Dans le problème que nous venons de traiter, il y a lieu de rechercher si le point D peut parcourir la circonférence tout entière. Pour le voir, plaçons le point D au-dessous de la corde AB.

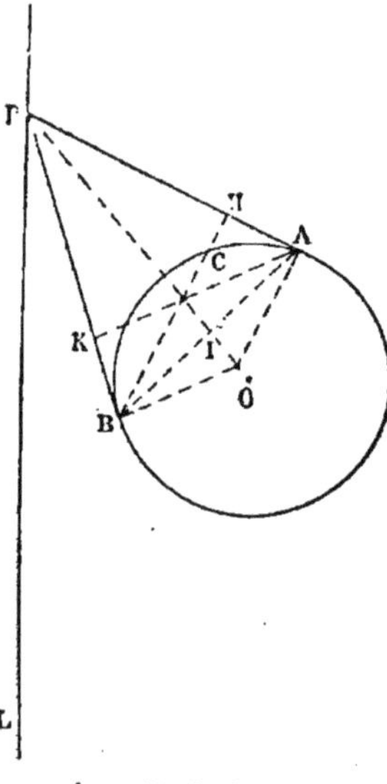

La figure IPMQ sera encore un parallélogramme, puisque IP et MQ valent tous deux la moitié de CA et lui sont parallèles.

Le lieu du point M est donc le cercle tout entier placé sur CO. — Et par suite le lieu du point N est bien le cercle ω_1 tout entier.

Ex. 16. (*Où le lieu se déduit encore tout naturellement, par homothétie, d'un autre lieu à chercher d'abord.*)

On donne un cercle et une droite extérieure L. D'un point P, pris sur cette droite, on mène des tgs au cercle et on demande de trouver le lieu des points de rencontre des hauteurs des Δ formés par ces tgs et les cordes de contact.

La nécessité d'utiliser les données nous montre que, OA étant pp. à PA ainsi que BH, OA est plle à BH. De même OB est plle à AK. Donc la figure OACB est un parallélogramme, et même un losange. Il en résulte que CI $=$ IO.

Mais alors, O étant un point fixe, on voit que, si on connaissait le lieu des points I, le lieu des points C serait sa figure homothétique.

Nous sommes donc naturellement conduits à chercher d'abord
le lieu des points I. Ce lieu est un
cercle, car le Δ PAO étant rectangle
en A, on a :

$$\overline{OA}^2 = OP.OI,$$

donc :

$$OI \times OP = \text{constante.}$$

Le lieu des points I est donc la
figure inverse de la droite L, c'est-
à-dire un cercle décrit sur OP comme
diamètre.

Dès lors le lieu des orthocentres C
est le cercle décrit de R comme
centre avec un rayon égal à RO,
cercle qui fait tout entier partie du
lieu, comme il serait facile de le voir.

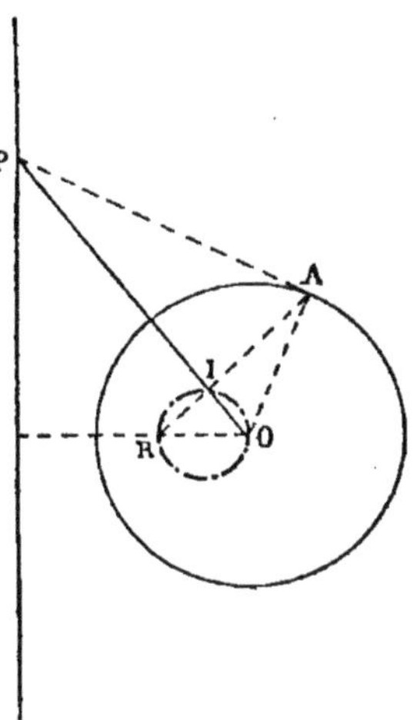

Ex. 17. (*Où le lieu se ramène
à un lieu connu.*)

**Lieu des foyers des paraboles
tgs à trois droites données qui se coupent.**

Si d'un point quelconque F du lieu on mène les pps sur ces
trois droites, on sait que les pieds appartenant à la tg. au sommet
sont en ligne droite. Donc tous les points du lieu ont une nouvelle propriété, d'où on déduit que ces points sont sur le cercle
circonscrit au Δ formé par les trois droites.

Ex. 18. (*Lieu déduit, par l'inversion, d'un autre lieu
qu'il faut d'abord chercher.*)

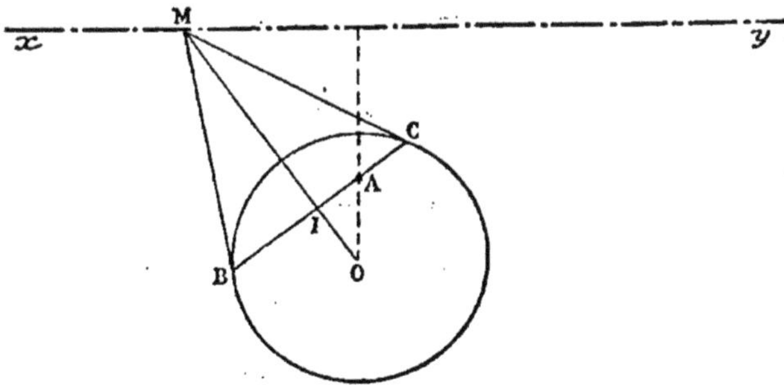

Par un point fixe A on mène une corde BC et à ses extré-

mités on mène des tgs, lieu de leur point de rencontre M, quand la corde BC tourne autour de A.

Ou voit immédiatement, en utilisant les données, que l'on a la relation :

$$OI \times OM = \overline{OB}^2 = R^2.$$

Ce qui prouve, O étant un point fixe, que le lieu des points M sera la figure inverse du lieu des points I.

Nous sommes donc conduits, tout naturellement, à trouver au préalable le lieu des points I.

Mais ce lieu est évidemment la circonférence tout entière décrite sur OA comme diamètre.

Le lieu des points M sera donc la droite xy pp. au diamètre OA.

(Car on verrait aisément que tout point μ de cette droite xy est un point du lieu.)

Ex. 19. (*Où le lieu est la figure inverse d'un autre lieu qu'il faut chercher au préalable.*)

Un angle droit pivote autour de son sommet A placé à l'intérieur du cercle. Aux points où les côtés AB et AC rencontrent la circonférence, on mène des tgs qui se coupent en T. Lieu décrit par le point T, quand l'angle droit pivote.

En utilisant les données, à savoir que CT est une tangente, on a :

$$OT \times OI = \overline{OC}^2 = R^2.$$

Ce qui montre immédiatement (sans qu'on ait au préalable eu besoin de chercher à se faire une idée de la forme du lieu) que le lieu des points T dérive du lieu des points I.

Mais ce lieu des milieux I est facile à trouver : c'est un cercle dont le centre est au milieu ω de OA.

Donc *le lieu proposé est le cercle inverse de ce cercle ω, le pôle d'inversion étant le point O.*

(Nous disons que le lieu est le cercle tout entier, car on verrait facilement, par la méthode et le tour de phrase habituels, que tout point de ce cercle est un point du lieu.)

Remarque. — On pourrait, il est vrai, se dispenser à la rigueur de prouver cette dernière partie, et dire que, la tg. CT pouvant faire le tour entier de la circonférence, sur toutes les directions il y a un point du lieu:

. C'est même pour des raisons de ce genre que l'on peut à la rigueur se dispenser parfois, dans la recherche de certains lieux, de prouver la réciproque et affirmer sans démonstration tout de suite que le lieu se compose de la droite ou du cercle tout entier.

Ex. 20. (*Où le lieu se trouve à l'aide d'un appel d'idées successives.*)

Etant donnés trois cercles, C, C′, C″, trouver le lieu des points M tels que ses polaires par rapport aux trois cercles soient concourantes.

On ne peut pas ici se faire une idée du lieu. Il faut donc commencer par se préoccuper de transformer la propriété du point courant M en une autre qui rende le lieu évident.

La polaire Δ du point M par rapport au cercle C étant pp. sur la droite MO, si nous joignons M au point de concours P supposé connu, la figure nous montre que l'angle MHP est droit. — Or H est le conjugué de M par rapport aux extrémités A et B du diamètre AB.

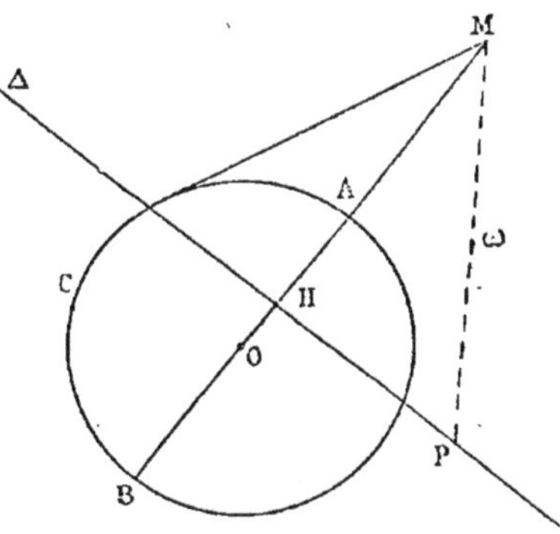

Donc, si nous considérons le cercle MHP, il devra couper orthogonalement le cercle O (propriété connue des C. orthogonaux).

Mais ce que nous disons ici du cercle C est encore vrai pour les deux autres cercles C′ et C″.

Par conséquent, tous les cercles décrits sur MP comme diamètre doivent couper orthogonalement les trois cercles C, C′, C″.

Mais étant donnés trois cercles, dont les centres ne sont pas en ligne droite, il n'y a qu'un seul cercle les coupant tous trois orthogonalement ; c'est le cercle ayant pour centre le centre radical de ces trois cercles.

Donc tout point M du lieu doit se trouver sur la circonférence ayant pour centre le centre radical ω et pour rayon la tg. menée de ω à l'un quelconque des cercles.

D'ailleurs un point quelconque μ de ce cercle est un point du lieu.

Car si nous menons le diamètre μO, les quatre points μ, A, μ', B forment une division harmonique. μ' est un point de la po-

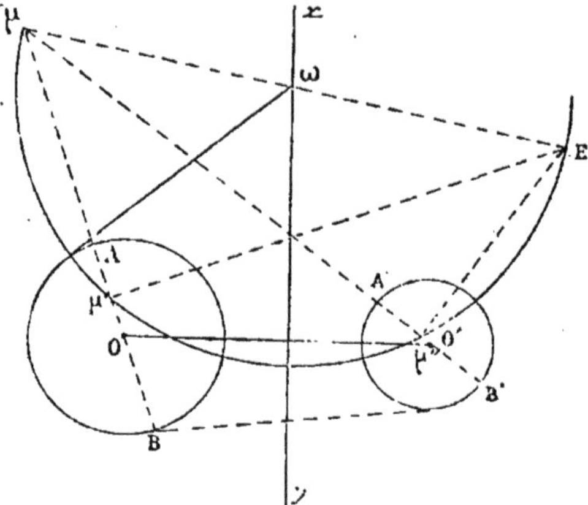

laire de μ par rapport au cercle O. Cette polaire est donc la pp. $\mu'\Delta$. Mais le point E où elle coupe le cercle ω doit être diamétralement opposé à μ.

Si nous répétions le même raisonnement sur le cercle O', nous verrions que la polaire du point μ par rapport à O', passant par le point μ'', est la pp. menée en ce point μ'' à la droite $\mu O'$, pp. qui doit, elle aussi, passer par le point E.

Il en est de même pour la polaire de μ par rapport au troisième cercle.

Donc les trois polaires concourent en E.

Donc le lieu se compose du cercle ω tout entier.

Ex. 21. *Exemple de recherche d'un lieu par transformation de la question initiale (transformation faite par rayons vecteurs réciproques — ou par inversion).*

D'un point extérieur P à un cercle on mène deux sé-

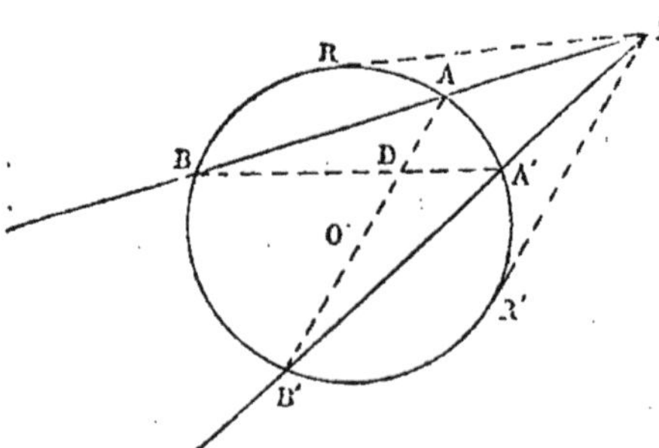

cantes PAB et PA'B'. On joint en croix les points d'intersection. Sur quelle ligne se meuvent les seconds points M de rencontre des cercles circonscrits aux PAB' et PA'B.

Ce problème résiste aux moyens de recherche ordinaires Essayons donc de le *transformer par inversion* en prenant le point P pour pôle d'inversion, la puissance d'inversion étant la puissance connue du point P par rapport au cercle O.

Le cercle O est à lui-même sa figure inverse.

Mais si nous appelons C et C' les cercles circonscrits aux deux Δ PAB' et PA'B, le cercle C (savoir PAB') deviendra après transformation une droite qui sera dirigée suivant la corde BA', et le cercle C' (qui est PA'B) deviendra la corde B'A prolongée.

Ces deux droites (inverses des cercles C et C') se coupent en D.

Par conséquent le point D sera le point inverse du point M de rencontre des deux cercles C et C'.

Or le lieu des points D est connu ; c'est la polaire du point A par rapport au cercle.

Dès lors, puisqu'il y a réciprocité, le lieu des points M sera la figure inverse de cette polaire, donc sera un cercle, et ce cercle passera par le point P et par les points R et R' où la polaire coupe le cercle O.

Ce qui nous montre que la ligne cherchée est le cercle circonscrit au Δ PRR', c'est-à-dire la circonférence décrite sur PO comme diamètre.

REMARQUE. — Dans le problème précédent, si, pour se faire *a priori* une idée du lieu, on menait les deux tgs PR et PR', la corde AB' deviendrait RR' ; la corde A'B aussi. Dès lors les cercles C et C' circonscrits aux deux Δ PAB' et PA'B devenant tous deux le cercle PRR', cercles qui se coupent en tous leurs points, on est porté à se demander si par hasard les deux cercles C et C' ne se couperaient pas toujours sur ce cercle PRR'.

Or cela a lieu. On l'a démontré dans la première partie de ce livre, à la fin du paragraphe 8.

Ex. 22. Etant donnés deux cercles O et O' qui se coupent en A et B, on considère tous les cercles ω et ω' tgs à ces deux cercles et tgs entre eux en μ. Sur quelle ligne se meut ce point de contact μ ?

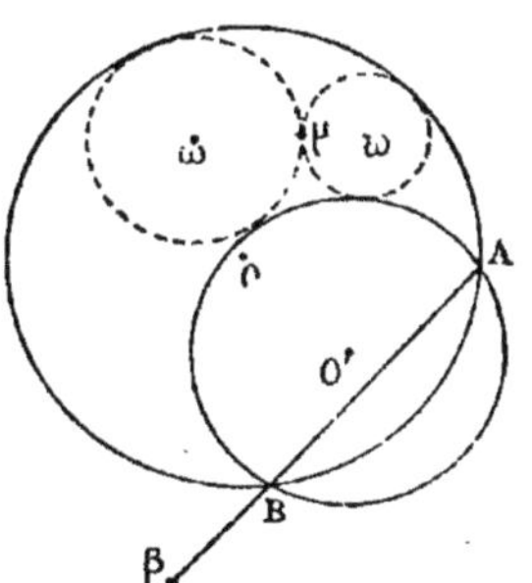

Le problème serait peut-être plus commode si, au lieu de quatre cercles, nous avions ou quatre ou deux droites. Essayons donc de transformer nos quatre cercles par inversion, en prenant pour pôle le point A. — Les cercles O et O' se transforment en deux droites, D et D' pps à AO et à AO', donc en deux droites sécantes, — et leur point de rencontre β est évidemment le point inverse de B.

Les deux cercles ω et ω' se transforment au contraire en deux cercles $ω_1$ et $ω_1'$, encore tgs entre eux au point μ, ces cercles $ω_1$ et $ω_1'$ étant tgs respectivement aux deux droites D et D'.

Mais maintenant il est facile de trouver le lieu des points de contact μ. Ce lieu est l'ensemble des deux bissectrices correspondant aux droites D et D'.

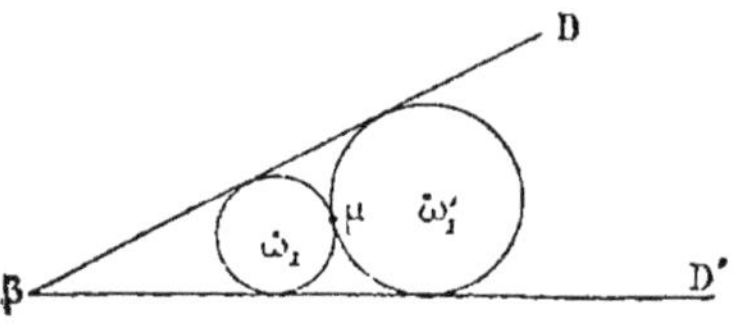

Par conséquent le lieu des points M sera la figure inverse de ces deux droites bissectrices, à savoir deux circonférences C et C' passant par le point A, — et aussi évidemment par le point B.

Mais dans deux figures inverses les angles se conservent.

Donc, comme les deux bissectrices sont orthogonales, les deux circonférences C et C' se couperont orthogonalement en A et B.

Donc, en résumé, les points M de contact se meuvent sur deux circonférences passant par A et B et se coupant orthogonalement.

§ 3. — Lieux géométriques qui sont des ellipses, hyperboles ou paraboles.

I. *Lieux qui sont des ellipses.*

Il y a *quatre* façons de prouver qu'un lieu de points est une ellipse. On prouve par des transformations successives ou 1° que la somme des distances d'un point M du lieu à deux points fixes de la figure est constante, ou 2° que le rapport $\dfrac{MP}{M'P}$ est constant, MP et M'P étant les ordonnées

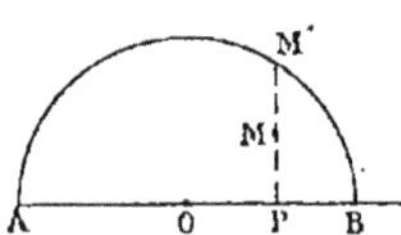

qui correspondent à une même abscisse OP prise sur un diamètre AOB d'un cercle. Ou bien on prouve 3° que le rapport des distances du point M à un point et à une droite est constant et inférieur à 1. Ou bien enfin 4° quand on aura démontré ce théorème : que le lieu des points à égale distance de deux cercles intérieurs est une ellipse, on aura un moyen commode de plus à sa disposition pour prouver qu'un lieu de points est une ellipse. Total : quatre méthodes.

Ex. 1. Trouver le lieu des points également distant de deux circonférences intérieures O et O'.

1er CAS. — Considérons un point M à égale distance des deux arcs, l'un concave, l'autre convexe.

Nous avons ici deux points fixes O et O'. Or, dans tous les problèmes où on a deux points fixes, il faut s'occuper ou de l'angle OMO', ou des deux rayons vecteurs OM et O'M. Puisque ici par hypothèse les distances MA et MB sont égales, il est logique de chercher à transformer la propriété MA = MB en une autre qui soit une fonction des deux rayons vecteurs OM et O'M, c'est-à-dire une fonction de ρ et ρ' (car, dans tout ce qui va suivre, nous appellerons toujours, pour simplifier l'écriture, les deux rayons vecteurs ρ et ρ').

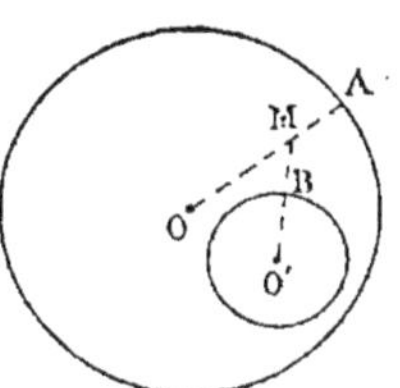

Cela posé, on a :

$$MA = OA - OM = R - \rho,$$
$$MB = MO' - O'B = \rho' - r.$$

Donc :
$$R - \rho = \rho' - r,$$

c'est-à-dire :
$$\rho' + \rho = R + r,$$

R et r désignant les deux rayons des deux cercles. Par conséquent, le lieu des points M est une ellipse de grand axe $R + r$, dont les foyers sont O et O'.

(Nous disons que cette ellipse est un lieu, parce que la deuxième partie se démontrerait aisément par le tour de phrase habituel.)

2e CAS. — Les points M sont à égale distance de deux arcs, tous deux concaves (démonstration analogue).

Seulement on trouvera cette fois-ci une autre ellipse. Ses foyers sont encore O et O', mais l'axe vaut $R - r$. Elle coupe la petite circonférence en des points faciles à trouver géométriquement.

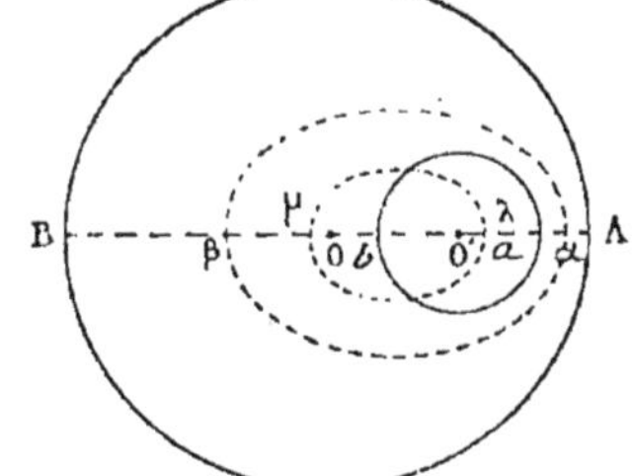

Ces deux ellipses ont des axes $\alpha\beta$ et $\lambda\mu$ qu'il est facile de déterminer *a priori* en prenant les points milieux de Aα et de Bb d'une part, de Ab et de aB d'autre part.

Il est intéressant de voir ce que deviennent les deux lieux précédents, quand l'un des cercles O' devient tg. intérieurement en A au cercle O. La première ellipse d'axe $\alpha\beta$ égal à $R + r$ se retrouve identiquement. Elle correspond au cas des deux arcs convexes.

Mais la seconde d'axe $\lambda\mu$ égal à $R - r$ se réduit à la droite limitée OO'. En effet, il est d'abord facile de voir qu'un point N situé en dehors de OO' ne saurait être un point de cette ellipse, puisque cela exigerait $\rho + \rho' = R - r$, c'est-à-dire $\rho + \rho' = OO'$, résultat impossible.

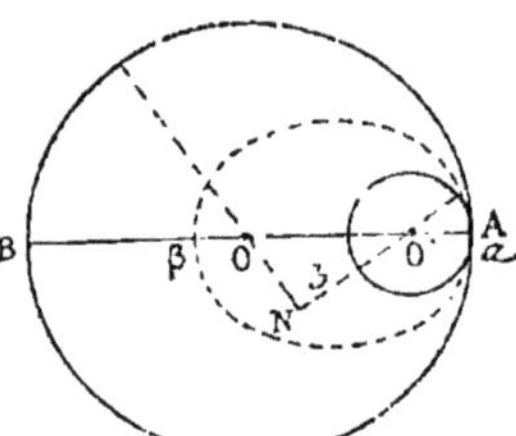

D'un autre côté, pour un point quelconque K pris sur OO' on a :

$$KO + KO' = OO' = R - r.$$

Donc tous les points de OO' peuvent être regardés comme des points d'une ellipse ayant pour foyers O et O' et pour grand axe $(R - r)$.

Donc, à mesure que le cercle O' se rapproche du point de contact A, l'ellipse $\lambda\mu$ va en s'écrasant de plus en plus, jusqu'à devenir la droite CO' elle-même.

Mais il ne faudrait pas conclure de là que, dans le cas des cercles tgs intérieurement, le lieu des points également distant des deux arcs concaves est cette droite OO'. Car, si on traite directement le cas des deux cercles tgs intérieurement, on voit qu'il n'y a plus que deux points également distants des deux arcs concaves, et ces points sont O et O'.

Donc, en résumé, le lieu des points également distants de deux cercles tgs intérieurement se *compose d'une ellipse et de deux points*, qui sont les deux centres.

Ex. 2. Lieu des points également distant d'une circonférence et d'un point intérieur.

(Ce problème n'est qu'un cas particulier du précédent, celui où le petit cercle devient un cercle point, — seulement les deux ellipses précédentes se réduisent à une seule).

Ex. 3. Lieu des centres des circonférences tgs à deux circonférences données intérieures.

(Même transformation.)

Ex. 4. Etant donnés trois points en ligne droite A, B, C placés dans l'ordre indiqué, des points A et B on mène des tgs à toutes les circonférences tgs en C à la droite ABC. Lieu de leurs points de rencontre.

(Démonstration facile.)

Ex. 5. Dans un trapèze ABCD la base AB de longueur B

est fixe. L'autre base b est connue en longueur, ainsi que le périmètre $2p$. On demande le lieu que décrit le point O de concours des côtés non plles.

Ayant deux points fixes A et B, occupons-nous encore de trouver une relation entre les deux rayons vecteurs ρ et ρ', qui aboutissent à un point quelconque O du lieu.

Le périmètre étant constant, on a :

$$AC + BD + b + B = 2p,$$

donc :
$$OA - OC + OB - OD = 2p - B - b.$$

Donc :
$$\rho + \rho' = 2p - B - b + (OC + OD).$$

Il faut nous débarrasser de OC et de OD au profit de ρ et de ρ' (puisque nous voulons une relation entre ρ et ρ').

Il est donc naturel de calculer OC et OD. On a :

$$\frac{OC}{\rho} = \frac{OD}{\rho'} = \frac{b}{B} = \frac{OC + OD}{\rho + \rho'},$$

donc :
$$OC + OD = \frac{b}{B}(\rho + \rho').$$

La relation cherchée est donc celle-ci :

$$(\rho + \rho')\left(1 - \frac{b}{B}\right) = 2p - B - b,$$

donc $\rho + \rho'$ est constant. Donc tous les points O sont sur une ellipse ayant pour foyers A et B.

REMARQUE. — On pourrait chercher de même le lieu du point de rencontre des diagonales des trapèzes précédents et le lieu des sommets.

Ex. 6. Aux extrémités d'un diamètre AB on mène les tgs AC et BD et on considère le trapèze formé à l'aide d'une troisième tg. mobile CD. On demande le lieu des points M de rencontre des diagonales de tous ces trapèzes.

Le lieu paraît être une courbe allant du point A au point B, Mais si on fait la figure avec soin, on voit que cette courbe ne paraît pas être un cercle. Il faut donc se garder de s'occuper de l'angle AMB.

La somme AM + MB ne saurait pas davantage être employée, puisque A et B ne paraissent pas être les foyers.

Mais comme dans la figure il y a un cercle dont l'ellipse présumée pourrait fort bien être la projection, il y a lieu de chercher à évaluer le rapport des deux ordonnées MP et PM′ qui correspondent à une même abscisse.

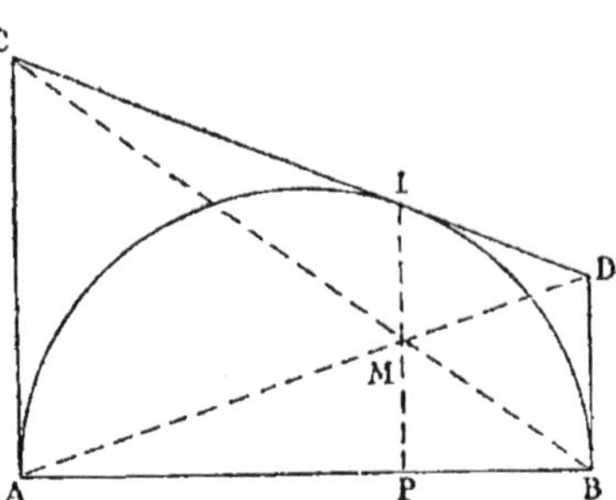

Seulement une première question à élucider est celle-ci : le point M′ ne serait-il pas le point de contact de la tg. CD?

Nous avons déjà traité cette question à la fin du chapitre Ier, dans le paragraphe des droites concourantes. Et nous avons vu en outre que le point de concours M des trois droites AD, CB, IP était au milieu de la droite IP.

Ce qui va nous permettre d'affirmer que le lieu des points M est une ellipse, l'ellipse projection du cercle AB qui aurait tourné d'un angle de 60°.

Ex. 7. Quand on coupe un cône droit par un plan oblique à l'axe, trouver la projection de la section sur un plan P plle à la base passant par le sommet du cône. (Faire la figure.)

Désignons par 2α l'angle d'ouverture du cône et par β l'angle que le plan sécant fait avec la base.

Si le plan de la figure est le plan principal ASA′, le plan sécant et le plan P se couperont suivant une droite DD′ et l'angle SDA sera l'angle β.

Cela posé, soit M un point de la section et m sa projection sur le plan P. Si nous menons MK pp. à DD′, puis que nous joignions mK, Km sera la distance de m à la droite DD′, et l'on aura :

$$mK = Mm \cot \beta.$$

Mais le Δ SMm nous donne :

$$mS = Mm \operatorname{tg} \alpha.$$

On en tire :

$$\frac{mS}{mK} = \frac{\operatorname{tg}\alpha}{\cot\beta},$$

donc toutes les projections m ont cette propriété : que le rapport de ses distances au sommet S et à la droite DD' est constant. Le lieu de ces projections est donc une conique ayant pour foyer le sommet S et pour directrice la droite D.

Ex. 8. Etant donné un cercle O et une droite extérieure xy, des différents points A de la circonférence on mène des pps AB sur xy et on les partage en M en deux parties égales. Lieu de ces points M.

Si on cherche à se faire une idée de la forme et de la position du lieu, on voit immédiatement que le lieu a l'air d'être une ellipse, et même une ellipse égale à celle déduite du cercle O en prenant les milieux N des ordonnées telles que CA.

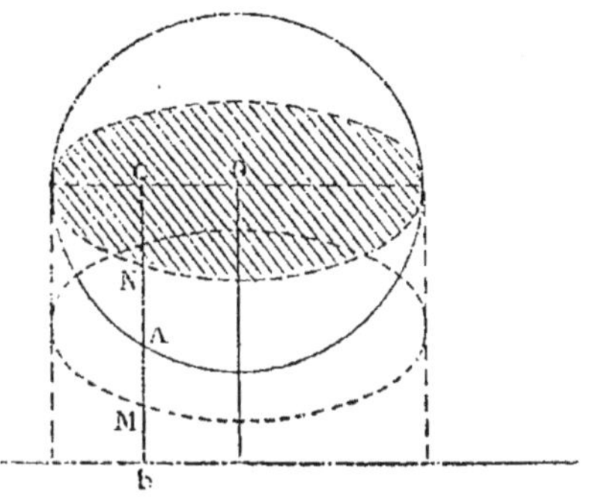

Vérifions cette idée préconçue, et pour cela tâchons de voir si la distance NM est constante.

On a : $$NM = NA + AM = \frac{CA}{2} + \frac{AB}{2} = \frac{CA + AB}{2} = \frac{OI}{2},$$

OI étant la distance du centre O à la droite xy.

Donc le lieu n'est autre que l'ellipse ombrée à laquelle on aurait imprimé un mouvement de translation pp. à xy et égal à $\frac{OI}{2}$.

Le théorème est encore vrai si la droite coupe le cercle ou lui est tg.

Ex. 9. On considère les paraboles ayant même directrice D et passant par le même point A. Trouver le lieu des sommets S de toutes ces paraboles.

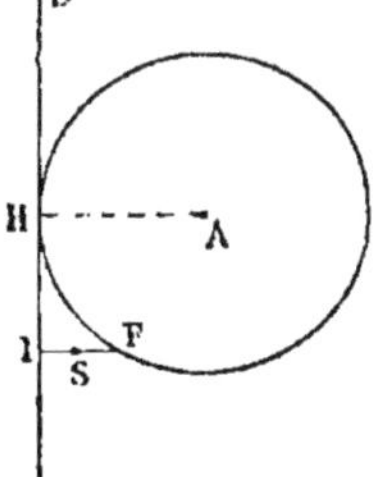

D'abord le lieu des foyers F est un cercle ayant pour centre le point A et pour rayon sa distance à la directrice.

Les sommets S se trouvant aux milieux des pps menées des points f sur la droite D, on voit que le lieu se ramène au lieu précédent.

Le lieu est donc une ellipse tg. à la directrice, et égale à l'ellipse, projection du cercle précédent qu'on aurait incliné de 60°.

Ex. 10. Lieu des centres et lieu des seconds foyers des hyperboles équilatères, ayant un point et une directrice commune.

(Application du problème 8, en s'appuyant sur ce que le rapport $\dfrac{MF}{MH}$ dans l'hyperbole équilatère vaut $\sqrt{2}$, et sur ce que la distance du centre à la directrice vaut $\dfrac{c^2}{a}$).

II. *Lieux qui sont des hyperboles.*

Pour prouver qu'un lieu de points M est une hyperbole, il n'y a *a priori* que deux méthodes simples : prouver que la différence de ses distances à deux points fixes est constante, ou prouver que le rapport de ses distances à un point et à une droite fixes est constant et supérieur à 1.

Toutefois, quand on aura prouvé ce théorème, que les points à égale distance de deux cercles extérieurs l'un à l'autre sont sur une hyperbole, on aura une méthode de plus à sa disposition pour pouvoir dire tout de suite que le lieu cherché est une hyperbole. Total : trois méthodes.

Remarque. — Quand on soupçonnera le lieu d'être une conique, on sera autorisé à la dire hyperbolique quand il y aura des points du lieu situés à l'infini dans deux directions différentes.

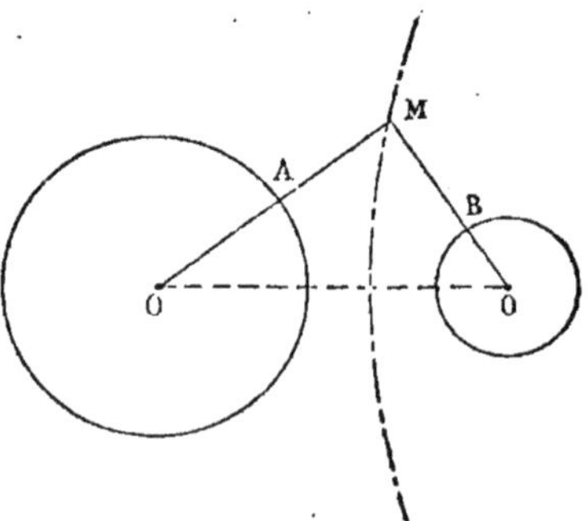

Ex. 1. Lieu des points situés à égale distance de deux circonférences extérieures, de centres O et *o*.

Il y a lieu de distinguer quatre cas.

1er CAS. — Supposons les points M à égale distance des deux arcs **convexes.** On verrait comme précédemment que le lieu est une $\dfrac{1}{2}$ hyperbole de foyers O et *o* et d'axe transverse $(R - r)$, hyperbole extérieure aux deux cercles, cette branche d'hyperbole ayant ses points plus près de la petite circonférence.

2° CAS. — Supposons les points M à égale distance d'un arc **concave** pris sur o et d'un arc **convexe** pris sur O. — On verra comme précédemment que le lieu des points N est un arc de $\frac{1}{2}$ hyperbole de foyers O et o et d'axe transverse $R + r$ dont le sommet S est au milieu de la distance $\gamma\delta$, — les points où cette $\frac{1}{2}$ hyperbole coupe le cercle O se déterminant aisément par un cercle concentrique à o de rayon $(R + 2r)$.

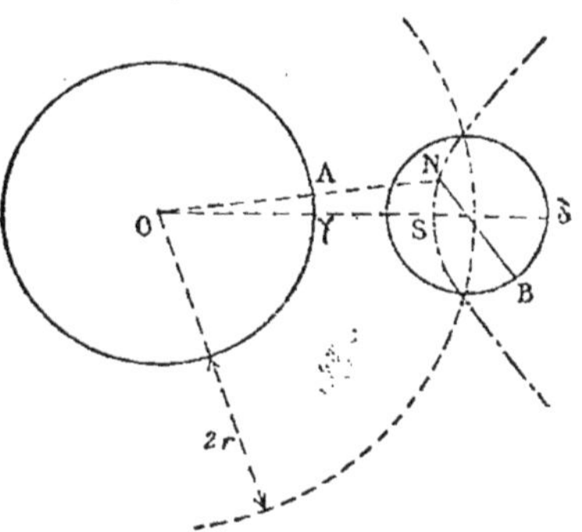

N. B. — Ce deuxième arc d'hyperbole n'est pas du tout la deuxième branche de la première, puisque l'axe transverse est $(R + r)$ et non $(R - r)$.

3° CAS. — Supposons le point N à égale distance de l'arc **convexe** pris sur O et de l'arc **concave** pris sur O.

On trouvera :
$$\rho - R = \rho' + r,$$
donc :
$$\rho - \rho' = R + r.$$

Le lieu est donc la deuxième branche de l'arc d'hyperbole trouvé dans le deuxième cas.

4° CAS. — Si les points N sont à égale distance de deux arcs **concaves**, on trouvera :
$$\rho + R = \rho' + r,$$
donc :
$$R - r = \rho' - \rho.$$

Le lieu sera donc la deuxième branche de l'arc d'hyperbole trouvé dans le premier cas.

En résumé, si on a deux arcs, **tous deux convexes** ou **tous deux concaves**, on a une première hyperbole d'axe $(R - r)$, et si on a deux arcs, **l'un convexe, l'autre concave**, on a une deuxième hyperbole d'axe $(R + r)$.

Ex. 2. Trouver le lieu des points à égale distance d'une circonférence et d'un point extérieur.

9.

Ex. 3. Lieu des centres des cercles tgs à deux cercles donnés extérieurs.

Ex. 4. Lieu des centres des cercles passant par un point donné et tg. à deux cercles donnés.

Ex. 5. Sur une droite AB on prend un point intérieur C. En C on mène un cercle tg. à AB, et par les points A et B on mène des tgs qui se coupent en M. Lieu de ces points M.

Ex. 6. Lieu des points d'où on peut mener à une parabole des tgs faisant un angle donné α.

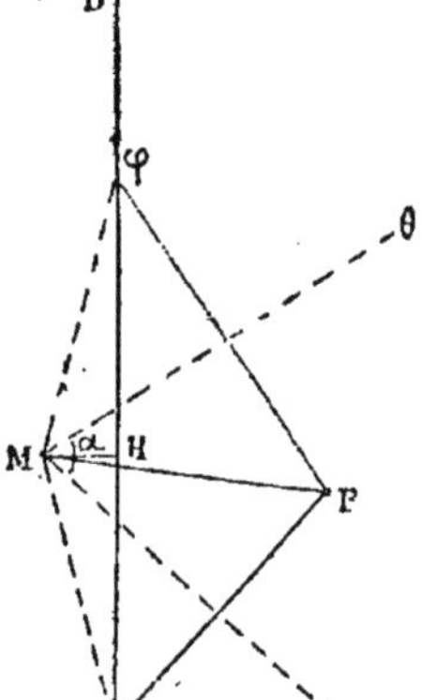

Soit la parabole définie par sa directrice DD' et le foyer F. Soient θ et θ' les deux tgs menées de M et faisant entre elles un angle α.

Pour transformer la propriété du point M en une autre nouvelle propriété qui rende le lieu évident, utilisons les données.

On sait que quand une droite est tg. à une conique on prend toujours le symétrique du foyer par rapport à cette tg. Soient donc φ et φ' les symétriques de F. On sait qu'ils sont sur la directrice.

Mais alors l'examen attentif de la figure nous montre que Mφ étant égal à MF et Mφ' aussi, l'angle φMφ' vaut 2α. — La pp. MH sur la directrice étant la bissectrice dans ce Δ isocèle φMφ', l'angle φMH vaudra α, et par conséquent l'angle φMH sera connu.

Mais dès lors, le Δ MHφ restant toujours semblable à lui-même pour tous les points M, le rapport $\dfrac{MH}{M\varphi}$ sera constant. Donc, comme Mφ = MF, on aura aussi $\dfrac{MH}{MF}$ constant.

Renversons le rapport. $\dfrac{MH}{MF}$ est constant et supérieur à 1. Donc tous les points M sont sur une hyperbole, ayant F pour foyer et DD' pour directrice.

III. *Lieux qui sont des paraboles.*

On peut employer trois méthodes pour prouver qu'un lieu de points est une parabole.

1° Démontrer qu'un point du lieu est à égale distance d'une droite fixe et d'un point fixe situé en dehors de la droite.

2° Démontrer que le carré de la distance MI d'un point du lieu à une droite fixe est proportionnel à la distance du pied I à un point fixe A pris sur cette droite.

3° Démontrer que tout point du lieu est à égale distance d'une droite et d'un cercle. (Bien entendu, cela suppose que l'on a démontré au préalable qu'un pareil lieu est une parabole.)

REMARQUE. — Quand, ayant cherché à se faire une idée de la forme du lieu, on aura trouvé une forme conique, on pourra dire qu'elle est une parabole lorsque, dans une direction et une seule, il y aura des points à l'infini.

Ex. 1. Trouver le lieu des points également distant d'une droite et d'un cercle.

1er CAS. — Supposons la droite DD′ extérieure au cercle, les points M étant à égale distance de la droite et de l'arc **convexe.**

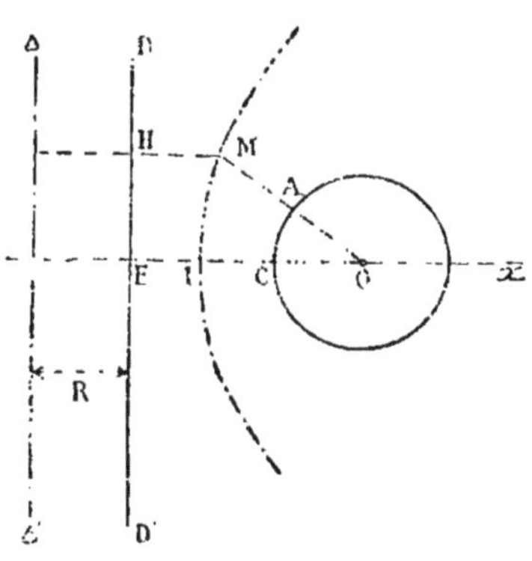

Si nous cherchons à nous faire une idée de la forme du lieu, nous trouvons une courbe passant par le milieu I de la droite CE et ayant deux points à l'infini dans la seule direction pp. OX, l'un au-dessus, l'autre au-dessous. Le lieu parait donc être une parabole.

Pour vérifier cette idée préconçue, transformons la propriété du point M.

Puisque   MA = MH,

on a :   MA + R = MH + R,

ce qui prouve que le point M est à égale distance du centre O et de la droite ΔΔ′ parallèle à DD′ menée à la distance R. Donc la courbe est une parabole de foyer O et de directrice ΔΔ′.

Tout point µ de cette parabole étant évidemment à égale distance de O et du cercle est un point du lieu.

Le lieu est donc une parabole.

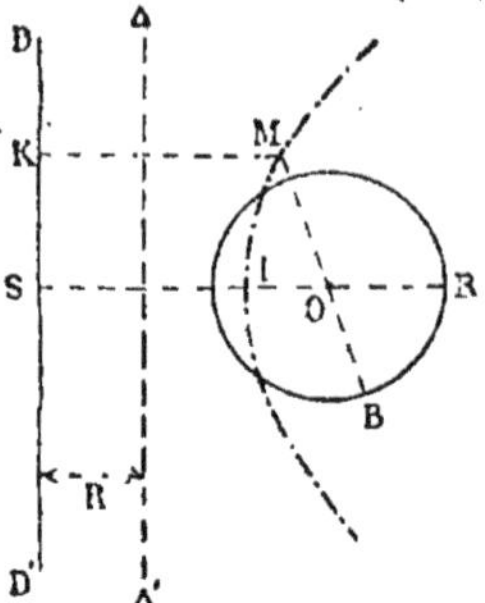

2° CAS. — Supposons encore la droite DD' extérieure au cercle, les points M étant à égale distance de la droite et de l'arc **concave**.

En raisonnant comme précédemment, on verrait que le lieu est une parabole de foyer O et de directrice Δ, Δ', cette plle Δ étant menée à droite et non plus à gauche de DD'. — Le lieu cherché est donc une deuxième parabole différente de la première.

Résultats analogues si la droite donnée coupait le cercle, ou lui était tg.

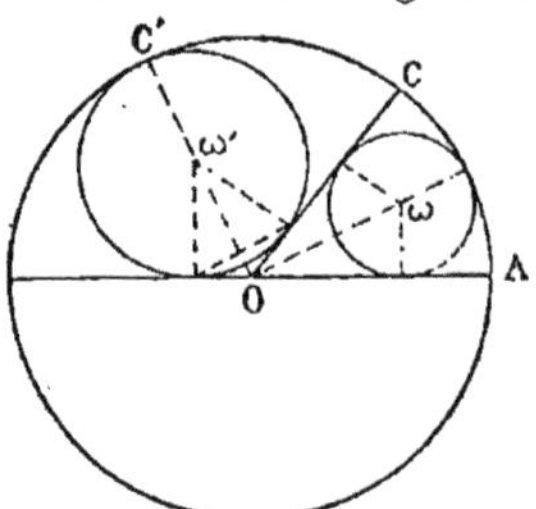

Ex. 2. Etant donné un cercle O de diamètre AB. Une droite mobile OC tourne autour de O. Lieu des centres des cercles tgs à AB, à OC et à la circonférence O.

(Le lieu se compose évidemment de deux paraboles.)

Ex. 3. Lieu des points M tels que la somme de ses distances à un point fixe A et à une droite fixe D soit constante et égale à une longueur donnée l.

On se ferait facilement une idée de la forme du lieu et on verrait qu'on a une forme parabolique.

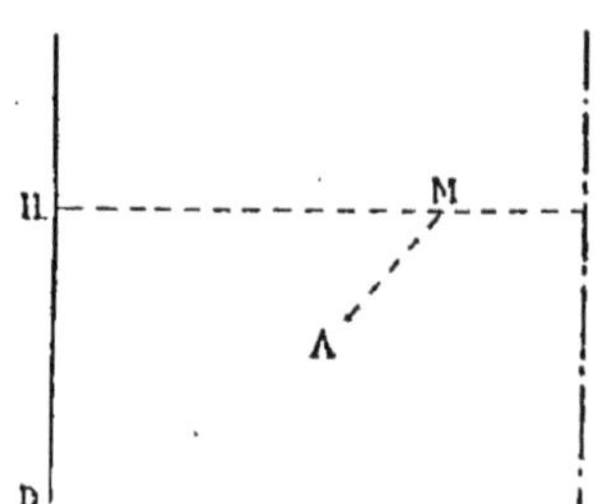

Cela fait, puisqu'on parle de la ligne brisée MAH, il est naturel de la rectifier, non pas en prolongeant MA, mais en prolongeant HM d'une longueur MI égale à MA. Or, si par le point I nous menons une droite Δ plle à D, le point M aura cette nouvelle propriété qui rend le lieu évident, d'être à égale distance de la droite Δ et du point A. — Le lieu est donc une parabole.

Problème analogue si la différence (MH — MA) ou (MA — MH) était constante.

Ex. 4. Etant donnés un angle droit xOy et un point fixe C pris sur Oy, autour du point O pivote une droite Oz. Si au point C on mène la plle Cx' et qu'on prenne sur Oz un point M tel que la pp. MP soit égale à CD, trouver le lieu des points M.

Cherchons d'abord à nous faire une idée de la forme et de la

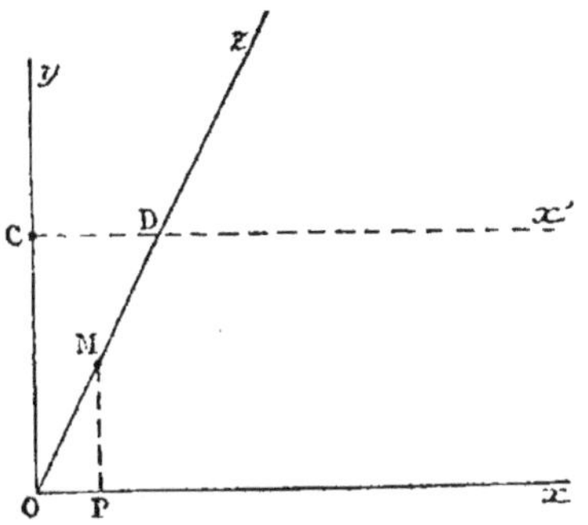

position du lieu. Si Oz est confondu avec Oy, on a le point O. Quand Oz se rapproche de Ox, le point M s'éloigne de plus en plus, de telle sorte qu'il doit y avoir un point à l'infini dans la direction de Ox.

Ce lieu, n'étant pas une ligne droite et ne pouvant être un cercle (puisqu'il y a des points à l'infini), est donc probablement une parabole passant par le point O, — et, par raison de symétrie, le point O doit être le sommet.

Pour vérifier cette idée préconçue, il est naturel de chercher à employer la deuxième méthode, à savoir nous attacher à prouver que $\overline{MP}^2$ est proportionnel à OP. — Cherchons donc une relation entre MP et OP.

Les deux Δ étant semblables (façon d'utiliser les données), on a :

$$\frac{MP}{OP} = \frac{OC}{CD}.$$

Mais :
$$CD = MP.$$

Donc :
$$\overline{MP}^2 = d \times OP,$$

d étant la distance fixe OC. Le lieu est donc la parabole annoncée.

Nous disons que c'est le lieu, car sur toute droite Oz il y a un point du lieu (évident par l'idée de continuité).

Ex. 5. On considère toutes les circonférences tgs en A à une droite xy. On joint un point fixe B pris sur cette droite à l'extrémité C du diamètre et on demande le lieu des pôles de toutes ces droites BC par rapport aux cercles.

Si nous nous faisons une idée de la forme du lieu, nous verrons facilement que c'est une courbe passant par le point A et

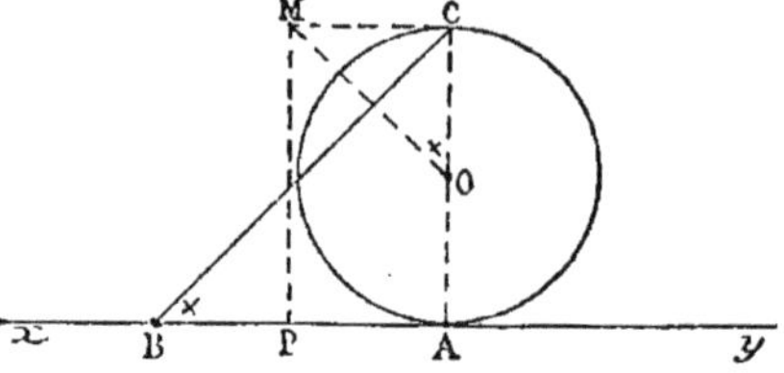

ayant un point à l'infini dans la direction yx. Il est donc à présumer que c'est une parabole ayant pour sommet le point A. Il est dès lors naturel pour trouver le lieu d'employer la deuxième méthode et de chercher à prouver que $\overline{MP}^2$ est proportionnel à AP.

Cherchons donc, en utilisant les données, à trouver une relation entre MP et AP, ou, ce qui revient au même, entre AC et MC.

Comme OM est pp. à BC et que CM est pp. à AC, tout cela s'exprime en disant que les deux Δ OMC et CAB sont semblables. On a donc :

$$\frac{OC}{AB} = \frac{MC}{AC}.$$

Mais nous n'avons pas encore utilisé que O est le milieu de AC. Donc on doit remplacer OC par $\dfrac{AC}{2}$, ce qui donnera :

$$\frac{AC}{2AB} = \frac{MC}{AC},$$

c'est-à-dire : $\qquad \overline{AC}^2 = 2d.MC,$

ou enfin : $\quad \overline{MP}^2 = 2d.AP,$ d étant la distance connue AB.

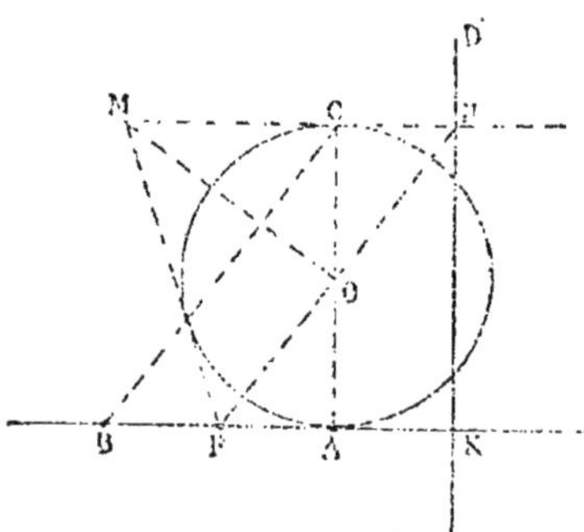

Tous les points M sont donc sur la parabole annoncée. — D'ailleurs, sur une direction quelconque OM, il y a un point du lieu (idée de continuité).

Donc la parabole tout entière est le lieu cherché, et cette parabole ayant un paramètre égal à d, son foyer est au milieu F de AB.

Solution plus rapide (qu'on a pu obtenir en utilisant le résultat précédent (à savoir le foyer au milieu de AB), solution qui n'est donc qu'en apparence seulement due à l'inspiration).

Si nous joignons le point M du lieu au milieu F de AB (droite MF qui n'est pas d'ordinaire une tg.), et qu'on mène de l'autre côté de A à une distance égale à FA la pp. DD', les trois points F, O, H étant en ligne droite, OF étant égal à OH, et OF étant plle à BC, on a :

$$MF = MH \text{ (pps également écartées)}.$$

Donc tous les points M sont sur une parabole ayant pour foyer le milieu de AB et pour directrice la pp. DD' menée par le symétrique K de F.

N. B. — Le problème se généraliserait aisément en menant une pp. à BC par un point quelconque pris sur le diamètre AC.

REMARQUE. — Dans tous les problèmes où on cherche à prouver que le lieu est une parabole, il est très facile de déterminer *a priori* la directrice, si on connaît le sommet A, l'axe AX et un point M. — Il suffit, en effet (faire la figure), après avoir déterminé avec soin ce point M, de mener la pp. MP à l'axe, de prendre Aθ = AP, de joindre θM, puis de mener la normale MN. Le paramètre étant égal à la sous-normale, on connaît donc la position de la directrice, — indication qui peut être précieuse pour l'orientation de la question.

Ex. 6. Etant donné un cercle O et un diamètre AB, on mène une corde CD plle à AB. On joint l'extrémité A au milieu de CD, le centre O à l'extrémité de CD, et on prend l'intersection M de ces deux droites. Lieu de ces points M.

Il est d'abord indispensable de nous faire une idée de la forme et de la position du lieu. Sans quoi nous ne saurions absolument pas comment utiliser les données.

Le point E, prolongement de OI, est un point du lieu. On voit ensuite, la corde CD ayant deux extrémités C et D, qu'il faut prendre l'intersection de M avec OC et avec

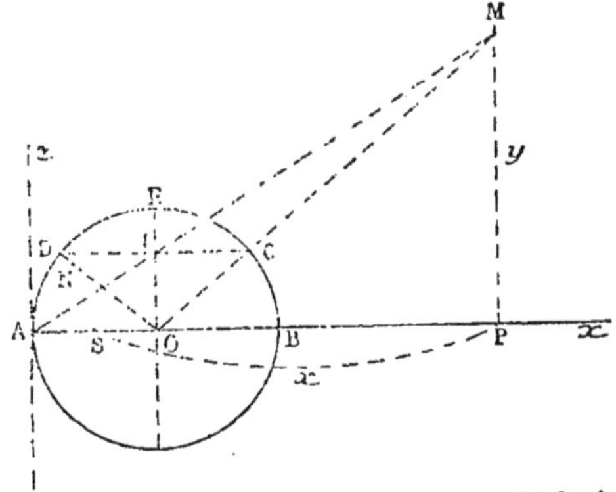

OD Il y a donc des points du lieu à gauche comme à droite

de OE en N comme en M. Le milieu S de OA paraît donc être un point du lieu, et enfin sur la droite ABX il y a un point à l'infini. — Le lieu a donc l'air d'être, à cause de la symétrie, une parabole ayant pour axe SX et pour sommet S.

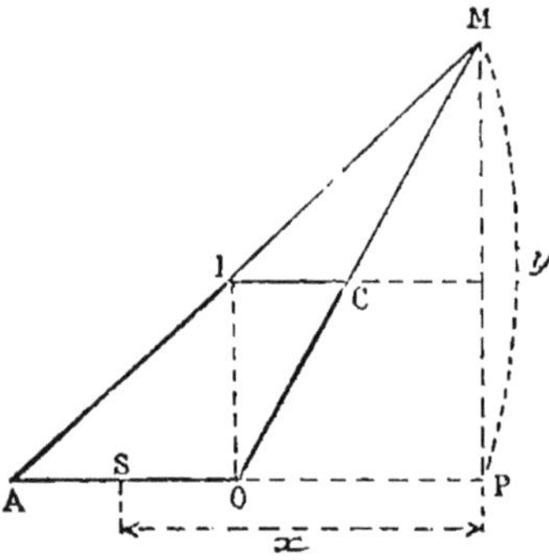

Il est d'après cela naturel de diriger la transformation de la propriété du point M, de façon à pouvoir établir que $\overline{MP}^2$ est proportionnel à PS.

Pour trouver cette relation entre MP et PS, ou pour abréger entre y et x, il faut utiliser que IC est plle à AO et que OC est égal à OA (ce qui se fera grâce aux proportions). Mais cela ne suffira pas, car il faudra encore exprimer que OI est pp. à OA. — Cette double condition se traduira par l'égalité :

$$\frac{IC}{OA} = \frac{MC}{MO}.$$

Mais :

$$\frac{MC}{MO} = \frac{y - OI}{y},$$

d'où :

$$\frac{IC}{R} = \frac{y - OI}{y} \tag{1}.$$

Dans cette relation figure y. Mais il faut nous débarrasser de IC et de OI au profit de y et de x.

Or on a :

$$\overline{OI}^2 = R^2 - \overline{IC}^2 \tag{2},$$

et :

$$\frac{OI}{y} = \frac{R}{\frac{R}{2} + x} \tag{3}.$$

De la troisième relation on tire OI, et de la première on tire IC.

$$OI = \frac{Ry}{\frac{R}{2} + x} \qquad \frac{IC}{R} = 1 - \frac{R}{\frac{R}{2} + x} = \frac{x - \frac{R}{2}}{x + \frac{R}{2}}.$$

En portant ces valeurs dans (2) on aura la relation cherchée,
à savoir :

$$\frac{R^2 y^2}{\left(\dfrac{R}{2}+x\right)^2} = R^2 - R^2 \frac{\left(x-\dfrac{R}{2}\right)^2}{\left(x+\dfrac{R}{2}\right)^2}$$

ou enfin :

$$y^2 = 2Rx,$$

ce qui montre, $\dfrac{\overline{MP}^2}{x}$ étant égal à $2R$, que le lieu des points M est
une parabole de sommet S ayant pour paramètre R, d'où le
foyer en O et la directrice en Az.

REMARQUE I. — Bien que la démonstration précédente soit un
peu laborieuse et peu élégante, nous l'avons donnée tout de
même pour montrer qu'avec quel-
que ténacité on arrive au but.

Seulement, quand on est arrivé
longuement à un résultat simple,
il y a presque toujours une méthode plus courte, et celle-ci se
trouve d'ordinaire en vérifiant directement le résultat simple qu'on
a trouvé.

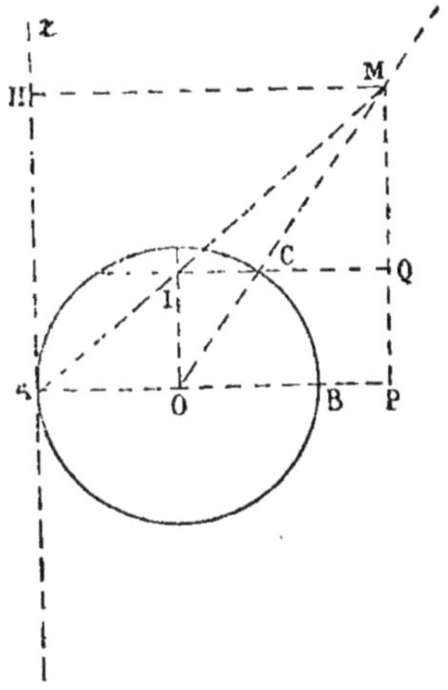

Il est donc tout naturel de tâcher de prouver, directement, que
$MO = MH$, MH étant la pp. menée de M sur Az. Or cela est assez
facile.

Car les $\triangle$ semblables MOP et
OCI donnent :

$$\frac{MO}{OP} = \frac{OC}{CI} = \frac{R}{CI} \quad (1).$$

Or :

$$\frac{R}{CI} = \frac{AO}{CI} = \frac{MO}{MC} \qquad (2);$$

donc en comparant (1) et (2) on trouve :

$$\frac{MO}{OP} = \frac{MO}{MC}, \qquad \text{c'est-à-dire } OP = MC.$$

et par conséquent $MO = MH$. Le lieu est donc bien une parabole.

REMARQUE II. — D'après ce que nous avons dit (deux pages
plus haut) on aurait pu, par une construction un peu soignée,

arriver à trouver, sans être obligé de recourir aux longs calculs de la première démonstration, la directrice et le foyer de la parabole présumée.

Ex. 7. Sur une droite donnée AB on prend un point C situé entre A et B. Sur AC et sur CB on construit des carrés ACDE et CBHG. On mène les droites AG et DB qui se coupent en M. Trouver le lieu des points de rencontre M quand le point C se déplace sur la droite AB.

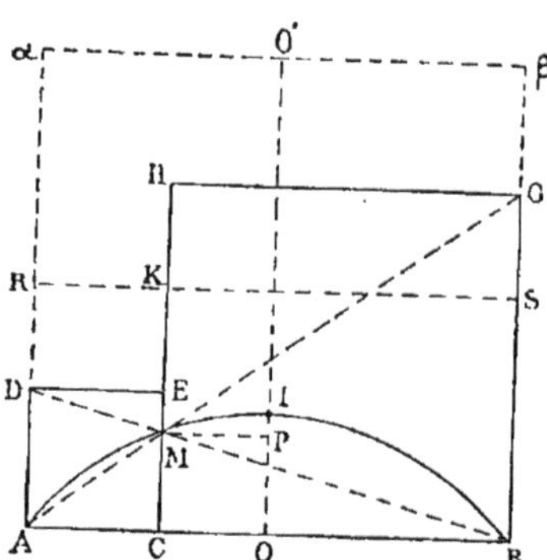

On sait que les deux droites AG et DB se coupent sur la droite CE. Si nous cherchons à nous faire une idée du lieu, nous voyons que les points A et B font partie du lieu ainsi que le point I obtenu en construisant un carré sur AB, prenant les milieux O et O' des côtés opposés et prenant le quart de cette droite à partir de O.

Comme il y a symétrie par rapport à OO', il est donc à présumer que le lieu est une parabole ayant pour sommet le point I et pour axe la droite IO.

Il y a dès lors lieu de chercher à prouver que le rapport $\dfrac{\overline{MP}^2}{IP}$ est constant, MP étant la pp. menée de M sur IO.

Or, en utilisant les données, on voit que l'on a, grâce aux $\triangle$ semblables :

$$\frac{MC}{BG} = \frac{AC}{a},$$

a désignant la longueur de la droite AB. Puisque nous cherchons une relation entre MP et IP, il est naturel de transformer cette expression au profit de MP et de IP, ce qui est facile. Car

$$MC = PO = \frac{a}{4} - IP.$$

$$BG = CB = \frac{a}{2} + MP,$$

$$AC = \frac{a}{2} - MP,$$

donc :

$$\left(\frac{a}{4} - \mathrm{IP}\right) a = \frac{a^2}{4} - \overline{\mathrm{MP}}^2,$$

d'où :

$$\overline{\mathrm{MP}}^2 = a \times \mathrm{IP}.$$

Le lieu est donc une parabole ayant pour paramètre $\frac{a}{2}$. Ce qui prouve que le foyer est en O au milieu de AB, la directrice étant la droite RS qui joint les milieux des côtés du carré construit sur AB.

REMARQUE. — On pourra évidemment, d'après cela, traiter d'une seconde façon le problème, en prouvant que la droite MO est égale à la distance MK du point M à la droite RS.

CHAPITRE III

Construction de figures planes.

Les constructions géométriques doivent toujours se faire seulement à l'aide de la règle et du compas, — le rapporteur et le double décimètre ne pouvant pas être appelés des instruments mathématiques précis, non plus que l'équerre, car ils ne donnent qu'approximativement les degrés, les millimètres, ou les droites perpendiculaires. Dans les constructions dites géométriques, on ne doit donc jamais tracer que des droites ou des cercles ou des arcs de cercle.

Nous allons encore partager ce chapitre III en cinq paragraphes, à savoir :

§ 1. *Construction d'un point.*

§ 2. *Construction d'un* Δ.

§ 3. *Construction d'un quadrilatère ou d'une circonférence.*

§ 4. *Construction de longueurs.*

§ 5. *Construction de coniques.*

§ 1er. — Problèmes se ramenant à la construction d'un point.

Quand il s'agit de placer un point dans une figure et qu'il ne doit pas se trouver à l'intersection de deux lignes déjà tracées, *ce point se détermine toujours franchement et sans tâtonnements, ou par* l'intersection de deux lieux géométriques — *ou par* l'intersection d'une ligne déjà tracée sur la figure et d'un lieu géométrique.

Quand le point à placer n'a qu'une propriété, à cette

propriété correspond toujours un lieu : le lieu des points ayant cette propriété.

Quand le point a une double propriété, à chacune de ces propriétés correspond un lieu, — de telle sorte que le point sera bien en effet défini par l'intersection de deux lieux géométriques.

Remarquons que, pour arriver à construire un point sans tâtonnement et à l'aide de constructions nettes très précises, on devra toujours, d'abord *supposer le problème résolu*, c'est-à dire placer le point à peu près comme on le demande par rapport aux lignes de la figure — puis, ayant sous les yeux cette figure, on devra en déduire les constructions nécessaires, constructions qu'on pourra (surtout si on est débutant) faire soigneusement à part, dans un espace réservé à cet effet et où le terrain est en quelque sorte préparé pour y recevoir ces constructions.

Ex. 1. Construire un point situé sur une circonférence donnée O, le rapport de ses distances à deux points donnés A et B étant connu.

Supposons le problème résolu et soit M le point cherché situé sur le cercle O, A et B étant les deux points donnés. — Puis voyons les constructions très nettes

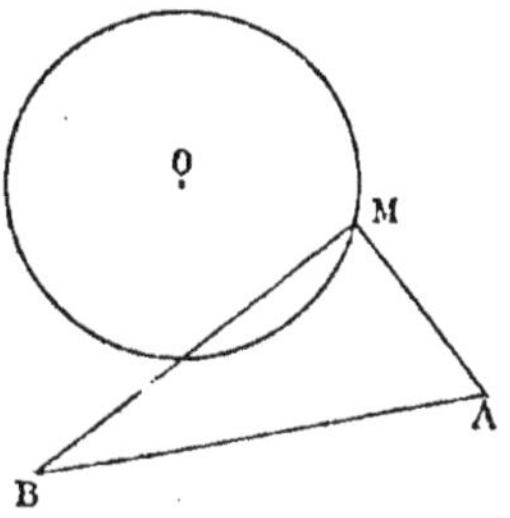

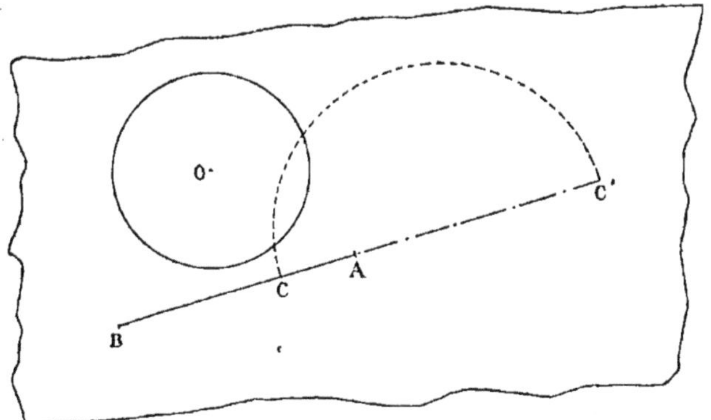

qu'il va falloir faire à côté, au milieu de la figure placée au-dessous.

D'abord ce point M cherché doit être sur la circonférence O.

Ensuite $\dfrac{MA}{MB}$ devant être égal à un nombre donné, ce point M doit se trouver sur le lieu des points tels que le rapport de leurs distances aux deux points A et B est constant, lieu connu, qui est la circonférence décrite sur les deux points conjugués C et C′.

Donc le point devra être à la fois sur les deux circonférences.

On trouvera même généralement deux points, au lieu d'un seul qu'on cherchait.

Ex. 2. Étant donnés deux droites D et D′ et un point F pris sur la droite D′, trouver sur cette droite D′ un point M également distant de la droite D et du point F (intersection d'une parabole et d'une droite passant par le foyer).

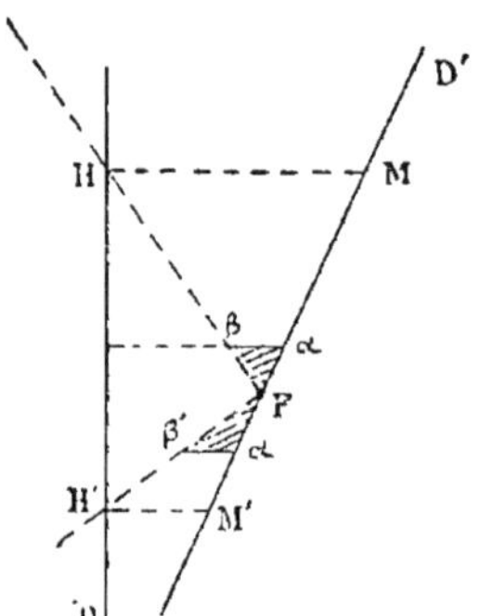

Soit le problème résolu et soit H le pied de la pp. menée de M sur la droite D. M sera connu si on connaît le point H.

Or ce point H s'obtiendra aisément comme il suit, en prenant au hasard Fα, puis menant la pp. αβ égale à Fα, joignant enfin Fβ et prenant l'intersection de Fβ avec la droite D.

Même construction pour le point M′, d'où les deux points M et M′ (au lieu d'un seul qu'on cherchait).

Remarque. — Il y a une deuxième solution basée sur ce qu'on connaît l'angle M, donc sa bissectrice.

Ex. 3. Étant données une demi-circonférence de diamètre AB et une droite AX, déterminer sur AX un point M tel que si on mène la pple MN, on ait : AM + MN = l.

Soit le problème résolu. Si nous rectifions la ligne brisée en prenant MC égale à MN, la longueur AC sera connue. Mais si nous prolongeons CN jusqu'au point I où elle coupe AB, le Δ ACI étant isocèle, le point I est connu. Il suffira donc pour connaître le point N de prendre l'intersection de CI avec la circonférence. — Et le point M cherché sera alors à l'intersection de AX et de la pple NM.

Discussion. — Le problème ne sera possible que si la droite CI coupe le cercle. Si donc nous menons la tg. θ pp. à la bissectrice AZ de l'angle BAX, le point limite (vers la droite) sera le point P.

Si le point I est situé entre P et B, le problème aura deux solutions.

Si ce point I est situé entre B et le point Q où la pp. à la bissectrice coupe AB, il n'y a plus qu'une solution.

Cette discussion pourra être résumée dans le tableau suivant :

$$
\begin{array}{l}
l > \text{AP} \dots\dots\dots\dots\dots\dots\dots\dots\ 0 \text{ solution.} \\
l = \text{AP} \dots\dots\dots\dots\dots\dots\dots\dots\ 1 \text{ solution.} \\
l < \text{AP} \begin{cases} l > 2\text{R} \dots\dots\dots\dots\ 2 \text{ solutions.} \\ l < 2\text{R} \begin{cases} l > \text{AQ} \dots\ 1 \text{ solution.} \\ l < \text{AQ} \dots\ 0 \text{ solution.} \end{cases} \end{cases}
\end{array}
$$

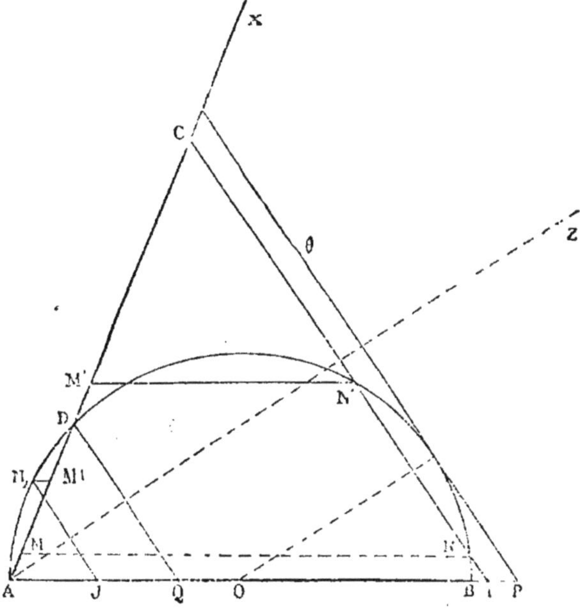

REMARQUE. — Quand la pp. Az coupe AB en J entre A et Q, le
problème revient évidemment à celui-ci : trouver sur la droite AX
un point M_1 tel que si on mène par M_1 la parallèle M_1N_1 mais à
gauche de AX à partir de M, on ait la relation : $AM_1 - M_1N_1 = l$.

Ex. 4. Étant donné un diamètre AB d'un cercle, prendre
sur AB entre A et B un point I tel que, si on mène par I la
corde CD pp. à AB, on ait $AI + CD = l$.

Construction analogue basée sur ce que tous les Δ rectangles, où le rapport des côtés de l'angle droit vaut $\dfrac{m}{n}$, renferment des angles égaux. — (Discussion analogue.)

Ex. 5. Construire un point situé à une distance donnée l d'une droite donnée xy et à une distance donnée d d'une circonférence donnée O.

Supposons le problème résolu, et soit M le point cherché placé

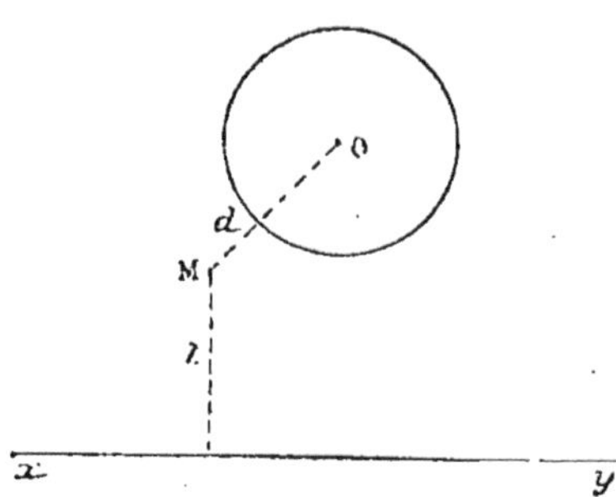

à une certaine distance et de la droite xy et du cercle O. — Ayant sous les yeux cette figure, voyons quelles constructions nous devons faire au-dessous, dans l'espace où le terrain est préparé.

1° Puisque le point M est à une distance connue de xy, il doit être quelque part sur la parallèle à xy menée à cette distance l (construction très nette).

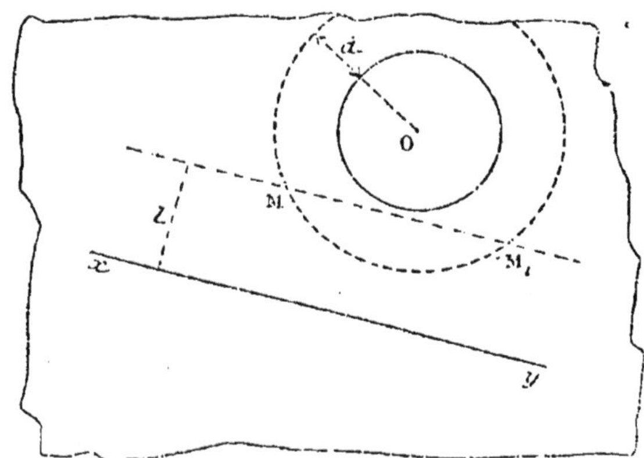

2° Puisque le point M est à une distance du cercle O égale à d, il doit être quelque part sur un cercle concentrique dont le rayon est $OA + d$ (2° construction très nette).

Le point cherché M devant avoir à la fois les deux propriétés sera situé à l'intersection de ces deux lignes géométriques. Donc généralement on trouvera deux points M et M_1 au lieu d'un seul M qu'on cherchait.

Ex. 6. Étant donnés deux lignes L et L' et un point A, mener par ce point A une droite MAN rencontrant les deux lignes en des points tels que les segments formés AM et AN aient un rapport (ou un produit) donné.

Supposons le problème résolu et soit MN la droite cherchée. Cette droite sera connue si je connais par exemple le second point M.

Or M se trouve d'abord sur la ligne L'.

— Ensuite $\dfrac{MA}{AN}$ devant être égal à un *ub* donné K, M devra se trouver quelque part sur la figure homothétique L_1 de la ligne L.

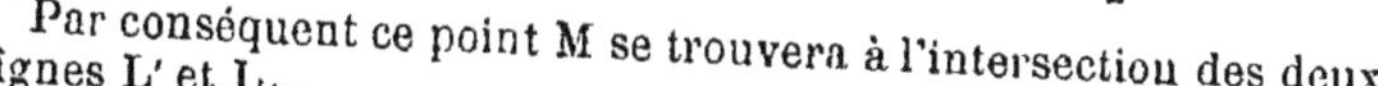

Par conséquent ce point M se trouvera à l'intersection des deux lignes L' et L_1.

REMARQUE. — Si, au lieu de se donner le rapport, on s'était donné le produit AM $\times$ AN, le point M eût été à l'intersection de L' avec la figure inverse de L.

Cet exemple nous fournit une méthode précieuse basée sur l'homothétie ou l'inversion, pouvant s'appliquer toutes les fois que l'on connaîtra la figure homothétique ou inverse de l'une des deux lignes L ou L'. Et on rencontre beaucoup de problèmes de ce genre. — En effet :

Application I. — Étant donnés deux droites x et y et un point A, mener par A une droite s'appuyant sur ces deux droites et telle que A la partage en segments additifs ou soustractifs dont le rapport est donné.

(Le point M se trouve à l'intersection de X avec la figure homothétique de Y, A étant le centre d'homothétie.)

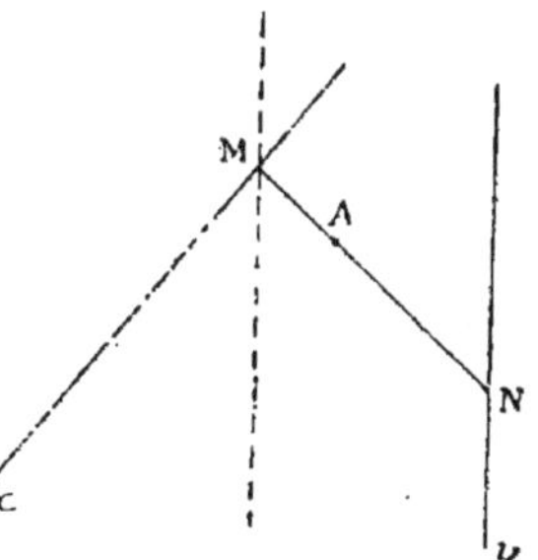

Application II. — Étant donnés une corde BC et un point A sur la circonférence, mener par A une droite telle que M

et N étant les points où elle coupe la corde BC et la circonférence, on ait :

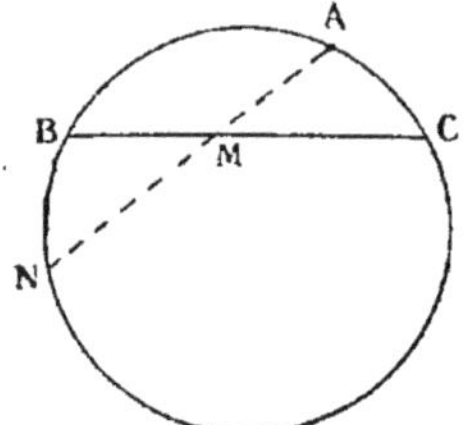

$$\frac{AM}{AN} = K \text{ ou } AM \times AN = K^2.$$

(On pourra à volonté chercher à déterminer ou le point M ou le point N,
et on devra alors prendre la figure homothétique (ou inverse) soit du cercle,
soit de la droite BC.)

Les quelques exemples qui précèdent nous montrent bien
*qu'un point se détermine toujours, ou par l'intersection
d'une ligne et d'un lieu géométrique — ou par l'intersection de deux lieux géométriques.*

§ 2. — Construction de triangles.

Nous allons montrer que cette construction se ramène
d'ordinaire ou à la détermination directe des sommets ou
à la construction d'un Δ auxiliaire.

Un Δ ayant trois sommets, la construction d'un Δ se
ramène à la construction d'un ou plusieurs points, —
construction qui se fera toujours par l'intersection de deux
lignes.

Exemple.—Construire un Δ, connaissant les trois côtés,
Ou connaissant un côté, l'angle opposé, et la médiane
ou la hauteur correspondante,
Ou connaissant un côté et deux hauteurs,
Ou encore un côté, l'angle adjacent et une hauteur, etc.
Dans ces exemples, les sommets du Δ se déterminent
directement à l'aide de lieux géométriques. Il en est encore
de même dans les exemples suivants.

Pr. 1. Étant donnés trois cercles concentriques et un
point A sur l'un d'eux, construire un Δ ABC semblable à
un Δ donné $\alpha\beta\gamma$, les sommets B et C devant être aussi sur
les deux autres cercles.

Supposons le problème résolu et soit ABC le Δ cherché semblable au Δ $\alpha\beta\gamma$. Nous pouvons évidemment nous donner le point A et nous allons chercher maintenant à déterminer le point B.

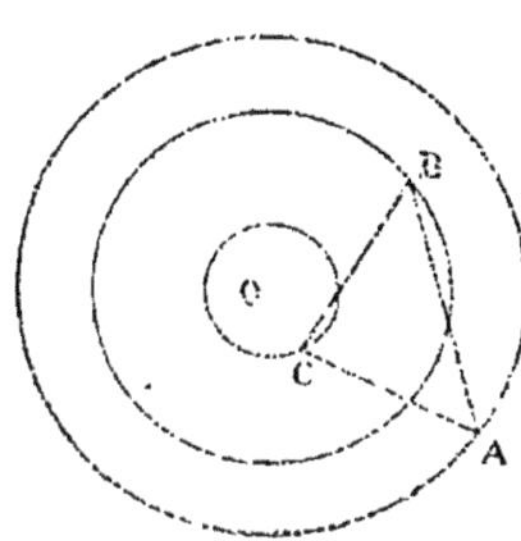

Ce point B est, d'abord sur la circonférence moyenne, puis sur le lieu décrit par le troisième sommet d'un Δ ACB qui se déplace autour de A en restant toujours semblable à lui-même, le sommet C parcourant la petite circonférence (lieu connu et obtenu par la méthode de rotation) (voy. plus haut).

Une fois les points A et B connus, il n'y aura plus qu'à faire en B un angle ABC égal à l'angle connu β, et le point C sera déterminé.

Pr. 2. Construire un Δ ABC, l'un des sommets étant en un point A, les deux autres B et C étant sur deux droites données X et Y, connaissant en plus l'angle BAC et le rapport

$$\frac{AB}{AC} = K.$$

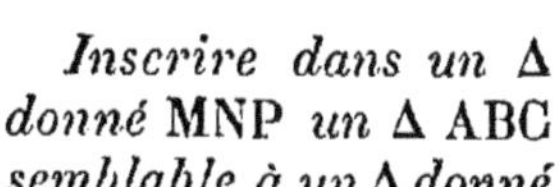

Il suffit évidemment de déterminer le sommet B. Ce point se trouve :

1° Sur la ligne droite X ;

2° Sur le lieu des points B obtenus par la rotation d'un Δ qui reste semblable à lui-même pendant que le sommet C parcourt la droite Y.

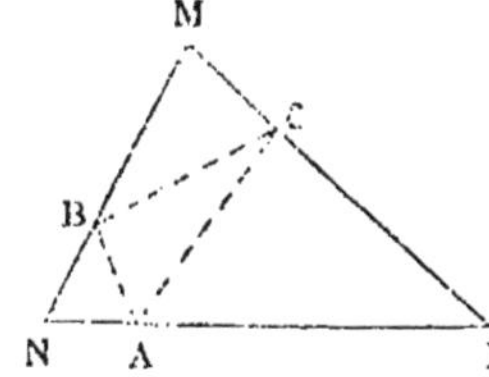

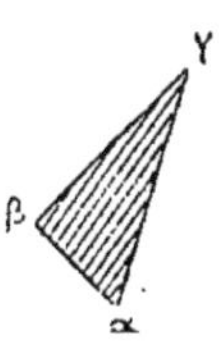

Cette solution convient évidemment aussi au problème suivant :

Inscrire dans un Δ donné MNP un Δ ABC semblable à un Δ donné $\alpha\beta\gamma$, *connaissant en plus la position que le sommet A occupe sur* NP.

Pr. 3. Construire un Δ ABC, connaissant les deux côtés *b* et *c* et la bissectrice *l* intermédiaire.

On commencera par construire par exemple la bissectrice, ce qui donnera les deux points A et D ; puis, ayant tracé les deux cercles concentriques de rayons b et c, il n'y aura plus qu'à mener par le point D une droite BC s'appuyant sur ces deux circonférences et partagée en D dans le rapport $\frac{b}{c}$, puisque $\frac{DC}{DB} = \frac{b}{c}$ (problème étudié tout à l'heure dans la construction d'un point).

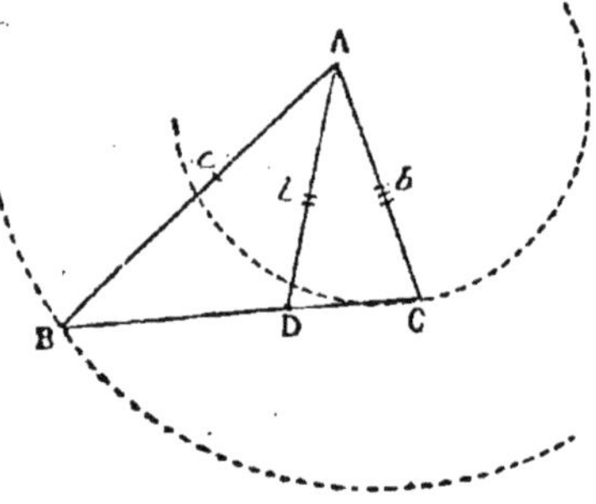

Pr. 4. Construire un triangle ABC, connaissant le côté du carré inscrit DEFG, connaissant le rapport $\frac{AD}{DB}$ et l'angle A.

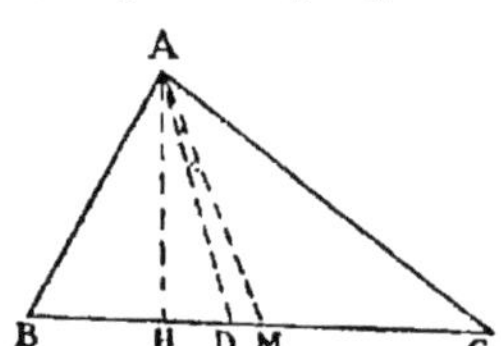

(Solution analogue aux précédentes.)

Pr. 5. Construire un Δ, connaissant a, A et l'un des rapports suivants :

$\frac{b}{c}, \frac{m}{h}, \frac{h}{l}$ (h, m, l étant la hauteur, la médiane et la bissectrice correspondant à a).

Soit ABC le Δ demandé.

On commencera toujours par construire sur le côté a le segment capable, puis on fera les constructions indiquées dans le tableau suivant :

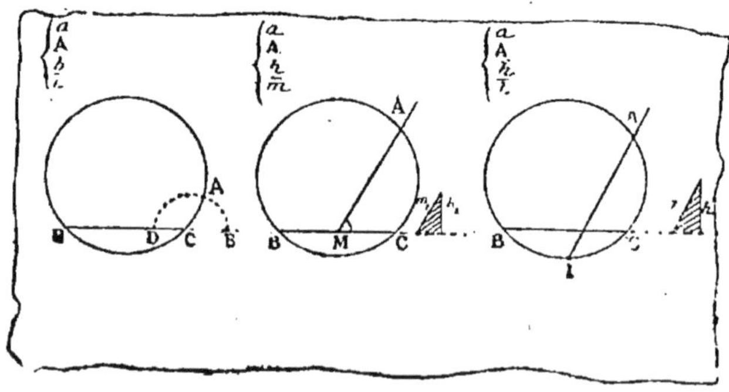

Mais il y a de nombreux cas où le Δ ne peut se construire directement et ne peut l'être qu'à l'aide d'*un* Δ *auxiliaire*. Ce Δ auxiliaire est, tantôt un Δ indiqué naturellement par la figure où on suppose le problème résolu, tantôt un Δ homothétique au Δ que l'on cherche.

1er CAS. — **Le Δ auxiliaire est indiqué par la figure même.**

Nous allons traiter successivement ces deux cas.

Ex. 1. Construire un Δ, connaissant deux côtés et la médiane intermédiaire.

Supposons le problème résolu, et soit AM la médiane connue, les côtés AB et AC l'étant également.

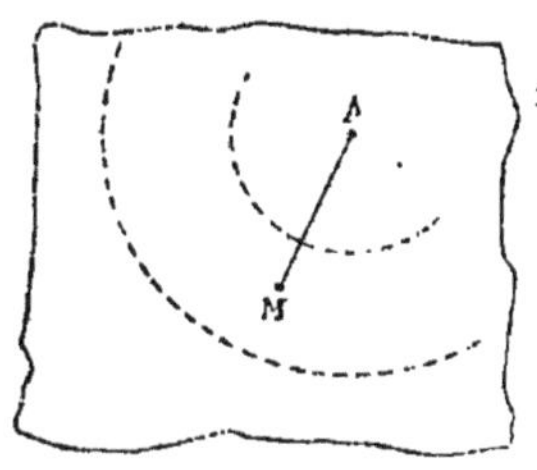

(On pourrait construire ce Δ en commençant la construction par la médiane et employant la méthode indiquée d'homothétie, la droite cherchée BC étant une droite passant par M, rencontrant les deux cercles de rayons AB et AC, le rapport $\dfrac{MB}{MC}$ étant égal à 1.

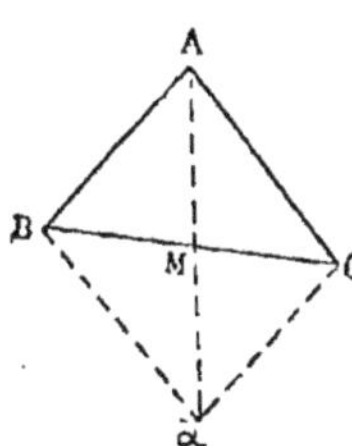

REMARQUE. — On peut construire ce Δ plus simplement en prolongeant la médiane d'une longueur égale à elle-même et construisant le Δ auxiliaire ACα, Δ d'où on déduit le Δ ABC.

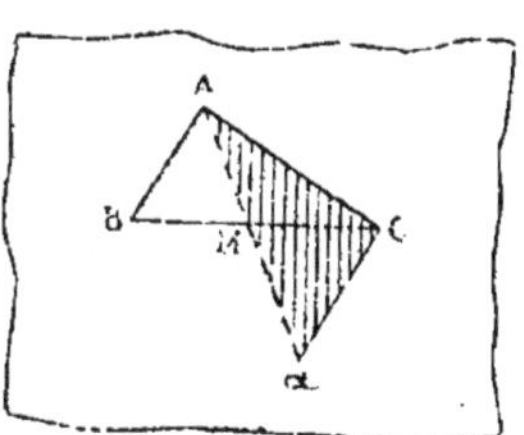

Ex. 2. Construire un Δ, connaissant les trois médianes.

Si on suppose le problème résolu, on voit immédiatement que le Δ ABC sera connu si on construit d'abord le Δ auxiliaire OBC, ce qui est facile.

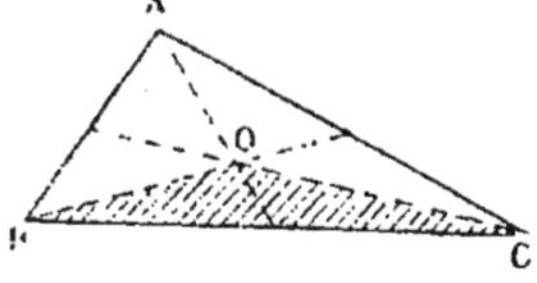

Ex. 3. Construire un Δ, connaissant un côté, l'angle opposé et la somme des deux autres côtés.

Soit ABC le Δ cherché. Si on prolonge BA d'une longueur AD égale à AC, dans le Δ BDC on connait BC et BD et l'angle D qui vaut la moitié de A. — Si donc on construit ce Δ auxiliaire BDC (1) en commençant par le côté BD, on en déduira aisément le Δ demandé ABC.

REMARQUE. — Le périmètre étant connu dans le Δ ABC, et ce mot périmètre éveillant l'idée de cercle ex-inscrit, on peut donner au problème précédent la solution plus élégante qui suit :

Faisant un angle égal à l'angle donné A, on porte sur les côtés deux longueurs égales au $\frac{1}{2}$ périmètre. On construit le cercle tg.

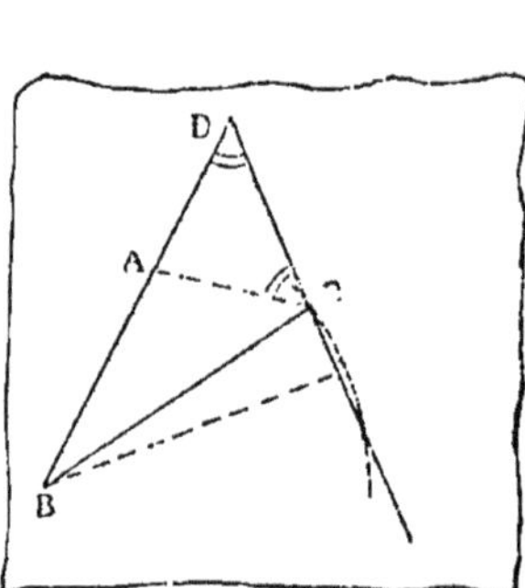 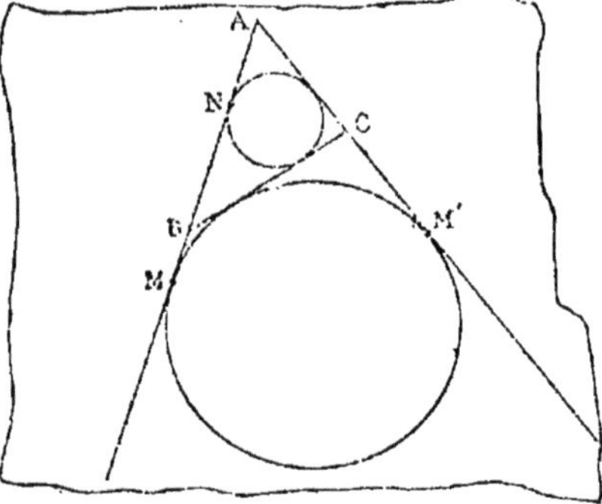

en M et M', puis on prend MN égal à BC, et on construit le cercle inscrit. Enfin on mène la tg. commune à ces deux cercles.

Ici il n'y a plus de Δ auxiliaire, mais il y a deux cercles auxiliaires à construire d'abord, l'un inscrit, l'autre ex-inscrit.

Ex. 4. Construire un Δ rectangle ABC, connaissant le côté AB de l'angle droit et la somme l du côté AC et de la moitié de l'hypoténuse (faire la figure).

---

(1) Généralement il est prudent de construire la figure parallèlement à la figure où le problème est supposé résolu.

Supposons le problème résolu. Puisque nous connaissons, outre AB, la somme AC + CM (M étant le milieu de l'hypoténuse), il est naturel de prolonger AC d'une longueur CD égale à CM. On connaîtra alors les deux points fixes B et D. Mais le rapport $\dfrac{CD}{CB}$ est connu, il vaut $\dfrac{1}{2}$. Par conséquent le point C sera à l'intersection de la droite AD avec le lieu connu des points tels que le rapport de leurs distances à deux points fixes est constant. D'où la construction demandée du Δ (discussion facile).

Ex. 5. Construire un Δ ABC, connaissant les deux côtés AB et AC ainsi que la bissectrice AD (faire la figure).

Nous avons déjà donné une solution de ce problème basée sur l'homothétie. En voici une deuxième, application de la méthode du Δ auxiliaire :

Prolongeons le côté AB d'une longueur AD égale à AC. On sait que le Δ ACD est isocèle. Or, on peut le construire facilement, puisque $\dfrac{DC}{AD} = \dfrac{BD}{DA} = \dfrac{BD}{AC}$, d'où on tire la valeur de DC à l'aide d'une quatrième proportionnelle. — Le Δ auxiliaire ADC une fois construit, on en déduit aisément le Δ ABC.

Ex. 6. Construire un Δ, connaissant BC, la hauteur AH et la médiane BM'.

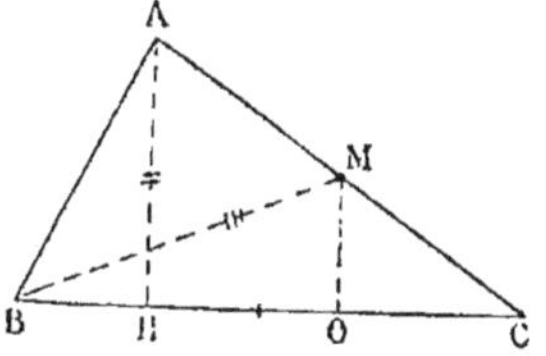

Il suffit de construire le Δ auxiliaire BM'C, et cela est facile. Car on y connaît BC, BM' et la hauteur M'O qui vaut la moitié de AH.

On en déduit aisément le Δ ABC.

Ex. 7. Construire un Δ ABC, connaissant a, $b + c = l$ et la différence $(B - C)$ des deux angles à la base (faire la figure).

Si nous prolongeons BA d'une longueur égale à AC, dans le Δ DBC on connaît l'angle DCB. En effet, on a :

$$DCB = D + C = \frac{A}{2} + C = 90^\circ - \frac{B + C}{2} + C = 90 - \frac{B - C}{2}$$
$$= 90^\circ - \alpha.$$

Ce Δ auxiliaire DBC est donc facile à construire, et on en déduit le Δ ABC.

N. B. — On voit par cet exemple que, bien que la différence $(B - C)$ doive éveiller d'ordinaire en nous l'idée de l'angle de la hauteur avec la bissectrice (ou avec le rayon du cercle circonscrit), il y a pourtant des cas où il ne faut pas suivre cette idée, et se contenter d'examiner attentivement la figure pour y découvrir la propriété utile.

Remarque. — Comme il n'est pas précisément naturel de s'attaquer de prime abord à l'évaluation de l'angle BCD en fonction de α, nous dirons que l'on a pu être conduit à cette recherche par des considérations trigonométriques préalables très simples.

Ex. 8. Construire un $\triangle$ ABC, connaissant le côté BC, l'angle opposé A et la somme l de (BH + HC), BH étant la pp. menée sur AC.

(On prolonge BH d'une longueur égale à HC, d'où le point D, et on construit le $\triangle$ auxiliaire BCD.)

2° Cas. — Constructions des $\triangle$ à l'aide d'un $\triangle$ auxiliaire homothétique.

Pour exposer clairement cette méthode, que nous appellerons *méthode d'homothétie* ou *de similitude*, disons d'abord que l'on appelle *éléments linéaires* d'un $\triangle$ un côté, une hauteur h, une médiane m, un rayon de cercle inscrit r, un périmètre $2p$, des bissectrices l, l' ou l'', etc., etc.

Rappelons ensuite que si deux $\triangle$ ABC, $A_1B_1C_1$ sont semblables, le rapport de deux éléments homologues quelconques est toujours égal au rapport de deux côtés homologues, et qu'il en est de même du rapport de deux sommes d'éléments linéaires homologues.

On aura donc, en donnant toujours des indices aux éléments homologues du $\triangle$ auxiliaire homothétique $A_1B_1C_1$:

$$\frac{a}{a_1} = \frac{h}{h_1} = \frac{m}{m_1} = \frac{m'}{m'_1} = \frac{l}{l_1} = \frac{r}{r_1} = \frac{R}{R_1} = \frac{b+h}{b_1+h_1} = \ldots$$

Nous distinguerons maintenant trois types de problèmes (les deux derniers se ramenant au premier).

1er *type*. — On se donne *un élément linéaire* λ (ou une somme d'éléments linéaires) et en même temps deux angles, ou un angle et un rapport de deux éléments, ou deux rapports d'éléments.

2° *type*. — On se donne *deux éléments linéaires* (ou des sommes d'éléments), et en même temps un angle ou un rapport de deux éléments.

3° *type*. — On se donne *trois éléments linéaires* du Δ.

Le 2e type se ramène tout de suite au 1er. Car si, désignant les éléments linéaires par les lettres λ, λ', λ'', on se donne : λ, λ' et A, on en déduira : λ, $\dfrac{\lambda'}{\lambda}$ et A.

Si on se donne : λ, λ', $\dfrac{\lambda''}{\lambda'''}$, on en déduira : λ, $\dfrac{\lambda'}{\lambda}$ et $\dfrac{\lambda''}{\lambda'''}$.

Le 3e type se ramène de même au 2e. Car si on se donne : λ, λ', λ'', on en déduit : λ, $\dfrac{\lambda'}{\lambda}$, $\dfrac{\lambda''}{\lambda}$.

Il nous suffit donc de traiter les trois cas contenus dans le 1er type.

———

RÈGLE UNIQUE. — **Pour construire un Δ où on connaît un élément linéaire (ou une somme d'éléments), et en même temps des angles ou des rapports, on remplace cet élément par un autre, et, gardant les autres conditions, on construit, avec ces nouvelles données, le Δ auxiliaire, d'où on déduira le Δ homothétique qui est le Δ demandé.**

Pour justifier cette règle, qui est absolument générale, il n'y a qu'à prendre des exemples correspondant aux trois différents cas de problèmes contenus dans ce 1er type.

1er CAS. — *Construire un Δ, connaissant un élément linéaire et les angles.*

Pr. 1. Construire un Δ ABC, connaissant la médiane m qui correspond au côté a et les angles.

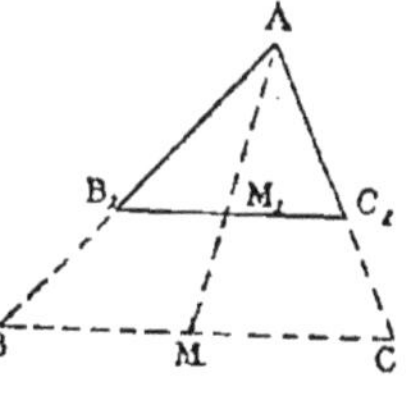

Substituons à m un côté a_1 par exemple, et construisons un Δ $A_1B_1C_1$ ayant pour angles les angles donnés. — On en déduira le Δ cherché en portant sur la médiane AM_1 la médiane m et menant par M la plle BC.

Pr. 2. Construire un Δ ABC, connaissant le rayon r du cercle inscrit et les angles.

10.

Au rayon r inscrit, substituons un côté a_1 par exemple, et construisons le $\triangle A_1B_1C_1$ ayant pour angles les angles donnés.

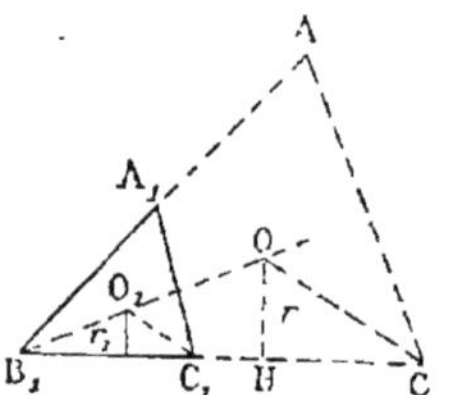

— Pour en déduire le $\triangle$ cherché ABC, on mène les bissectrices qui se coupent en O_1, on insère le rayon OH égal à r, — on mène la plle OC et par C la plle CA. — ABC est le $\triangle$ cherché. (On voit qu'on a construit B_1C par la relation

$$\frac{r_1}{r} = \frac{B_1C_1}{B_1C}.\Big)$$

Pr. 3. Construire un $\triangle$, connaissant les angles et le périmètre $2p$.

Substituons encore à l'élément $2p$ un côté quelconque b_1 et construisons le $\triangle A_1B_1C_1$. — Puis rectifions en AP_1 le périmètre. Comme on doit avoir :

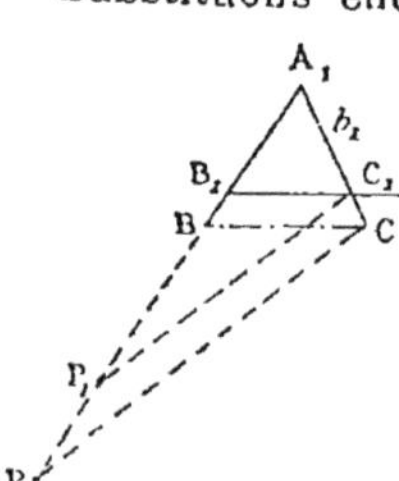

$$\frac{2p_1}{2p} = \frac{A_1C_1}{A_1C},$$

il suffira de construire la 4e proportionnelle à AP_1, AP et A_1C_1. — A_1BC sera le $\triangle$ demandé.

Quel que soit l'élément donné λ, que ce soit une hauteur h ou h', un rayon r ou R, une bissectrice l, ou même une somme telle que $(h + m)$, $(l + h)$...., la construction finale sera toujours pareille.

2e cas. — Soit à construire un $\triangle ABC$, connaissant un élément λ, un angle et un rapport $\dfrac{\lambda'}{\lambda''}$.

Appelons encore $A_1B_1C_1$ le $\triangle$ auxiliaire que l'on va construire, et désignons comme toujours par des lettres affectées de l'indice 1 les éléments correspondants des deux $\triangle$.

Pr. 1. Construire un $\triangle ABC$, connaissant un élément linéaire quelconque, un angle A et le rapport $\dfrac{b}{c} = K$ de deux côtés.

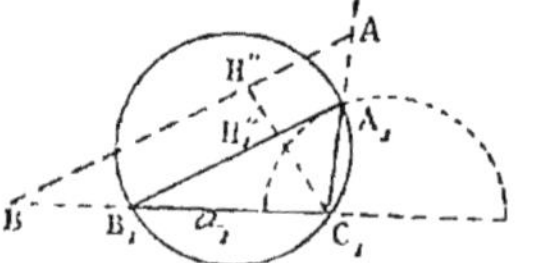

On laissera de côté l'élément et on le remplacera par un côté a_1, on construira alors un $\triangle$, connaissant :

a_1, A_1, $\dfrac{b_1}{c_1} = K$, ce qui se fera aisément ainsi que l'indique la figure.

Pour en déduire le $\triangle$ ABC où on s'est donné par exemple la hauteur h'', il suffira de porter h'' sur h_1'', et de mener la plle BA, d'où le $\triangle$ ABC$_1$ cherché.

Pr. 2. Construire un $\triangle$ ABC, connaissant un élément quelconque λ, un angle A et le rapport $\dfrac{h}{m} = $ K.

Substituons encore à λ le côté a_1, et construisons un $\triangle$ A$_1$B$_1$C$_1$, connaissant a_1, A$_1 =$ A et $\dfrac{h_1}{m_1} = $ K. Cela se fera en construisant quelque part un $\triangle$ rectangle quelconque où le rapport $\dfrac{h}{m} = $K, puis en menant par le milieu M$_1$ une plle M$_1$X, d'où le point A$_1$.

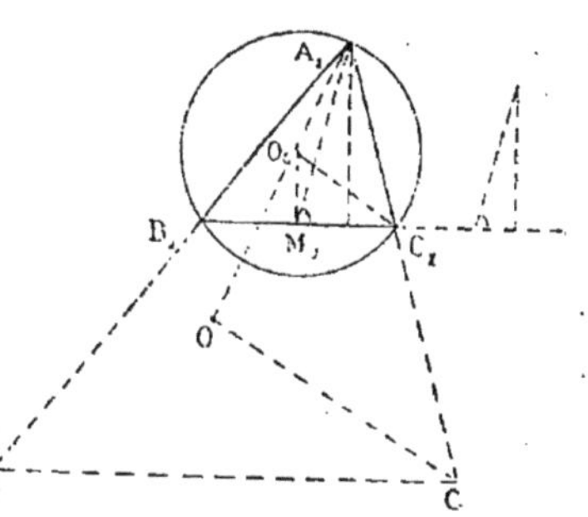

Pour déduire de A$_1$B$_1$C$_1$ le $\triangle$ ABC où on s'est donné par exemple le rayon R, il n'y a qu'à porter sur A$_1$O$_1$ la longueur R et à mener par O la droite OC plle à O$_1$C$_1$, d'où le $\triangle$ A$_1$CB.

Pr. 3. Construire un $\triangle$ ABC, connaissant A, h et le rapport $\dfrac{u}{v} = $ K des segments que cette hauteur détermine sur le côté.

On substituera à h le côté a_1 et on construira le $\triangle$ A$_1$B$_1$C$_1$, où

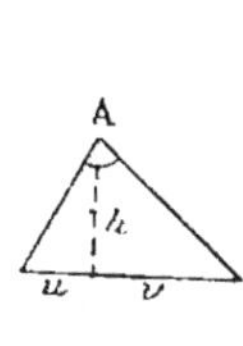
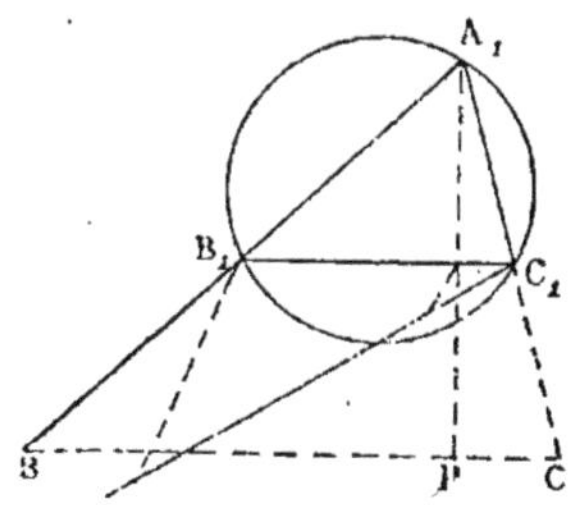

on connaît : a_1, $\dfrac{u_1}{v_1} = $ K, et A$_1 =$ A. — Construction facile, d'où on déduira facilement le $\triangle$ homothétique cherché $\overline{\text{A}_1\text{BC}}$ ayant pour hauteur h.

Pr. 4. Construire un $\triangle$ ABC, connaissant un élément linéaire λ, un angle A et le rapport $\dfrac{h}{l} = \mathrm{K}$ de la hauteur AH à la bissectrice AD.

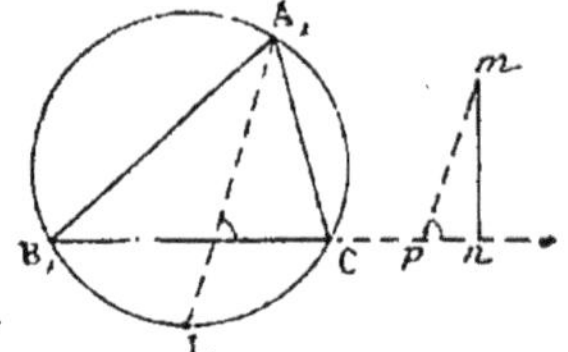

En raisonnant comme tout à l'heure, substituant à λ le côté a_1, on aura à construire le $\triangle$ $A_1 B_1 C_1$ où on connaît a_1, $A_1 = A_1$, $\dfrac{h_1}{l_1} = \mathrm{K}$, ce qui se fera en menant par le milieu I_1 de l'arc $B_1 C_1$ une droite X plle à l'hypoténuse du $\triangle$ rectangle mnp où le rapport des côtés mn et mp est K. On en déduira aisément le $\triangle$ cherché ayant l'élément donné λ.

Remarque. — On simplifie quelquefois la construction en choisissant pour élément nouveau l'un des termes du rapport donné. Il est évident qu'alors le second terme de ce rapport est aussi connu.

Ex. 1. Construire un $\triangle$ ABC, connaissant r, A, $\dfrac{a}{h} = \mathrm{K}$.

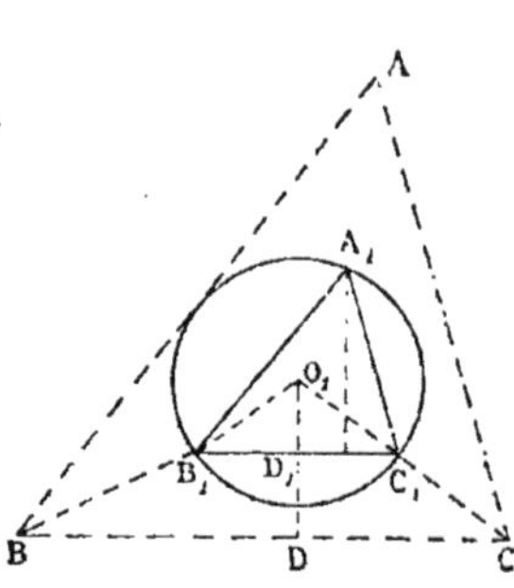

Si nous substituons à l'élément donné r l'élément a_1 du $\triangle$ $A_1 B_1 C_1$, on aura à construire un $\triangle$ $A_1 B_1 C_1$, connaissant a_1, $A_1 = A$, $\dfrac{a_1}{h_1} = \mathrm{K}$, c'est-à-dire connaissant a_1, A_1, h_1 $\left(\text{puisque } h_1 = \dfrac{a_1}{\mathrm{K}}\right)$, construction facile.

Pour en déduire un $\triangle$ semblable ayant pour rayon de cercle inscrit r, on détermine le rayon $O_1 D_1$ du cercle inscrit dans $A_1 B_1 C_1$ et on le prolonge en $O_1 D$, de façon que $O_1 D = r$ et l'on mène les plles aux côtés du $\triangle$ $A_1 B_1 C_1$, d'où le $\triangle$ ABC.

Ex. 2. Construire un $\triangle$ ABC, connaissant la médiane m', le rapport $\dfrac{b}{c} = \mathrm{K}$ et l'angle α que fait le côté C avec la médiane m.

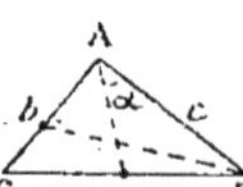

Substituons à m' le côté c_1, on sera ramené à construire un $\triangle$ $A_1 B_1 C_1$, connaissant c_1, b_1 et un angle α_1, $\triangle$

qu'on construira aisément par l'homothétie, — et on en déduira non moins aisément le $\triangle$ cherché.

Ex. 3. Construire un $\triangle$ ABC, connaissant le rayon du cercle inscrit, la différence $B - C = \alpha$ des deux angles et le rapport $\dfrac{a}{b+c} = K$.

On laissera de côté le rayon, et on substituera au $\triangle$ un $\triangle$ $A_1B_1C_1$ où on se donnera le côté a_1, la somme $(b_1 + c_1)$ valant $\dfrac{a_1}{K}$ et la différence $(B_1 - C_1) = \alpha$.

(Construction connue indiquée plus haut.)

On en déduira aisément le $\triangle$ semblable ABC.

3ᵉ CAS. — *Construire un $\triangle$ ABC, connaissant un élément linéaire et deux rapports d'éléments linéaires.*

Comme 1ᵉʳ exemple de problèmes rentrant dans ce 3ᵉ type, proposons-nous de construire un $\triangle$ ABC, connaissant un élément linéaire quelconque λ, le rapport $\dfrac{h}{a} = K$ d'une hauteur au côté correspondant, et le rapport $\dfrac{b}{c} = K'$ des deux autres côtés.

Pour nous conformer à la règle générale indiquée, substituons à l'élément linéaire donné λ un côté, et construisons d'abord le $\triangle$ auxiliaire $A_1B_1C_1$, connaissant :

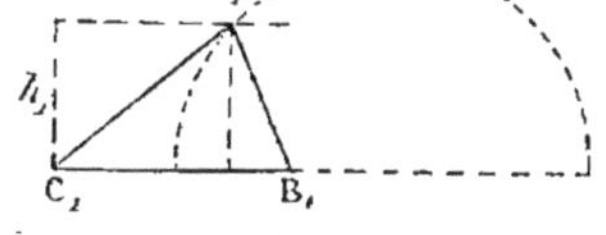

$$a_1, \quad \frac{h_1}{a_1} = K \text{ et } \frac{b_1}{c_1} = K',$$

c'est-à-dire :
$$a_1, \quad h_1 = \frac{a_1}{K} \text{ et } \frac{b_1}{c_1} = K'.$$

Une fois ce $\triangle$ $A_1B_1C_1$ construit, on en déduira aisément le $\triangle$ semblable ABC ayant l'élément donné λ.

Comme 2ᵉ exemple, soit à construire un $\triangle$ ABC, connaissant un élément λ, le rapport $\dfrac{h}{l} = K$ et le rapport $\dfrac{a}{l} = K'$, l étant la bissectrice correspondant à a.

D'après la règle, substituons à λ le côté a_1 et construisons le $\Delta A_1 B_1 C_1$, connaissant a_1, $\dfrac{h_1}{l_1} = K$, $\dfrac{a_1}{l_1} = K'$.

Puisque nous connaissons a_1 et $\dfrac{a_1}{l_1} = K'$, on connaît évidem-

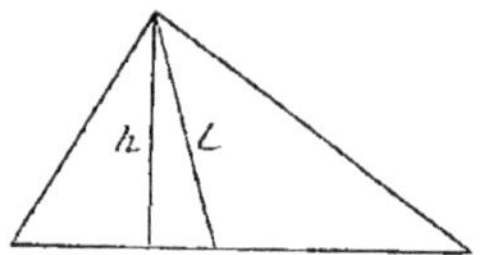

ment a_1 et l_1; mais alors, connaissant $\dfrac{h_1}{l_1} = K$ et l_1, ou connaîtra aussi h_1.

Et de la sorte le problème se ramènera à construire un $\Delta A_1 B_1 C_1$, connaissant a_1, l_1, et h_1.

Nous commencerons par construire le Δ rectangle $A_1 H_1 D_1$ ayant pour côtés h_1 et l_1. Si nous menons la pp. $A_1 D'_1$, cette droite $A_1 D'_1$

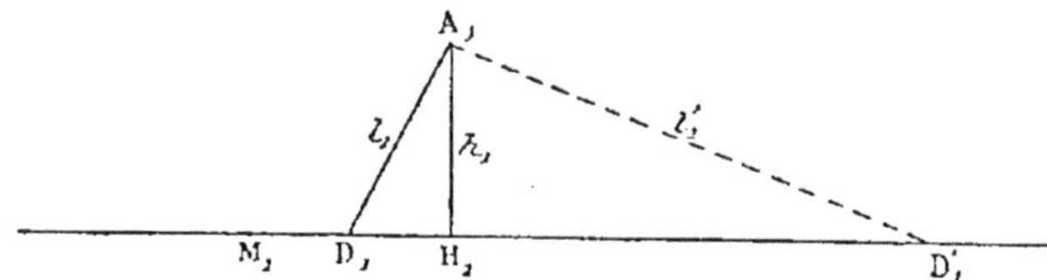

sera la bissectrice extérieure au Δ. Or les deux bissectrices et les côtés $A_1 B_1$ et $A_1 C_1$ déterminent sur $B_1 C_1$ une division harmonique. On aura donc, M_1 étant le milieu inconnu de $B_1 C_1$:

$$\overline{M_1 B_1}^2 = M_1 D_1 \times M_1 D'_1 = \frac{a^2_1}{4}.$$

Par conséquent $M_1 D_1$ et $M_1 D'_1$ sont des longueurs faciles à construire puisqu'on connaît la différence et le produit. Donc on connaît M_1 et par suite la position des sommets B_1 et C_1, — donc le $\Delta A_1 B_1 C_1$ est construit.

On en déduit ensuite aisément le Δ semblable ABC qui a l'élément donné λ.

Comme 3º exemple, proposons-nous enfin de construire un ΔABC, connaissant h, $K = \dfrac{h'}{h''}$ et $\dfrac{h'}{h} = K'$.

Nous pouvons d'abord transformer les rapports précédents en utilisant que $ah = bh' = ch''$. On en tire $\dfrac{h'}{h''} = \dfrac{c}{b}$ et $\dfrac{h'}{h} = \dfrac{a}{b}$.

Le problème proposé se transforme donc en celui-ci :

Construire un ΔABC, connaissant h, $\dfrac{c}{b} = K$, $\dfrac{a}{b} = K'$.

D'après la règle, substituons à h un côté, et proposons-nous de construire le Δ auxiliaire $A_1B_1C_1$, connaissant :

$$c_1, \quad \frac{c_1}{b_1} = K, \quad \frac{a_1}{b_1} = K',$$

c'est-à-dire connaissant c_1, b_1 et a_1.

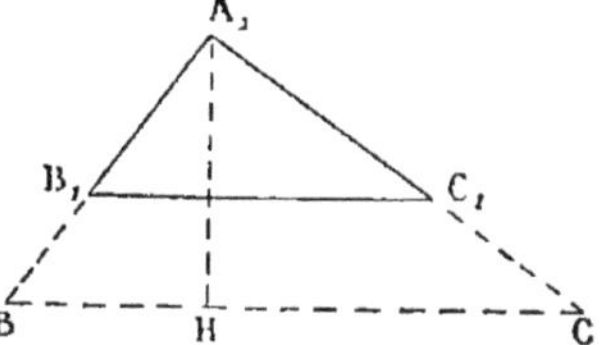

On en déduira aisément par homothétie le Δ ABC cherché ayant pour hauteur h.

Remarque importante.

La *méthode du Δ homothétique auxiliaire* s'applique encore à la construction de Δ, où les sommets doivent être placés sur les côtés d'un triangle donné.

On peut même dire, en thèse générale, que *la méthode du Δ auxiliaire homothétique s'applique toutes les fois que, en négligeant une condition, on peut facilement trouver la figure homothétique du Δ demandé.*

Ex. 1. Inscrire dans un triangle MNP un Δ semblable à un Δ donné $\alpha\beta\gamma$, un côté étant parallèle à une direction donnée xy.

Laissons de côté la condition que le sommet A est sur le côté MN et ne gardons que les autres conditions, à savoir que dans le Δ auxiliaire cherché A'B'C' semblable au Δ $\alpha\beta\gamma$, B' et C' sont sur PM et PN, B'C' étant parallèle à xy.

Sur B'C' nous pouvons construire un Δ B'C'A' semblable au Δ $\alpha\beta\gamma$.

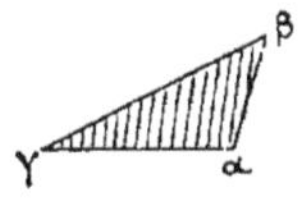

Mais alors le Δ A'B'C' et le Δ inconnu ABC étant semblables et ayant leurs côtés plles, sont homothétiques et on sait que, les droites joignant les sommets homologues concourant en P, P', A' et A sont en ligne droite.

Donc le point A est déterminé.

Dès lors, en menant les plles AC et AB, on aura le Δ demandé.

Ex. 2. Inscrire dans un Δ donné un Δ ABC, connaissant la direction XY du côté BC, le rapport K des deux côtés AB et AC, ainsi que le point A situé sur le côté MN.

Supposons le problème résolu en ABC. Si nous laissons de côté la condition que le point A est donné sur MN, il nous est facile de construire un Δ $\alpha\beta\gamma$ homothétique du Δ cherché ABC,

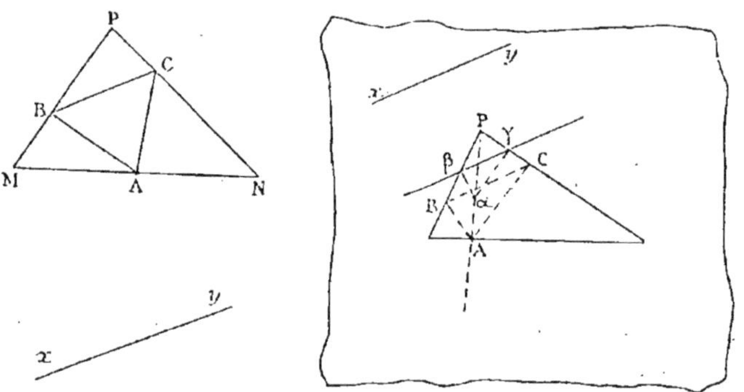

les points β et γ se trouvant sur PM et sur PN, $\beta\gamma$ étant plle à xy, $\dfrac{\alpha\beta}{\alpha\gamma}$ étant égal à K, et le point α se trouvant sur la droite PA. — Il est aisé de déduire de ce Δ $\alpha\beta\gamma$ le Δ ABC cherché.

Ex. 3. Étant donnés un angle XOY et un point P pris dans son intérieur, mener une droite MN pp. à la bissectrice de l'angle O et telle que le rapport $\dfrac{MP}{PN}$ soit égal à un nombre donné K.

(On mènera une pp. quelconque M′N′ à la bissectrice, on prendra l'intersection P′ de OP avec le lieu des points tels que le rapport des distances aux points M′ et N′ soit égal à K — et par P il n'y aura plus qu'à mener les plles.)

Pour terminer ce qui est relatif à la construction des Δ, nous allons donner quelques exemples de construction de Δ par des artifices spéciaux.

Ex. Construire un Δ rectangle ABC, connaissant l'hypoténuse BC et le segment DC que la bissectrice de l'angle aigu B détermine sur le côté AC.

La bissectrice d'un angle d'un Δ passant toujours par le milieu de l'arc circonscrit, BD doit passer par le point I milieu de l'arc AC.

Mais alors si on mène la pp. IO sur la corde AC, cette pp. passera par le milieu de l'hypoténuse, et

vaudra $\dfrac{a}{2}$ si a est le nombre qui mesure

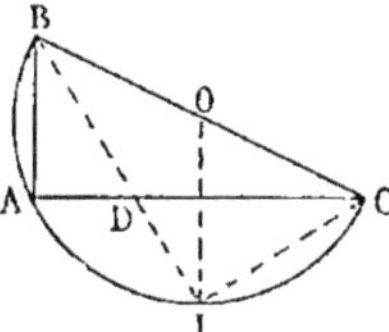

l'hypoténuse ; donc IO sera connue.

D'autre part, l'angle BIC étant droit, on voit que le point I se trouve sur la demi-circonférence décrite sur DC comme diamètre.

Ces considérations vont nous permettre de construire le point milieu O de l'hypoténuse, comme il suit :

1° DIC étant droit sur DC comme diamètre on décrit une demi-circonférence ;

2° On construit la circonférence ω, lieu des points obtenus en menant par les différents points du demi-cercle CD des droites plles égales à $\dfrac{a}{2}$;

3° Du point C, avec un rayon égal à $\dfrac{a}{2}$, on décrit une demi-circonférence qui coupe le cercle ω en O.

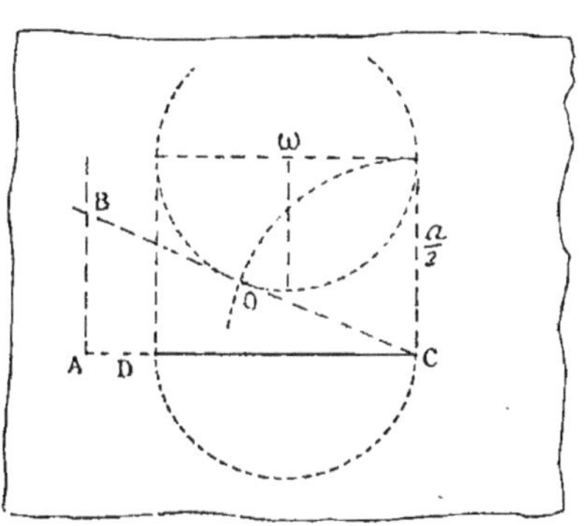

O étant le milieu de l'hypoténuse, en prolongeant CO d'une longueur égale, on aura en ABC le Δ rectangle cherché.

N. B. — Il est bien évident que cette construction a exigé une certaine dose d'inspiration.

La solution suivante du même problème est très simple — mais il est évident qu'elle exige encore plus d'inspiration.

La bissectrice de l'angle B passant par le milieu I de l'arc AC, si au point C on mène la pp. CE les deux angles ACI et ICE sont égaux (même mesure).

Mais alors, l'angle DIC étant droit, il est clair que le Δ DCE doit être isocèle. On a donc :   CE = CD.

Et on pourra de là déduire la construction suivante, assurément très simple, mais qu'il fallait encore trouver :

A l'extrémité C de l'hypoténuse donnée BC on mène une pp. CE

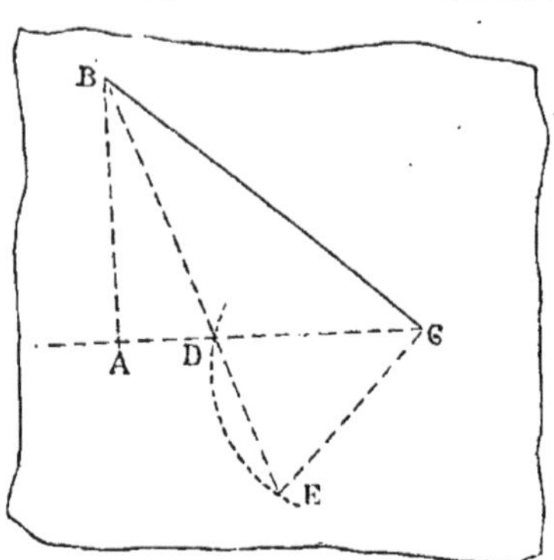

égale au segment donné CD. On joint BE. A l'aide d'un arc de centre C, on prend CD = CE. Enfin de B on mène la pp. BA sur CD.
ABC est le $\triangle$ icherché.

N. B. On peut quelquefois, pour construire un $\triangle$, recourir au calcul, puis construire géométriquement les résultats obtenus.

Par exemple, dans le problème précédent, on dira : BD étant bissectrice, on a :

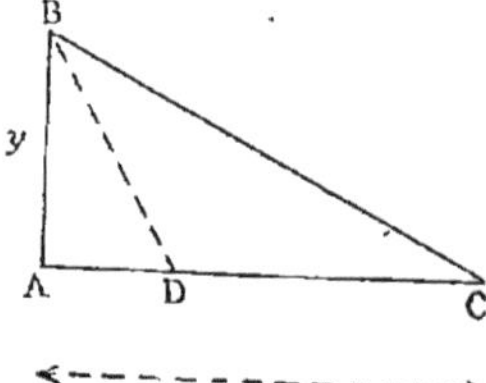

$$\frac{AB}{AD} = \frac{a}{l},$$

ou en désignant pour abréger, par x et y, les côtés AC et AB :

$$\frac{y}{x - l} = \frac{a}{l}.$$

Mais : $x^2 + y^2 = a^2$.

Par conséquent on a :

$$x^2 + \frac{a^2}{l^2}(x - l)^2 = a^2,$$

ou : $\qquad l^2 x^2 + a^2 x^2 + a^2 l^2 - 2a^2 lx = a^2 l^2,$

c'est-à-dire enfin : $\quad x^2(a^2 + l^2) - 2a^2 lx = 0.$

De telle sorte que l'on doit avoir :

$$x = \frac{2a^2 l}{a^2 + l^2}, \quad \text{ou } \frac{x}{2l} = \frac{a^2}{a^2 + l^2}.$$

Le problème revient donc, pour construire le $\triangle$ ABC, à ce problème connu :

Construire une longueur qui soit à une longueur donnée dans le rapport de deux carrés donnés.

La trigonométrie n'étant en définitive qu'une sorte d'algèbre, il est évident que, dans le même ordre d'idées, on pourra recourir à la trigonométrie pour arriver, par un nouveau moyen détourné, à construire géométriquement un triangle.

Traitons par exemple le problème suivant :

Construire un $\triangle$ isocèle ABC, connaissant la base BC (mesurée par le nombre a), ainsi que la somme (2BA $+$ AH), mesurée par le nombre l, AH étant la hauteur du $\triangle$ ABC.

Supposons que nous ne sachions pas construire le $\triangle$ auxiliaire nécessaire (voir plus haut), et proposons-nous de construire l'angle ABC et appelons-le α. On a :

$$AH = \frac{a}{2} \operatorname{tg} \alpha.$$

$$BA = \frac{a}{2 \cos \alpha}.$$

L'angle α satisfait donc à la relation :

$$a \operatorname{tg} \alpha + \frac{a}{\cos \alpha} = 2l,$$

c'est-à-dire : $a \sin \alpha + a = 2l \cos \alpha,$

ou enfin : $2l \cos \alpha - a \sin \alpha = a.$

Or, il est facile de construire *géométriquement* cet angle aigu α. Donc le problème est fait géométriquement.

N. B. — Il est toujours facile de construire géométriquement les angles aigus satisfaisant aux deux relations suivantes :

$$a \cos \alpha \pm b \sin \alpha = C,$$

ou :

$$a \operatorname{tg} \alpha + b \operatorname{cotg} \alpha = C.$$

1° Soit à construire l'angle aigu α satisfaisant à la relation :

$$a \cos \alpha + b \sin \alpha = C,$$

a, b, C étant trois nombres positifs.

Supposons le problème résolu et soit AOX l'angle aigu cherché. Prenons $OA = a$, puis menons la pp. AB égale à b. Si nous projetons OAB sur OX en OA'B', on aura :

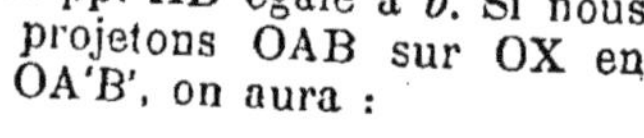

$$OA' = a \cos \alpha,$$

$$A'B' = BI = b \sin \alpha.$$

Donc :

$$OA' + A'B' = a \cos \alpha + b \sin \alpha.$$

Comme cette expression doit être égale à C, et que d'autre part le cercle circonscrit au $\triangle$ rectangle OAB passe par B', on aura donc la construction géométrique suivante très simple :

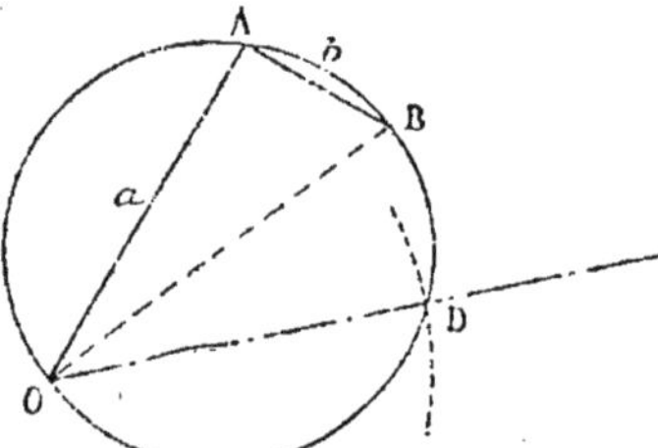

Sur les deux côtés d'un angle droit OAB on porte les longueurs a et b. On circonscrit le cercle au $\triangle$, et de O comme centre on décrit un cercle de rayon C. — Si elle coupe la circonférence en D, AOD est l'angle cherché.

Le problème n'est évidemment possible que si le cercle OD coupe, c'est-à-dire si on a :

$$c^2 \leqslant a^2 + b^2.$$

Remarque. — Pour construire l'angle aigu x satisfaisant à la relation :

$$a \cos x - b \sin x = C,$$

il suffirait de porter AB en sens contraire de OA.

On peut du reste interpréter facilement la seconde solution D', si D' est de l'autre côté de OA.

2° Pour construire géométriquement l'angle x satisfaisant à la relation :

$$a \operatorname{tg} x + b \operatorname{cotg} x = C,$$

on raisonnera de façon analogue.

Supposons le problème résolu et soit xoy l'angle aigu cherché x. Si nous prenons sur ox une longueur OA égale à a et qu'on mène la pp. AH, on aura :

$$AH = a \operatorname{tg} x.$$

A la suite de cette longueur AH il faut porter la longueur b cotg x, ce qui se fera facilement en menant en H la pp. Hz à OH et prenant son intersection C avec la plle à AH menée à la distance b. On aura :

$$\text{BH} = b \text{ cotg } x.$$

Par conséquent on a :

$$\text{AB} = a \text{ tg } x + b \text{ cotg } x.$$

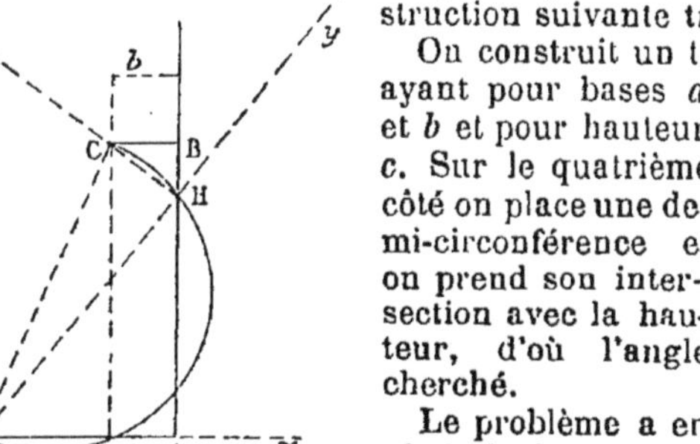

Mais cette expression doit être égale à C. Donc comme le cercle placé sur OC comme diamètre doit passer par le point H, nous aurons la construction suivante très simple :

On construit un trapèze bi-rectangle ayant pour bases a et b et pour hauteur c. Sur le quatrième côté on place une demi-circonférence et on prend son intersection avec la hauteur, d'où l'angle cherché.

Le problème a en général deux solutions.

Il n'en a qu'une si le cercle est tangent, c'est-à-dire si l'on a : $c^2 = ab$, ce qui est facile à établir.

§ 3. — Construction de trapèzes, rectangles, parallélogrammes, quadrilatères ou circonférences.

1° Construction de trapèzes.

Pour construire un trapèze, quand les sommets ne se déterminent pas immédiatement par l'intersection de lignes ou de lieux géométriques (ainsi que cela se ferait par exemple quand on se donne une base, les deux angles adjacents et la hauteur), on arrive d'ordinaire à la solution en décomposant le trapèze en un Δ et un parallélogramme, quelquefois encore en deux Δ, rarement en le regardant comme la différence de deux Δ.

Dans tous les cas cette construction se ramène presque toujours à celle d'un Δ auxiliaire.

Ex. 1. Construire un trapèze, connaissant les quatre côtés.

On construit facilement d'abord le Δ auxiliaire ACO, ensuite le parallélogramme COBD.

Ex. 2. Construire un trapèze, connaissant un angle A, les deux côtés non plles et le rapport K des deux bases.

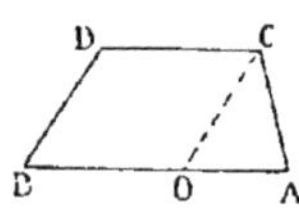

Si on décompose le trapèze, il est facile de construire le Δ partiel ACO.

Pour en déduire le parallélogramme, remarquons que OA valant la différence des deux bases, on connaît la différence de ces deux longueurs et leur rapport. On pourra donc les construire aisément. Et il n'y aura plus qu'à prolonger AO d'une longueur égale à la petite base.

Ex. 3. Construire un trapèze, connaissant un angle, la hauteur, une base et le rapport K des deux côtés non plles.

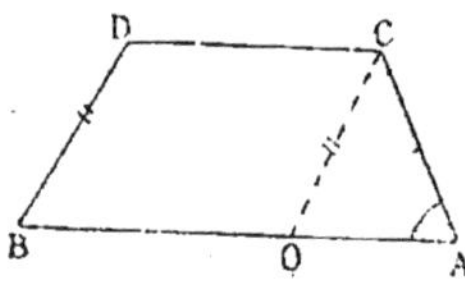

Supposons encore le problème résolu et soit ABCD le trapèze cherché. Décomposons-le en un Δ et un parallélogramme. Dans le Δ ACO on connaît A, h et le rapport $\dfrac{AC}{CO}$. On pourra donc le construire — et le parallélogramme s'en déduira aisément.

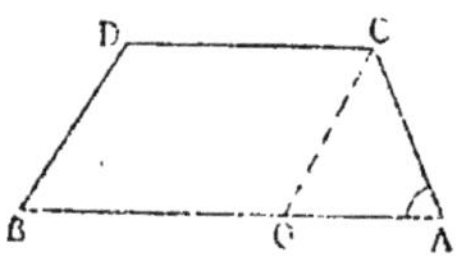

Ex. 4. Construire un trapèze, connaissant les deux bases, la hauteur et une diagonale.

Il est clair qu'ici il faudra décomposer le trapèze en deux Δ, construire l'un d'eux et en déduire le second.

Ex. 5. Construire un trapèze isocèle ABCD, connaissant un côté latéral, la diagonale BC et l'angle α des diagonales.

(Menant la hauteur CH : 1° on remarquera que le Δ BCH peut se construire, l'angle CBH étant le complément de $\frac{\alpha}{2}$; 2° CH étant connu, le problème s'achève aisément.)

2° *Construction de rectangles ou carrés.*

Les problèmes de construction de rectangles se ramènent souvent à la construction du $\triangle$ ABC, moitié de ce rectangle.

Mais il y a de nombreux problèmes où on a à placer un 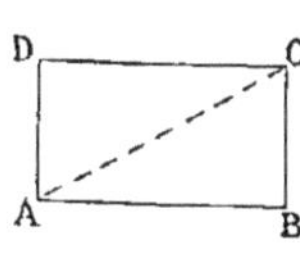 rectangle par rapport aux éléments d'une figure donnée, ce rectangle devant en outre, par exemple, être semblable à un  rectangle donné, ou, ce qui revient au même, être un carré.

Tous ces problèmes se résolvent par l'homothétie, à l'aide d'un *rectangle auxiliaire homothétique*, en appliquant ce principe, que deux rectangles à côtés plles étant des polygones homothétiques, les droites joignant les sommets homologues concourent en un même point O dit centre d'homothétie, centre d'homothétie qui est tantôt en dehors des deux polygones, tantôt sur l'un des côtés même. 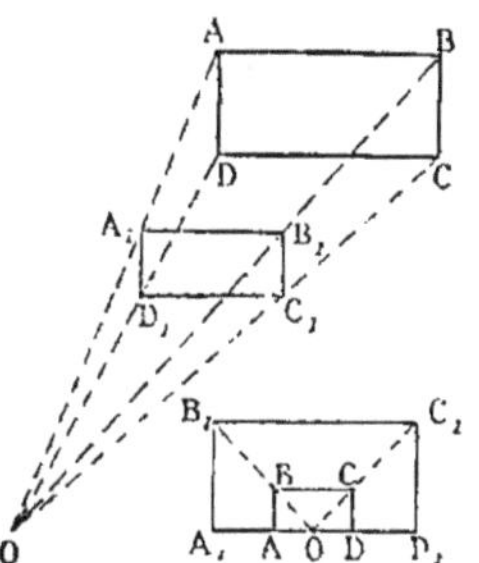

Pr. 1. Inscrire dans un $\triangle$ donné ABC un rectangle semblable à un rectangle donné $\alpha\beta\gamma\delta$.

Supposons le problème résolu et soit MNPQ le rectangle demandé reposant sur la base BC.

Si sur la base BC nous construisons un rectangle BC semblable au rectangle $\alpha\beta\gamma\delta$, ce rectangle et le rectangle cherché MNPQ sont homothétiques. Mais le centre d'homothétie est évi-

domment au point A. En effet, au point B correspond un sommet
homologue M placé quelque part sur AB. La droite AB relie donc deux sommets homologues. Il en est de même de la droite AC. Donc A est bien le centre d'homothétie. Dès lors les trois points A, P, D doivent être en ligne droite. — D'où construction facile du point P, et par suite du rectangle PMNQ.

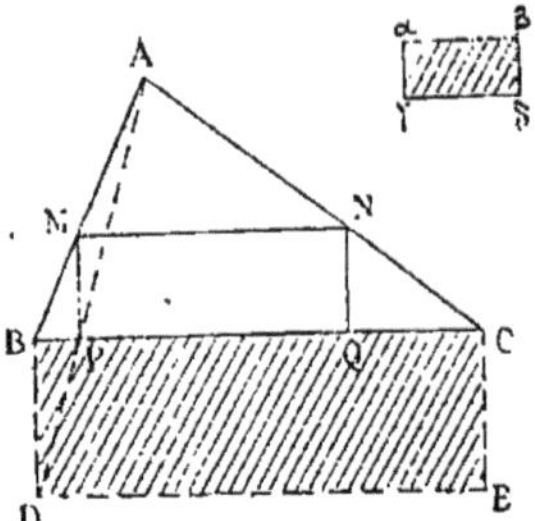

Pr. 2. Inscrire, dans un △ ABC, un carré.

Deux carrés à côtés plles étant deux figures homothétiques, si sur la hauteur AH par exemple on construit un carré AHKI, le point B sera évidemment le centre d'homothétie de ce carré et du carré inscrit cherché. D'où la construction suivante :

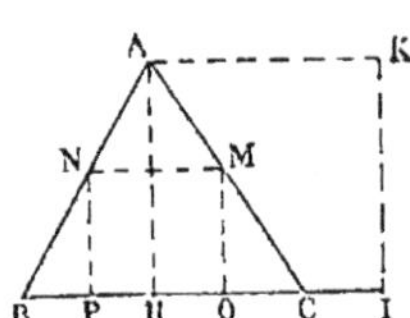

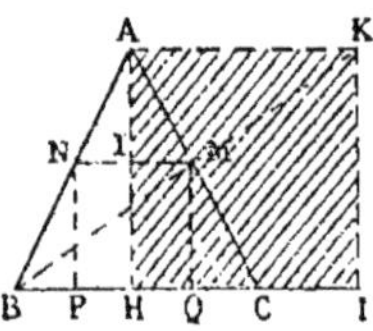

Sur la hauteur AH on place un carré. On joint le sommet K au point B et, par le point M où cette droite coupe AC, on mène des plles. MNPQ est le carré demandé.

Remarque. — On aurait aussi pu arriver à cette construction en calculant la distance AI et construisant le résultat.

Pr. 3. Inscrire dans un secteur ou dans un segment de cercle ou un carré ou un rectangle semblable à un rectangle donné.

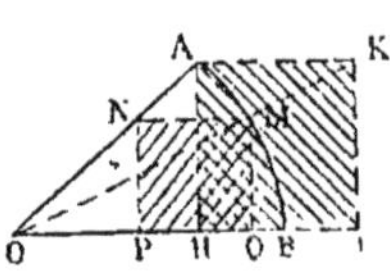

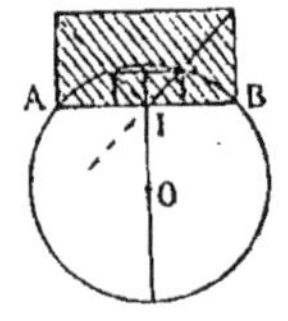

On fera des constructions analogues, indiquées dans les figures ci-contre. Seulement dans le cas du rectangle inscrit dans le segment, le centre de similitude est le milieu I de la corde AB, et il y a comme deuxième solution le carré ou rectangle ex-inscrit.

Pr. 4. Etant donnés un cercle et une droite extérieure xy, mener une corde AB plle à xy, de telle façon qu'en menant les perpendiculaires sur xy, la figure ABCD formée soit un carré.

Supposons le problème résolu, si du centre O on mène la droite OI pp. à xy, puis que l'on construise sur xy de part et d'autre de OI un carré quelconque αβγδ (ce qui se fera en prenant

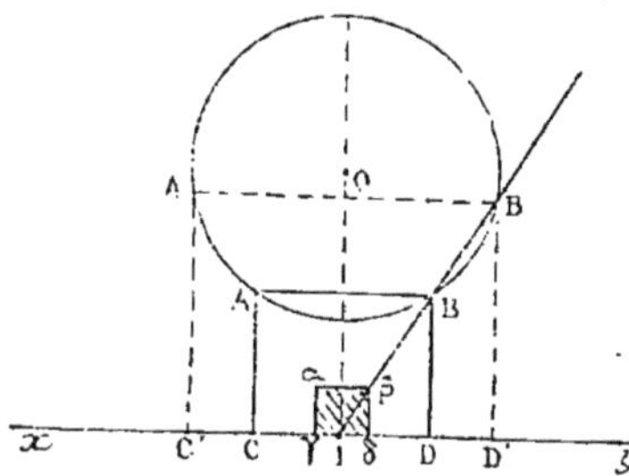

une droite quelconque Iδ, puis une pp. δβ double de Iδ), les deux carrés αβγδ et ABCD auront évidemment pour centre de similitude le point I.

Il n'y aura donc qu'à prolonger Iβ jusqu'à sa rencontre avec le cercle O.

En général il y a deux solutions.

Les exemples que nous venons de donner montrent une fois de plus le grand parti qu'on peut tirer de l'homothétie — qui nous permet donc dans bien des cas d'obtenir non seulement un point inconnu ou un Δ, mais encore un carré ou un rectangle, ou un polygone.

3° *Construction de parallélogrammes.*

Pour construire un parallélogramme, presque toujours il suffit de construire un des Δ partiels qu'il renferme, soit le Δ ABC, soit le Δ BOC.

Exemples. — Construire un parallélogramme :

1° Connaissant un côté et deux diagonales (on construit le Δ AOB).

2° Connaissant un côté AB, l'angle des diagonales et le rapport des diagonales (on construit le triangle AOB).

3° Connaissant un côté AB, l'angle B et le périmètre (on construit le Δ ABC).

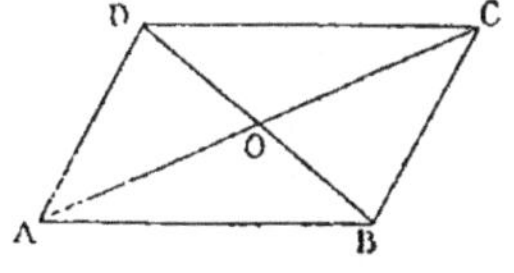

4° Connaissant la hauteur, un côté AB et le rapport des diagonales (on construira le Δ AOB, car la hauteur issue de O est la moitié de la hauteur du parallélogramme).

5° Connaissant la hauteur, une diagonale et un côté.

6° Connaissant la hauteur, une diagonale et l'angle α que la seconde diagonale fait avec le côté du parallélogramme (cas où cet angle est droit).

Problèmes où on a à construire un parallélogramme placé d'une certaine façon dans une figure donnée.

Ex. 1. Soit à inscrire dans un parallélogramme donné ABCD un parallélogramme MNPQ semblable à un parallélogramme donné *mnpq*.

Supposons le problème résolu. On sait que, pour inscrire un parallélogramme dans un autre, il y a un moyen dû à ce que les deux parallélogrammes ont le même centre : prendre sur les côtés opposés des longueurs deux à deux égales, et symétriques par rapport à O.

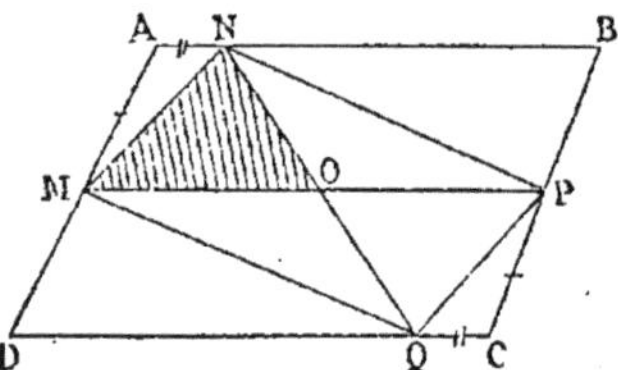

Soient donc AM = CP et AN = CQ. MNPQ sera le parallélogramme inscrit demandé, s'il est semblable à *mnpq*.

Pour déterminer les points nécessaires M et N, il suffit de remarquer :

1° Que les deux parallélogrammes ABCD et MNPQ ont même centre O ;

2° Que le $\triangle$ MON est semblable au $\triangle$ connu *mOn*;

3° Que ce $\triangle$ MON peut être construit par rotation (voy. plus haut dans la construction des $\triangle$).

Connaissant M et N, le problème est fait.

Ex. 2. Inscrire dans un parallélogramme un losange où le rapport des diagonales soit égal à un nombre donné.

(Construction analogue.)

Ex. 3. Etant données deux droites plles X et Y, on prend sur l'une d'elles un point A et dans l'intérieur des deux droites on considère un point B. Par le point B, mener une droite CBD telle que la figure ACDE soit un losange.

Le problème revient à mener par B une droite CD telle que AC = CD.

Mais le rapport $\dfrac{BC}{BD}$ est connu (puisqu'il est égal au rapport $\dfrac{BH}{BK}$); on en déduit que le rapport $\dfrac{CB}{CD}$ est connu, donc aussi $\dfrac{CB}{CA}$.

D'où construction facile du point C à l'aide du $\triangle$ CBA.

Ex. 4. Connaissant les droites plles X et Y, le point A sur X et le point B entre X et Y, construire un parallélogramme où le rapport des côtés soit connu et égal à K.

On doit avoir :

$$\frac{AC}{CD} = K \quad (1).$$

Mais $\frac{CB}{BD}$ est connu. D'où on tire une relation connue entre CB et CD. En portant cette valeur de CD dans (1) on verra que $\frac{AC}{CB} = K'$, ce qui permettra d'obtenir le point C.

Ex. 5. On donne deux droites plles X et Y, un point A sur l'une d'elles et un point B entre les deux ; mener par le point B une droite CD telle que dans le parallélogramme correspondant ACDE le périmètre soit connu et égal à une longueur $2p$.

Supposons le problème résolu. On doit avoir :

$$AC + CD = p \quad (1).$$

Or, B étant connu, on connaît le rapport des segments BC et BD ; on connaît par conséquent la valeur de CD en fonction de BC. De telle sorte qu'en remplaçant CD par cette valeur dans la relation (1), celle-ci se changera en une nouvelle relation de la forme :

$$AC + \alpha.CB = \lambda,$$

α et λ étant connus.

Mais alors le problème sera fait. Il suffira de prendre sur X à partir de A une longueur AL égale à λ, puis de trouver sur AR le point C tel que $\frac{CR}{CB}$ soit égal au rapport connu α.

4° *Construction de quadrilatères.*

Pour construire un quadrilatère satisfaisant à certaines conditions au nombre de cinq, on peut ou construire successivement les deux Δ qui le composent,

Ou construire un quadrilatère homothétique.

Ou encore construire des Δ auxiliaires, d'où on puisse déduire les Δ constituant le quadrilatère.

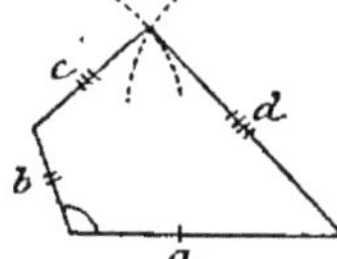

Ex. 1. Construire un quadrilatère, connaissant un angle et quatre côtés.

Ex. 2. Construire un quadrilatère ABCD, connaissant AB, les angles en A et B, les côtés AC, CD, DB devant être égaux entre eux.

Il est clair que si nous pouvions construire en AC′D′B′ un polygone homothétique au polygone cherché ACDB, polygone où on aura alors :

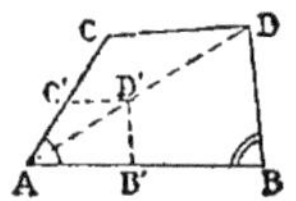

$$AC' = C'D' = D'B',$$

on en déduirait aisément le polygone cherché. Or, cette construction est facile.

Prenons une longueur quelconque AC′. Le sommet D′ se trouvera : 1° sur une circonférence décrite de C′ comme centre avec un rayon égal à AC′;

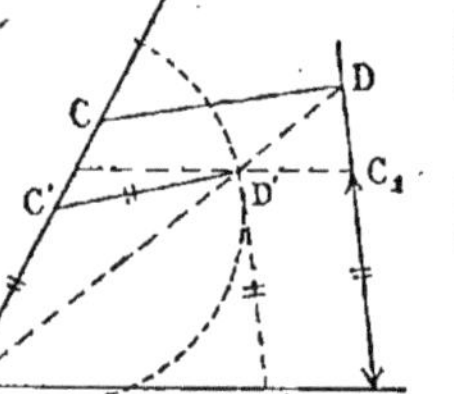

2° sur la plle à AB menée par le point C_1, la longueur BC_1 étant égale à AC′.

Connaissant le point D′, on n'a plus qu'à mener de D′ la plle D′B′ à BC_1 et le quadrilatère AC′D′B′ est formé. A étant le centre d'homothétie des deux polygones AB′C′D′ et ABCD, on joindra D′A, on le prolongera jusqu'à sa rencontre en D avec la droite connue BC_1, et par D on mènera DC plle à D′C′.

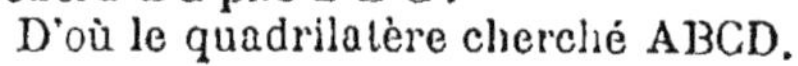

D'où le quadrilatère cherché ABCD.

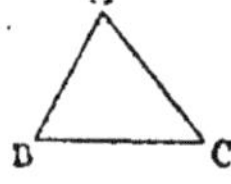

Remarque. — Cette construction permet de construire un Δ ABC, connaissant A, $AB + BC = l$, $AC + BC = l'$.

(Construction facile à faire.)

Ex. 3. (*De construction par des Δ auxiliaires.*)

Construire un quadrilatère, connaissant les diagonales, deux côtés adjacents AB et BC et la droite MM′ joignant les milieux des deux côtés opposés AB et CD.

Supposons le problème résolu. Puisqu'on a pris le milieu M du côté AB, il est naturel de songer à joindre M à l'autre milieu N, et cela nous amène immédiatement à cette constatation, que la droite MN est connue (moitié de la diagonale donnée AC), NM' aussi. Mais alors le quadrilatère intérieur MNM'N' est facile à construire.

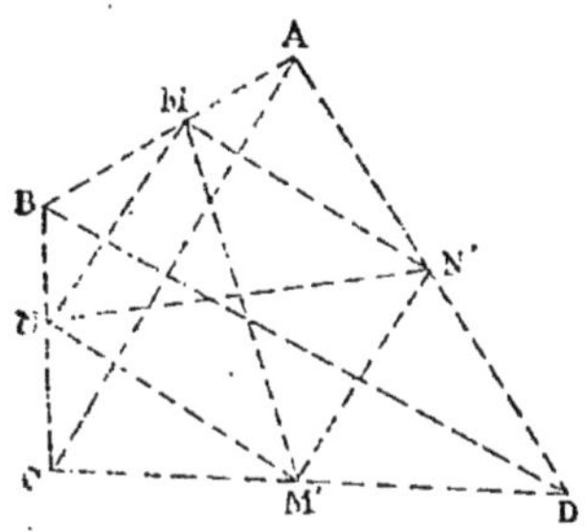

Et on en déduira aisément la position du sommet B, puisque BM et NB sont connus (comme moitiés de côtés connus AB et BC). D'où le quadrilatère ABCD.

Ex. 4. (*Par la construction de plusieurs Δ auxiliaires.*)

Construire un quadrilatère, connaissant quatre côtés et la droite MM' qui joint les milieux de deux côtés opposés.

Le mot *milieu de côté d'un* Δ faisant immédiatement songer à la ligne des milieux, menons les droites MO et M'O' plles à AD. Elles vaudront chacune la moitié de AD.

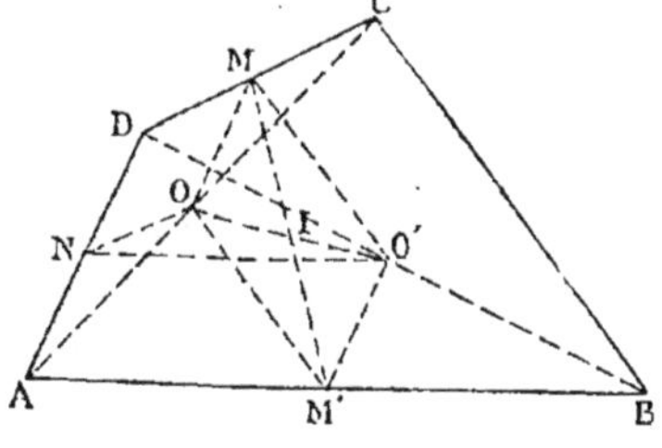

Mais alors la figure MOM'O' sera un parallélogramme, et même on pourra le construire puisque les côtés et la diagonale MM' sont connus.

Une fois ce parallélogramme auxiliaire construit, comment l'utiliser pour finir?

Remarquons d'abord que nous ne nous sommes encore servis que d'une partie des hypothèses, à savoir que les côtés b et d sont connus. Il faut utiliser que les côtés a et c sont aussi connus.

Pour cela, le point connu O étant le milieu de AC, menons à nouveau la plle

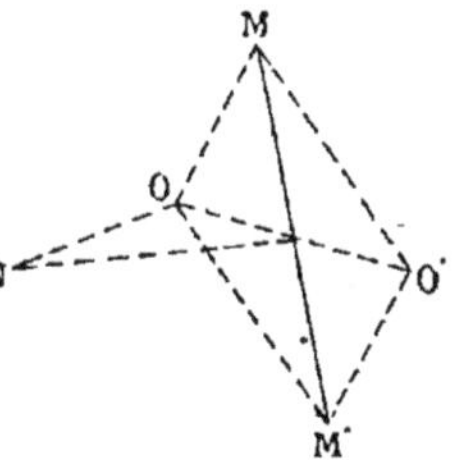

ON à DC. ON sera connu et égal à $\dfrac{a}{2}$.

De même que si de O' on mène la plle O'N, O'N sera connu et égal à $\dfrac{c}{2}$.

Mais alors le point N sera facile à obtenir en construisant le Δ OO'N.

Et maintenant le problème s'achèvera facilement, puisque nous connaissons les trois points M, M', N.

REMARQUE. — Il est clair que ce problème exige à la rigueur une certaine inspiration. Toutefois cette inspiration consistant à mener des plles est assez naturelle, puisque c'est la façon ordinaire d'utiliser les points milieux des côtés d'un Δ.

REMARQUE. — Dans le problème suivant : *Construire un quadrilatère, connaissant les quatre côtés a, b, c, d et sachant qu'il est inscriptible,* il y a évidemment une façon de procéder toute spéciale et qui exige une heureuse inspiration. C'est absolument un problème à artifice.

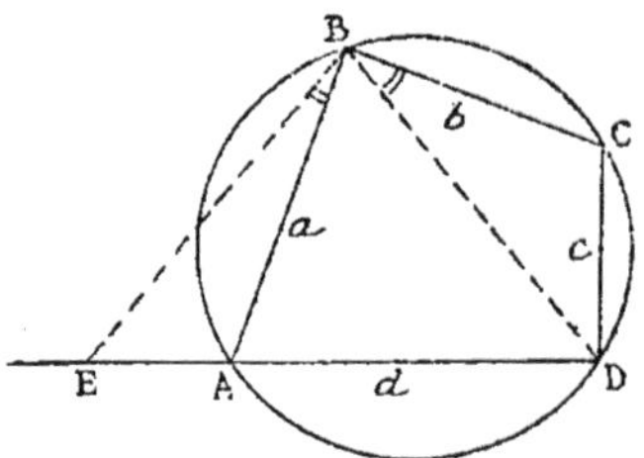

(On sait que la méthode consiste à prolonger DA, à faire l'angle ABE égal à l'angle DBC, puis à construire la longueur AE, longueur qui s'est calculée par la méthode des Δ semblables et qui vaut $\dfrac{a \times c}{b}$.

On en déduit aisément la position du sommet B, le rapport $\dfrac{BE}{BD}$ valant $\dfrac{a}{b}$.)

Application. — Construire un quadrilatère, sachant qu'il est à la fois inscriptible et circonscriptible, connaissant le rayon r du texte inscrit, le périmètre $2p$, et le produit K^2 de deux côtés opposés.

On sait que, si on appelle S la surface d'un quadrilatère circonscrit à un cercle de rayon r, on a la relation $S = pr$. Mais si le quadrilatère est à la fois inscriptible et circonscriptible, on sait que $S = \sqrt{abcd}$, a, b, c, d étant les quatre côtés. On doit donc avoir :

$$abcd = pr.$$

Enfin on sait que, quand un quadrilatère est circonscriptible, on a pour les côtés opposés :

$$a + b = c + d.$$

On aura donc finalement :

$$a + b = p.$$

$$ab = \frac{pr}{K^2}.$$

Il sera donc facile de construire a et b, connaissant leur somme et leur produit. — La même construction donnera de même les longueurs c et d (il y a double symétrie).

On sera donc ramené à construire un quadrilatère inscriptible, connaissant les quatre côtés (ce qui est l'objet du problème précédent).

5° *Construction de circonférences.*

On traite dans les cours les constructions de circonférences passant par des points, tangentes à des droites ou tangentes à des cercles, dans tous les cas possibles.

Quand on a à construire des circonférences ω passant par deux points et coupant une circonférence donnée O suivant un diamètre ou suivant une longueur donnée ou même lui étant tangente, on peut toujours traiter le problème en s'appuyant sur le lemme connu suivant :

Quand trois circonférences se coupent deux à deux, les trois cordes d'intersection sont concourantes.

On peut aussi recourir pour construire des cercles à quelques considérations spéciales.

Ex. 1. Construire une circonférence, connaissant les longueurs l, l', l'' des tgs qu'on lui mènerait de trois points donnés A, B, C.

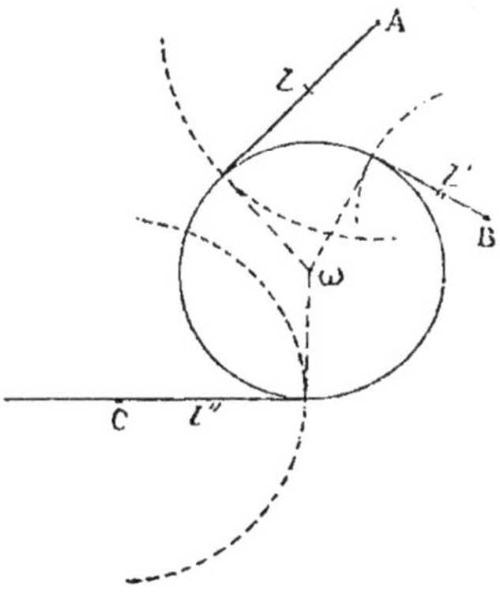

Supposons le problème résolu et soit ω la circonférence cherchée.

Elle est évidemment orthogonale à la circonférence décrite de A comme centre avec l pour rayon. Et de même orthogonale aux deux autres circonférences analogues.

Par conséquent son centre ω est connu : c'est le centre radical de ces trois cercles de centres A, B, C.

Dans les exemples suivants, on peut construire des cercles en transformant la question par inversion. On peut même, d'une façon générale, dire que dans les problèmes de constructions où figurent plusieurs cercles, on arrive très souvent à la solution en transformant par inversion.

Ex. 2. Construire un cercle coupant deux cercles donnés O et O′ orthogonalement et passant par un point donné A.

Si les deux cercles O et O′ sont extérieurs, il suffit évidemment de faire passer le cercle par les deux points de Poncelet, et par le point A.

Si les deux cercles O et O′ sont tgs en I, les deux points de Poncelet étant confondus, il suffira de construire un cercle passant par A et tg. en I à la droite OO′.

Mais si les deux cercles O et O′ se coupent en B et C, les deux points de Poncelet n'existant plus, on pourra, pour résoudre le problème, transformer la figure par inversion. Le pôle d'inversion étant l'un des points communs, B par exemple, les deux cercles O et O′ deviendront deux droites D et D′, et le point A donné deviendra le point α. — Mais le cercle cherché ω devant couper O et O′ orthogonalement, le cercle ω', figure inverse de ω, devra couper orthogonalement les deux droites D et D′ — en d'autres termes, devra avoir son centre à la fois sur ces deux droites. — Son centre sera donc à leur intersection I.

Le rayon étant connu et égal à $I\alpha$, il suffira donc, pour avoir le cercle demandé, d'en prendre la figure inverse, la puissance d'inversion étant réciproque de la première.

Remarque. — On aurait pu aussi traiter le problème directement d'une façon générale en assimilant le point A à un cercle point, ce qui serait revenu à construire un cercle coupant orthogonalement trois cercles donnés (problème connu).

Ex. 3. Construire un cercle coupant orthogonalement deux cercles donnés et tg. à un troisième cercle donné.

Ex. 4. Par deux points donnés, mener un cercle coupant un cercle donné suivant un angle donné α.

(Solutions analogues.)

§ 4. — Construction d'une longueur ou d'un système de plusieurs longueurs en fonction d'autres longueurs données.

Dans ce qui va suivre, nous désignerons d'ordinaire les longueurs par de grandes lettres A, B, C..., X, Y..., et par de petites lettres correspondantes a, b, c..., x, y..., les nombres qui les mesurent, en fonction de la même longueur unité u.

Quand on se donne une relation $f(a, b, c..., x) = 0$ entre les nombres qui mesurent des longueurs, on dit par extension que cette relation est aussi une relation entre les longueurs mesurées par ces nombres. — On écrira donc à volonté $f(A, B, C..., X) = 0$, ou $f(a, b, c..., x) = 0$.

En géométrie, les relations entre les longueurs ou entre les nombres qui les mesurent sont toujours *homogènes* par rapport à ces nombres a, b, $c...$, x. — On pourrait s'en assurer, comme on l'a dit en algèbre, en vérifiant que l'on a l'identité suivante :

$$f(ta, tb, tc..., tx) = t^m f(a, b, c..., x).$$

On peut aussi s'en assurer plus vite, en voyant si tous les termes de la relation sont du même degré (1).

Grâce à ces conventions, les expressions suivantes :

$$ABC, \quad \frac{ABC}{DE}, \quad \frac{3ABCD}{4E}, \quad \sqrt{ABC}, \quad \sqrt[4]{A^2B}$$

sont de degrés 3, 1, 3, $\dfrac{3}{2}$, $\dfrac{3}{4}$.

Donc les relations suivantes :

$$X = \frac{ABC}{DE} + F, \quad X^2 = \frac{ABC}{D}, \quad X = \sqrt[4]{A^4 + BCD)^2}$$

sont homogènes, le 1er membre étant de même degré que le 2°.

Tandis que des expressions comme

$$X = 5A + BC, \quad X^2 = \frac{ABC}{DE}$$ ne sont pas homogènes, tous les termes n'ayant pas le même degré.

---

(1) (Une longueur est dite du 1er degré, le rapport de deux longueurs est dit de degré 0, le produit de deux longueurs est de degré 2, le produit de n longueurs de degré n, le quotient d'un produit de n longueurs par le produit de p longueurs étant de degré $(n - p)$ et la racine $n^{ième}$ d'un produit de p longueurs étant de degré $\dfrac{p}{n}$.)

Il en est évidemment de même des relations

$$x = \frac{abc}{de}, \quad x^2 = mn + p^2, \quad x = \sqrt[4]{a^4 + 6^4}$$

qui sont toutes homogènes par rapport aux nombres $x, a, b, c\ldots, m, n\ldots$ mesurant des longueurs $X, A, B, C\ldots M, N$.

Remarque. — Quand on a des expressions de la forme

$$x = \frac{ab}{c}, \quad x^2 = a \times b, \quad x^2 = \frac{abc}{d}, \quad x^3 = abc, \quad x^3 = \frac{abcd}{f},$$

où $a, b, c\ldots$, x sont des mesures de longueurs, on pourra encore voir que les expressions sont homogènes en raisonnant comme il suit :

Dans $x = \frac{ab}{c}$ le 1er membre est un nombre mesure d'une longueur, donc représente des mètres par exemple. Dans le 2e membre, on trouve au numérateur des mètres carrés et au dénominateur des mètres. Or des mètres carrés divisés par des mètres donnent des mètres.

Donc le 2e membre représente des mètres, comme le 1er membre. Donc l'expression est homogène.

On pourra raisonner de façon analogue pour voir si les autres expressions sont homogènes.

1er cas *de construction de longueurs.*

On a traité dans le *Cours de géométrie* de nombreux problèmes où on a eu à construire **une** longueur liée à d'autres par une relation homogène. — La plupart de ces problèmes se ramènent à la construction de moyennes proportionnelles, ou de 4es ou 3es proportionnelles.

Parfois aussi on utilise le théorème de Thalès, ou la relation connue entre les carrés des côtés de l'angle droit et les segments que la pp. détermine sur l'hypoténuse, — ou le théorème de Pythagore, — ou le théorème de segments proportionnels déterminés sur deux droites plles par des droites concourantes.

Ex. 1. Construire $X = \frac{AB}{C}, \quad X = \frac{ABCD}{EFG}, \quad X = \frac{A^2}{B},$

$$X^2 = AB, \quad X^2 = \frac{ABCD}{MN + PQ}, \quad X = \frac{MN + PQ}{A},$$

$$X = \sqrt[4]{A^4 + B^4}, \qquad \frac{X^2}{A^2} = \frac{M}{N}, \qquad X^2 = \frac{P^2 AB}{CD}, \text{ ce qui peut en-}$$

core s'écrire et s'énoncer : $x = \dfrac{ab}{c}, \qquad x = \dfrac{a^2}{b},$ etc.

Ex. 2. Construire dans un cercle de rayon R une corde passant par un point A donné, ce point A la partageant en moyenne et extrême raison.

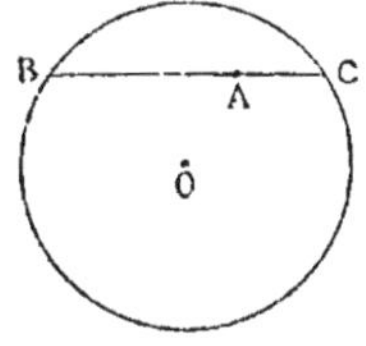

On sait que dans la plupart des problèmes où on a à placer une corde dans un cercle, on prend pour longueur inconnue sa distance au centre. Mais on peut aussi choisir la corde elle-même. — C'est ce que nous allons faire ici.

Pour abréger l'écriture, appelons-la x.

On devra avoir alors :

$$AB = \frac{x}{2}\left(\sqrt{5} - 1\right), \qquad AC = \frac{x}{2}\left(3 - \sqrt{5}\right).$$

Mais le produit $AB \times AC$ vaut $(R^2 - d^2)$, d désignant la distance AO ; on devra donc avoir, en effectuant les calculs :

$$x^2 = (R^2 - d^2)\left(\sqrt{5} + 2\right),$$

de telle sorte que le problème revient à construire un carré qui soit à un carré donné dans un rapport donné.

2e CAS. — Souvent, ayant dans un problème à construire **une** longueur, on est obligé d'en construire **deux**.

Ce cas se présente toutes les fois qu'ayant deux longueurs inconnues dans une figure, le problème serait fait si on en connaissait une seule, — mais n'importe laquelle.

Généralement le problème est alors ramené à un des problèmes connus suivants :

Construire deux longueurs, connaissant :

Leur somme et leur quotient ;
Leur somme et leur produit ;
Leur différence et leur quotient ;
Leur différence et leur produit.

Ex. 1. Construire un Δ, connaissant un côté, l'angle opposé A et la longueur de la bissectrice de cet angle A (les longueurs données étant à volonté figurées par des droites ou par des nombres).

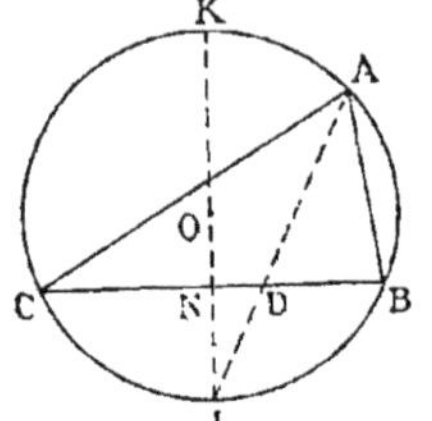

La bissectrice AD devant passer par le milieu I de l'arc BC, le problème sera fait si on connaît ID ou IA. Mais il n'y a pas de raison pour chercher ID plutôt que IA, cherchons-les donc tous les deux, ce qui sera facile. Car on connaît leur différence AD et leur produit qui vaut IN × IK, c'est-à-dire $\overline{IC}^2$.

Ex. 2. Construire un △ rectangle ABC, connaissant un côté AB et la projection CH du deuxième côté de l'angle droit sur l'hypoténuse.

On a la relation :

$$\overline{AB}^2 = BC \times BH.$$

Le problème serait fait si on connaissait ou BC ou BH.

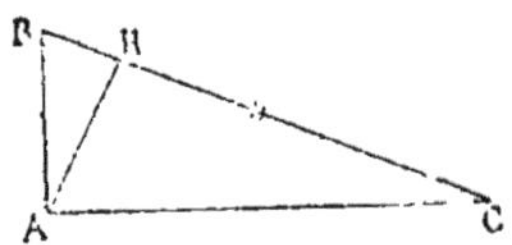

Mais ces deux longueurs ont un produit connu, et de plus leur différence est connue, puisqu'elle est égale à la longueur donnée CH.

On peut donc construire ces deux longueurs, quitte à n'en garder qu'une,

— n'importe laquelle, et le problème s'achève alors très facilement.

Ex. 3. Mener une pp. IC à un diamètre AB, de façon que si on mène la tg. en C, la surface du △ CID soit égale à celle du △ COA.

Les deux △ ayant même hauteur, leurs bases doivent être égales. On doit donc avoir ID = R, en désignant par R le rayon du cercle.

Telle est l'égalité qui résulte des données.

Or le problème sera fait si l'on connaît OI, ou encore si on connaît OD.

Il n'y a pas de raisons de choisir l'une de ces inconnues plutôt que l'autre. Gardons-les donc toutes les deux momentanément. Leur différence étant ID est connue et égale à R. Mais leur produit est aussi connu et égal à R². — On pourra donc très facilement les construire, et alors le problème sera fini.

On a parfois aussi à traiter le problème suivant :

Pr. *Construire deux longueurs, connaissant leur produit et leur rapport.*

Voici une solution synthétique assez simple :

Désignons par a^2 le produit donné, et par $\dfrac{m}{n}$ le rapport donné.

1° Décrivons un cercle O de rayon a et menons-lui deux tgs plles en A et B;

2° Partageons le diamètre AB en deux segments AK et KB proportionnels aux nombres m et n;

3° Par K menons la pp. KI, et en I menons la tg. CD.

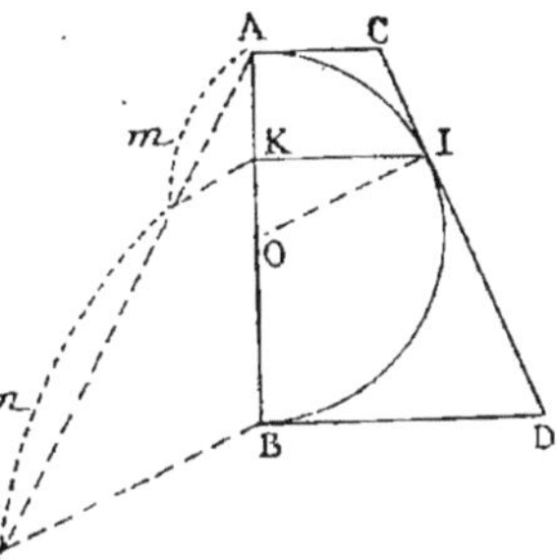

CI et ID sont les deux longueurs cherchées.

En effet, l'angle COD est droit, donc :

$$IC \times ID = \overline{OI}^2 = a^2.$$

De plus :

$$\frac{IC}{ID} = \frac{AK}{KB} = \frac{m}{n}.$$

Comme application, on pourrait résoudre le problème suivant :

Pr. Construire un Δ, connaissant la bissectrice l de l'angle A, le rapport K des côtés b et c, et leur moyenne proportionnelle.

Il est évident que par la construction précédente on aura aisément les longueurs des deux côtés AC et AB, puisqu'on connaît leur produit et leur rapport.

Le problème sera alors ramené à construire un Δ, connaissant deux côtés et la bissectrice comprise (problème connu).

3e CAS. — *Quand la longueur à construire doit être une corde dans un cercle donné,* on arrive souvent au résultat en tâchant de déterminer sa distance au centre, et on a alors à appliquer ce théorème, que toutes les cordes égales placées dans un cercle sont tgs à un cercle concentrique.

Ex. 1. Par un point A mener une sécante telle que la corde interceptée soit égale à une longueur donnée l.

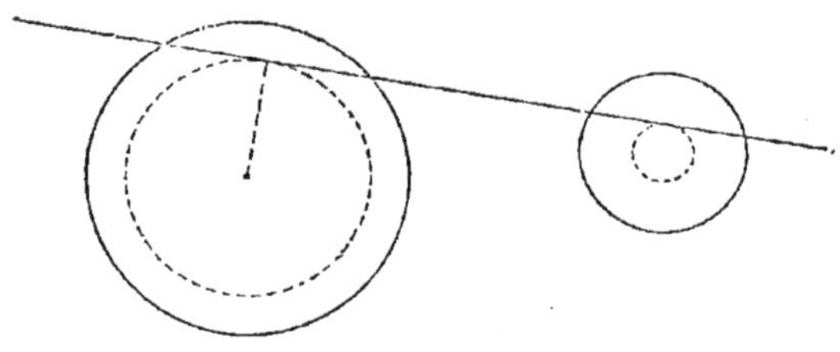

Il suffit de mener en MN une corde quelconque égale à l, puis de décrire un cercle tg., — et par le point A de mener une tg. à ce cercle.

Ex. 2. Etant donnés deux cercles, les couper par une sécante, telle que les deux cordes interceptées soient égales à deux longueurs données.

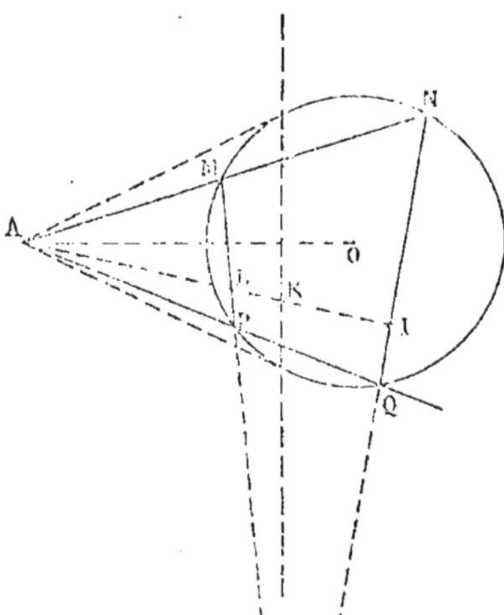

(Il suffit de mener une tg. commune aux deux cercles intérieurs indiqués sur la figure.)

Ex. 3. Etant donnés un cercle et un point extérieur A, mener par ce point A deux sécantes telles que des deux cordes interceptées, l'une ait une longueur donnée l, l'autre passe par un point donné I.

Supposons le problème résolu et soit $MP = l$, NQ passant par le point fixe I. Puis remarquons que, du moment qu'on connaît le point A et le cercle, on connaît non seulement sa distance au centre ou à la circonférence, mais encore sa polaire Δ, ce qui va nous être très utile.

Cette polaire connue est en même temps la polaire du point A par rapport au système des deux droites MP et NQ.

Mais alors, si on joint AI, le point K où AI coupe la polaire, sera le conjugué du point A par rapport aux points I et L, L étant le point inconnu où AI coupe MP.

Mais L est facile à obtenir, car dans une division harmonique, quand on connaît trois points A, K, I, on a facilement le quatrième L.

Ayant le point L, le problème s'achève facilement.

Dans l'exemple suivant, où on a à construire une corde passant par un point donné, on en détermine un point remarquable comme on le fait pour tous les points (par l'intersection de deux lignes).

Pr. Par un point P intérieur à un cercle, mener une corde MN telle qu'elle soit vue du point intérieur donné A sous un angle droit.

Le problème sera résolu si on connaît la position du point I milieu de la corde MN.

Or on sait déjà que le lieu des milieux des cordes interceptées sur un cercle par un angle droit qui pivote autour du point A, est un cercle connu dont le centre ω est au milieu de OA.

D'autre part ce point I est sur la demi-circonférence placée sur OP comme diamètre.

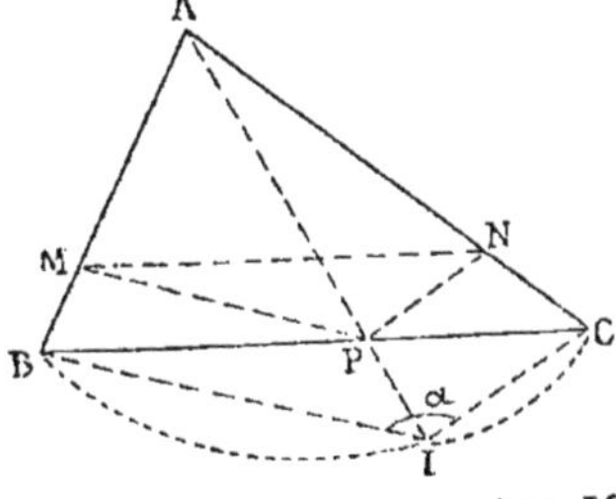

Le point I est donc connu.

D'où la corde MN.

4° CAS. — La longueur à construire doit être placée parallèlement à une direction donnée entre les deux côtés d'un angle donné.

Ex. 1. Sur la base d'un Δ ABC on se donne un point P. Mener à la base une plle vue du point P sous un angle donné α.

Construction. — 1° Sur la base BC on construit un segment capable de l'angle α; 2° on joint AP jusqu'au point I de rencontre avec ce segment; 3° on mène IC et IB et par P les plles PN et PM.

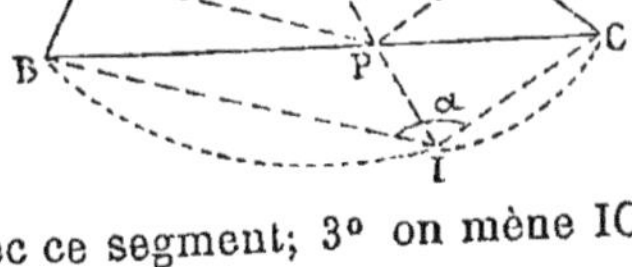

MN est la droite cherchée.

Ex. 2. Étant donnés un $\triangle$ isocèle ABC et un point P pris sur la base, mener une plle MN telle que dans le $\triangle$ MPN le rapport $\dfrac{MP}{PN}$ soit égal à un nombre donné K.

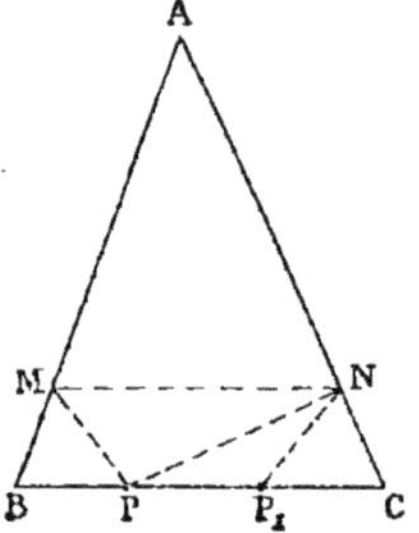

Le problème sera fait si on connaît le point N. Or, si on prend $CP_1 = BP$, les deux $\triangle$ CP_1N et BPM étant égaux, on devra avoir aussi :

$$\frac{NP_1}{NP} = K,$$

ce qui montre que le point N est à l'intersection de la droite AC et d'un lieu connu.

———

On peut quelquefois, par un *artifice spécial,* ramener un problème où on parle de surfaces à un problème où on ne parle que de longueurs, et réciproquement.

Il suffit pour cela de savoir traiter le problème suivant :

Pr. Construire une longueur égale à un carré.

Quand on dit qu'une longueur est égale à un carré, cela n'a évidemment pas de sens, pas plus que n'en ont les phrases suivantes, constamment employées pourtant : un angle est égal à un arc ou un rectangle est égal au produit de sa base par sa hauteur. Mais on peut quand même accepter cette façon de parler, car elle signifie que le *nombre qui mesure la longueur* doit être *égal au nombre qui mesure le carré.*

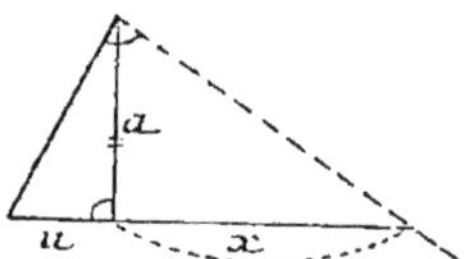

Or la mesure d'une longueur ou d'une surface est par définition un rapport, son rapport avec la longueur ou la surface unité.

D'après cela, dire qu'une longueur X est égale au carré construit sur le côté A, c'est-à-dire que l'on doit avoir les rapports égaux qui suivent :

$$\frac{X}{U} = \frac{A^2}{U^2}, \quad \text{et on en tire : } X = \frac{A^2}{U}.$$

La longueur X cherchée est donc une troisième proportionnelle entre A et U, U étant l'unité de longueur (arbitraire du reste) que l'on a choisie.

Application. — Partager une longueur donnée L en trois segments proportionnels à trois carrés donnés.

On doit avoir, en appelant X, Y, Z les segments cherchés, et A, B, C les côtés des carrés donnés,

$$\frac{X}{A^2} = \frac{Y}{B^2} = \frac{Z}{C^2}.$$

Or, si nous construisons les longueurs M, N, P égales respectivement à ces carrés, on sera ramené à construire les longueurs X, Y, Z, sachant que $\dfrac{X}{M} = \dfrac{Y}{N} = \dfrac{Z}{P}$ (problème connu).

REMARQUE. — Si on avait à partager L en trois segments X, Y, Z tels que

$$\frac{X^2}{A} = \frac{Y^2}{B} = \frac{Z^2}{C},$$

il suffirait de traiter le problème inverse, c'est-à-dire construire des carrés M^2, N^2, P^2 équivalents aux longueurs A, B, C.

Le problème revient alors à construire trois longueurs telles que

$$\frac{X^2}{M^2} = \frac{Y^2}{N^2} = \frac{Z^2}{P^2},$$

c'est-à-dire telles que $\dfrac{X}{M} = \dfrac{Y}{N} = \dfrac{Z}{P}$ (problème connu).

Dans le même ordre d'idées on peut aisément construire *une longueur égale à l'inverse d'une longueur* ou *une longueur égale à l'inverse d'une surface*, etc., etc.

On trouvera une application utile de cette transformation dans les trois problèmes suivants :

Pr. 1. Construire un Δ, connaissant les trois hauteurs.

On doit en effet avoir les relations homogènes suivantes :

$$ah = bh' = ch'',$$

c'est-à-dire

$$\frac{a}{\left(\dfrac{1}{h}\right)} = \frac{b}{\left(\dfrac{1}{h'}\right)} = \frac{c}{\left(\dfrac{1}{h''}\right)},$$

c'est-à-dire enfin :

$$\frac{a}{\alpha} = \frac{b}{\beta} = \frac{c}{\gamma}.$$

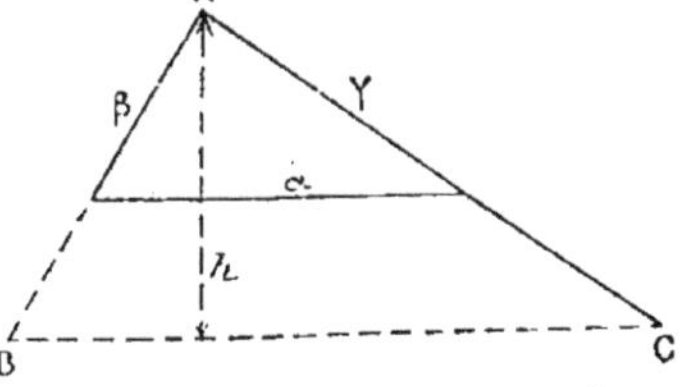

Il suffira donc de construire à une échelle déterminée le Δ dont les côtés sont mesurés par les nombres α, β, γ, puis de former un Δ homothétique où la hauteur correspondant au côté homologue de α serait h, ce qui donne lieu à la construction ci-contre.

Pr. 2. Construire une longueur X, sachant que
$$X = \sqrt[4]{A^4 + B^4},$$ A et B étant deux longueurs connues.

On peut écrire $X = \sqrt{\sqrt{A^4 + B^4}}$, c'est-à-dire $X^2 = \sqrt{A^4 + B^4}$.
Or il nous est possible de construire deux longueurs M et N telles que l'on ait $M^2 = A^4$ et $N^2 = B^4$. Car cela revient à $M = A^2$ et $N = B^2$. — On aura dès lors $X^2 = \sqrt{M^2 + N^2} = \sqrt{P^2} = P$. Et il sera facile de construire X. Car la relation $X^2 = P$ signifie

que l'on doit avoir $\dfrac{X^2}{U^2} = \dfrac{P}{U}$ ou $X^2 = PU$.

La longueur X sera donc une moyenne proportionnelle entre les longueurs connues P et U.

On peut, il est vrai, donner du problème plusieurs autres solutions, solutions même meilleures que la précédente.

Pr. 3. Construire deux longueurs, connaissant leur produit b^2 et la différence a^2 de leurs carrés.

Appelons x et y les deux longueurs cherchées. On doit avoir :
$$x^2 - y^2 = a^2,$$
$$xy = b^2.$$

Faisons un autre problème. Après avoir construit une longueur A égale à la surface a^2, proposons-nous de chercher deux longueurs X et Y satisfaisant aux deux relations :
$$X - Y = A,$$
$$XY = b^2,$$
ce qui sera facile. Ayant X et Y, on en tirera aisément les longueurs x et y à l'aide de deux moyennes proportionnelles. Car on

devra avoir $\dfrac{x^2}{u^2} = \dfrac{X}{U}$, donc $x^2 = U \times X$.

Construction de longueurs liées à d'autres par des relations non homogènes.

Quand on a à construire une longueur, liée à d'autres par une relation non homogène, comme par exemple $X^2 = 2$, $X^2 = A$, $X^2 = A^3$, $X = A^2$, cela n'a aucun sens.

Mais c'est une façon de parler. — Et pour comprendre le problème, il n'y a qu'à remarquer que l'on veut parler non pas des longueurs X et A, mais de x et de a, c'est-à-dire des nombres qui mesurent ces longueurs. On pourra donc formuler la règle suivante :

Règle. — Pour construire des expressions non homogènes, il suffit de *substituer partout aux grandes lettres qui désignent des longueurs* (ainsi que nous l'avons dit tout au début) *leurs mesures, c'est-à-dire leurs rapports à l'unité.*

Les problèmes posés correspondront donc d'après cela aux relations suivantes, relations cette fois homogènes :

$$\frac{X^2}{U^2} = 2, \qquad \frac{X^2}{U^2} = \frac{A}{U}, \qquad \frac{X^2}{U^2} = \frac{A^3}{U^3},$$

d'où on déduit $X^2 = 2U^2$, $X^2 = AU$, $X^2 = \dfrac{A^3}{U}$,

et on saura alors construire facilement les longueurs X, connaissant les autres, ainsi que la longueur unité U (laquelle peut être prise au hasard).

C'est dans cet ordre d'idées qu'on peut se proposer de construire les deux longueurs X satisfaisant à la relation non homogène

$$X^2 - 8X + 15 = 0; \quad (1)$$

Cette relation n'étant pas homogène, le problème n'a pas de sens. — Pour savoir ce qu'il faut entendre par la question, rendons la relation homogène.

On aura :
$$\frac{X^2}{U^2} - 8\frac{X}{U} + 15 = 0,$$

c'est-à-dire
$$X^2 - 8UX + 15U^2 = 0; \quad (1)$$

et on sera alors ramené à construire deux longueurs, connaissant leur somme 8U et leur produit $15U^2$, c'est-à-dire leur moyenne proportionnelle $U\sqrt{15}$ (problème connu).

C'est aussi dans cet ordre d'idées qu'on pourra construire les racines

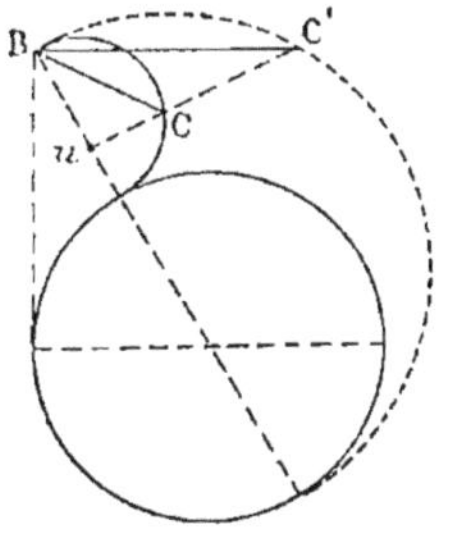

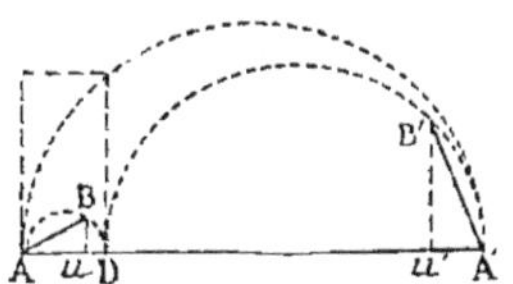

d'une équation bicarrée de la forme $x^4 - px^2 + q = 0$, et on arrivera alors toujours, quand on aura à construire les racines de n'importe quelle équation bicarrée, à l'une des deux constructions ci-contre, l'unité choisie étant égale à la longueur représentée par Au, $A'u'$ ou Bu.

§ 5. — Construction d'ellipses, hyperboles ou paraboles.

Pour pouvoir construire une ellipse ou une hyperbole, il faut se donner cinq conditions. Pour pouvoir construire une parabole, il faut s'en donner quatre seulement.

Une condition peut être *simple* ou *double*. On dit qu'un point donné ou une droite donnée compte pour une condition double quand, la courbe étant supposée tracée, le point ou la droite sont parfaitement déterminés.

Exemple. — Un sommet, ou un foyer, correspond à une condition double ; une asymptote, ou une tangente au sommet, également, équivaut à deux conditions.

Un point ou une tangente ne correspond qu'à une condition simple, car la courbe étant supposée tracée, il y a une infinité de points ou de tgs qu'on peut y choisir.

Les longueurs, les rapports, les directions de droites comptent pour une condition simple. Ainsi se donner le rapport $\frac{b}{a}$ des deux demi-axes d'une ellipse, ou la longueur $2a$ de l'axe transverse d'une hyperbole, ou le paramètre d'une parabole ou la direction du petit axe d'une ellipse, c'est se donner une seule condition.

1° *Construction d'ellipses ou d'hyperboles.*

Avant d'entrer dans le détail des constructions : 1° rappelons que quand on se donne un point M de la courbe, et un foyer F, le cercle décrit du point M comme centre avec MF pour rayon, est tg. au cercle directeur relatif à l'autre foyer F′. C'est là une façon presque constamment employée d'utiliser les deux données simultanées F et M.

(Nous ne parlerons pas ici du rapport $\frac{MF}{MH}$, car en élémentaire on n'étudie que peu la directrice dans l'ellipse et l'hyperbole.)

2° Quand on se donne une tg. à la courbe, on utilisera cette donnée : ou en prenant le symétrique φ du foyer F, et songeant que $F'\varphi = 2a$ et que φ, M et F' sont en ligne droite (M étant le point de contact);

Ou en songeant que la tg. en M fait des angles égaux avec les deux rayons vecteurs FM et F'M.

Ou en songeant à la podaire du foyer qui est le cercle principal.

3° Quand on se donne deux tgs à la courbe, on utilisera cette donnée, en se rappelant que si du point de rencontre I de deux tgs on mène les droites allant aux deux foyers, ces droites font respectivement des angles égaux avec leurs tgs, etc., etc.

Cela posé, nous allons dresser le tableau suivant de nos constructions, en convenant, pour abréger, de représenter par

$$\begin{cases} \text{F} & \text{le mot } foyer, \\ \text{p}^t & \text{le mot } point, \\ \text{tg.} & \text{le mot } tangente, \\ \text{S} & \text{le mot } sommet, \\ \text{C} & \text{le mot } centre. \end{cases}$$

Première série. $\begin{cases} 2\ \text{F} & 1\ \text{p}^t, \\ 2\ \text{F} & 1\ \text{tg.,} \\ 2\ \text{F} & \dfrac{b}{a}. \end{cases}$

Deuxième série. $\begin{cases} 1\ \text{F} & 1\ \text{S} & 1\ \text{p}^t, \\ 1\ \text{F} & 1\ \text{S} & 1\ \text{tg.} \end{cases}$

Troisième série. $\begin{cases} 1\ \text{F} & 3\ \text{p}^{ts}, \\ 1\ \text{F} & 3\ \text{tgs}, \\ 1\ \text{F} & 2\ \text{p}^{ts} & 1\ \text{tg}, \\ 1\ \text{F} & 1\ \text{p}^t & 2\ \text{tgs}, \\ 1\ \text{F} & 2a & 2\ \text{tgs}, \\ 1\ \text{F} & 1\ \text{tg. le p}^t\ \text{de contact et } 2a, \\ 1\ \text{F} & 1\ \text{tg.} \quad 2a\ \text{et sa direction.} \end{cases}$

Quatrième série. $\begin{cases} 2\ \text{S} & 1\ \text{p}^t, \\ 2\ \text{S} & 1\ \text{tg.,} \\ 2\ \text{S} & \dfrac{b}{a}. \end{cases}$

$$
\textit{Problèmes isolés.} \left\{ \begin{array}{l} \text{Le C } 2a \text{ 2 tg.} \\ \text{2 tg. les 2 p}^{\text{ts}} \text{ de contact et le grand} \\ \quad \text{axe en position.} \\ \text{1 F 1 tg., le point de contact, et } b. \end{array} \right.
$$

Nous allons voir que la plupart de nos constructions se ramènent à la détermination du foyer (quand on en connaît déjà un). Cela se fera ou directement par l'intersection de deux lignes,

Ou d'une façon détournée par la construction de circonférences.

Première série de constructions.

Pr. 1. Construire une ellipse ou une hyperbole, connaissant les deux foyers et un point M — ou les deux foyers et l'axe $2a$.

(Problème connu, traité dans les cours.)

Pr. 2. Construire une E ou une H (1), connaissant les deux foyers et une tg. θ. (Cinq conditions.)

On prendra le symétrique φ du foyer F par rapport à cette tg. La droite $\varphi F'$ coupant la tg. en M, on sera ramené au problème 1.

REMARQUE. — Si la tg. donnée laisse les deux foyers d'un même côté, la courbe sera une E, sinon ce sera une H.

Pr. 3. Construire une E ou une H, connaissant les deux foyers et le rapport $\dfrac{b}{a}$. (Cinq conditions.)

Il y a deux cas à distinguer :

1° Soit $\dfrac{b}{a} = \text{K} < 1$. On aura alors à construire une E ; si nous appelons O le milieu de FF', et si B est l'extrémité du petit axe, le △ OBF est facile à construire, car dans ce △ rectangle on connaît un côté CF et le rapport de l'hypoténuse FB au côté OB. On connaît donc F, F' et $2a$.

---

(1) Dans ce qui va suivre, les lettres E et H désigneront, la première une *ellipse*, la deuxième une *hyperbole*.

$2°$ Soit $\dfrac{b}{a} = K > 1$. Supposons le problème résolu, c'est-à-dire l'hyperbole construite avec ses asymptotes. L'asymptote étant une tg. en un point à l'infini et la podaire du foyer étant le cercle principal, le pied I de la pp. menée de F sur l'asymptote est à une distance OI égale à a. Mais on a la relation :

$$c^2 = a^2 + b^2.$$

Par conséquent il va suffire de construire un $\triangle$ rectangle OFI, connaissant OF et le rapport $\dfrac{\text{FI}}{\text{OI}}$. Ce qui est facile — et on connaîtra alors dans l'hyperbole F, F' et $2a$.

Deuxième série de constructions.

Pr. 1. Construire une E ou une H, connaissant un foyer F, le sommet adjacent S et un point M. (Cinq conditions.)

Cherchons le second foyer F'. Il est le centre d'un cercle directeur, cercle tg. d'abord au cercle de centre M et de rayon MF;

Cercle tg. ensuite au cercle de centre S et de rayon SF. Mais S n'est pas un point quelconque; la tg. en ce point S est pp. à SF, donc si on prend le symétrique φ de F par rapport à S, φ sera encore sur le cercle directeur précédent.

On est donc ramené à chercher le centre F' d'un cercle passant par φ et tg. à deux cercles — et alors le problème sera fini.

Remarque. — Selon la position qu'occupe le foyer trouvé F' par rapport à la droite FS, la courbe sera une E ou une H.

Pr. 2. Construire une E ou une H, connaissant un foyer F, un sommet S et une tg. θ. (Cinq conditions.)

(Le problème revient à chercher le centre d'un cercle passant par deux points et tg. à un cercle.)

Troisième série de constructions.

Pr. 1. Construire une E ou une H, connaissant F et trois points (situés sur une même branche dans le cas de l'H).

(Le problème revient à construire un cercle tg. à trois cercles.)
Et la courbe sera une E si le foyer donné F est à l'intérieur du cercle ainsi construit — sinon, elle sera une H.

Pr. 2. Construire une E ou une H, connaissant F et trois tgs.

(Le problème revient à construire un cercle passant par trois points.) Et la courbe sera une E ou une H selon la position de F par rapport au cercle.

Pr. 3. Construire une E ou une H, connaissant F, une tg. θ et deux points M et M′.

(Le problème revient à construire un cercle passant par un point et tg. à deux cercles.)

Si le second foyer trouvé de la sorte est du même côté de la tg que le premier foyer, le lieu est une E, — sinon, une H.

Pr. 4. Construire une E ou une H, connaissant F, un point et deux tgs. (Cinq conditions.)

Deux façons de faire :

1° Si on prend les deux symétriques de F, on ramène à un cercle passant par deux points et tg. à un cercle donné.

2° Si on prend le point de rencontre des deux tgs, qu'on joigne IF et qu'on fasse un angle XIθ égal à θIF, on ramène le problème à l'intersection d'un cercle et d'une droite.

Mais la première façon vaut mieux pour la discussion, quand on veut savoir si on trouve une E ou une H.

Pr. 5. Construire une E ou une H, connaissant F, la longueur 2a et deux tgs θ et θ′.

Ici le second foyer est donné, directement, par l'intersection d'une droite et d'un cercle, ou si on préfère par l'intersection de deux cercles. — Donc il y en a en général deux solutions au problème, à savoir f et f_1.

La position des foyers par rapport aux tgs ou encore par rapport au cercle directeur indiquera si on a une E ou une H.

Pr. 6. Construire une E ou une H, connaissant F, une tg. θ, le point de contact M et la longueur 2a. (Cinq conditions.)

Si la ligne à construire est une E, très facile (on prend le symétrique φ, on joint φM et à partir de φ dans le sens φM on porte la longueur 2a — d'où le second foyer).

Mais si c'est une H, il y a deux cas à distinguer :

1° Le point de contact M est situé sur la branche correspondant au foyer F. Il suffit alors de joindre M au symétrique φ et de porter la longueur 2a sur Mφ *à partir de* M *et dans le sens* Mφ, d'où le second foyer.

2° Le point M appartient à l'autre branche, celle qui ne contient pas F. Prenons encore le symétrique φ de F par rapport à la tg. θ. Si nous joignons Mφ, on a : Mφ = MF. Mais on a :

$$MF - MF' = 2a,$$

donc on a :

$$M\varphi - MF' = 2a.$$

C'est-à-dire φF' = 2a, ce qui montre que le second foyer cherché est, encore, sur la droite Mφ, mais que la distance 2a doit y être portée, *dans le sens φM et à partir de φ.*

Comme dans l'énoncé du problème on ne demande pas plutôt une E qu'une H, on aura donc à faire la construction suivante :

Après avoir pris le symétrique φ de F par rapport à la tg. et joint φM,

1° On porte sur cette droite *dans le sens φM et à partir de φ* la longueur 2a. Ce qui donne un premier point f.

Si f est de l'autre côté de la tg. que F, la courbe sera une H; sinon, une E.

2° On porte sur cette droite φM, mais *dans l'autre sens Mφ et à partir de M*, la même longueur 2a, ce qui donne un second point f'_1.

Ce second point f'_1, étant toujours de l'autre côté de la tg. que F, on obtient toujours une H.

En résumé, on a toujours une H combinée soit avec une H, soit avec une E.

N. B. — Porter 2a sur la droite Mφ dans le sens opposé φM et à partir de M n'aurait évidemment aucun sens.

Pr. 7. Construire une E, connaissant un foyer F, une tg., la longueur 2a et la direction du grand axe.

Ici on demande franchement de construire une E. La solution est aisée. Le second foyer s'obtient en prenant l'intersection du cercle décrit de φ comme centre avec 2a pour rayon avec la direction du grand axe. Or, si la tg. θ coupe le cercle directeur en un point I, on verrait aisément en faisant la figure, que si le grand axe fait avec θ un angle supérieur à l'angle FIθ, le problème est impossible (car il y aurait deux H répondant au problème et on demande une E). Au contraire, si cet angle est inférieur à FIθ, il n'y a qu'une solution (car le second point d'intersection donnerait une solution hyperbolique).

Remarque. — Si on demandait de construire une conique, connaissant un foyer, une tg., 2a et la direction du grand axe, on trouverait ou une E et une H, ou deux H.

Quatrième série de constructions.

Pr. 1. Construire une **E,** connaissant deux sommets S et S′ et un point M.

Ce problème se traitera en décrivant le demi-cercle principal menant de M la pp. MP sur SS′, la prolongeant jusqu'à sa rencontre N avec ce demi-cercle, et remarquant que $\dfrac{MP}{NP} = \dfrac{b}{a}$.

Donc b est connu par une quatrième proportionnelle et le problème est fait.

Pr. 2. Construire une **E,** connaissant deux sommets et une tg. θ.

On décrira encore le demi-cercle principal et aux deux points de rencontre I et I′ avec la tg. θ, on mènera les pps à cette tg.; d'où les deux foyers.
On connaîtra donc F, F′ et 2a.

Remarque. — Si la tg. θ coupait SS′ entre S et S′, on aurait une H et même construction.

Pr. 3. Construire une **E** ou une **H,** connaissant deux sommets et le rapport $\dfrac{b}{a}$.

(Solutions faciles.)

Problèmes isolés de constructions d'ellipses.

Pr. 1. Construire une **E,** connaissant le centre, deux tgs et la longueur 2a.

On construira le cercle principal — aux points de rencontre avec θ on mènera les deux pps, *idem* pour θ′ — d'où quatre droites donnant quatre points d'intersection.

Discussion. — Il ne faudrait pas dire qu'il y a une E si les deux foyers sont d'un même côté par rapport à une des deux tgs, car alors que se passe-t-il pour la deuxième tg. ? Il suffit de dire ceci :
E, si les deux foyers trouvés sont tous deux à l'intérieur du cercle principal.
H, dans le cas contraire.

Pr. 2. Construire une E, connaissant deux tgs, leurs points de contact M et M′ et le grand axe en position. ···

On sait que la droite qui joint le point de concours des deux tgs au milieu de la corde de contact passe par le centre. Donc le centre O de l'E est immédiatement connu. — Mais il est facile de connaître en plus la longueur a. Car si de M on mène MP pp. sur le grand axe, on a :

$$OP \times O\theta = a^2,$$

θ étant le point où la tg. en M coupe ce grand axe.
Le problème est d'après cela facile à terminer.

Pr. 3. Construire une E, connaissant un foyer, une tg., son point de contact M, et la longueur b.

Le second foyer se trouve déjà sur la droite φM.
Mais comme on a la relation connue :

$$FH \times F'H' = b^2,$$

H et H′ étant les pieds des pps menées de F et F′ sur la tg., on déduira de là par une troisième proportionnelle la valeur de F′H′. Donc F′ se trouve encore sur une plle connue à θ (plle qui devra être menée du même côté que F puisqu'on veut avoir une E).

2° *Construction de paraboles.*

Nous allons encore former le tableau suivant de nos problèmes de construction, en convenant d'appeler D la directrice, S_t et S_n la sous-tg. et la sous-normale et remarquant que l'on doit chaque fois avoir quatre conditions.

N. B. — Un diamètre équivaut à une condition, puisqu'il y en a une infinité quand la courbe est tracée; l'axe, au contraire, fournit une condition double, puisque, la courbe tracée, il n'y a qu'une droite qui soit axe de symétrie.

$$\textit{Première serie.} \begin{cases} F - D, \\ F - 2\ p^{ts}, \\ F - 1\ p^t - 1\ tg., \\ F - 1\ p^t - \text{paramètre } 2p, \\ F - 2\ tgs. \end{cases}$$

Deuxième série.
$\left\{\begin{array}{l}\text{Axe} - 1\ \text{tg.} - \text{le p}^t\ \text{de contact,} \\ \text{Axe} - 1\ \text{normale en direction et en grandeur,} \\ \text{Axe} - 1\ \text{p}^t - \text{sous-tg. en ce p}^t, \\ \text{Axe} - 1\ \text{p}^t - \text{sous-normale en ce p}^t.\end{array}\right.$

Troisième série.
$\left\{\begin{array}{l}\text{D} - 2\ \text{p}^{ts}, \\ \text{D} - 1\ \text{p}^t - 1\ \text{tg.,} \\ \text{D} - 2\ \text{tgs.}\end{array}\right.$

Quatrième série.
$\left\{\begin{array}{l}2\ \text{p}^{ts} - 2\ \text{tgs,} \\ 1\ \text{p}^t - \text{tg. en ce p}^t - \text{S}_t\ \text{et } 2p, \\ \text{Sous-tg. et sous-normale,} \\ 4\ \text{tgs,} \\ \text{tg. au sommet et 2 tgs.}\end{array}\right.$

Nous allons indiquer rapidement les solutions :

Série I.
$\left\{\begin{array}{l}1^{er}\ \text{Cas. (F, D), (fait dans le cours),} \\ 2^e\ \text{Cas. (F, 2 p}^{ts}\text{), (se ramène à droite tg. à deux} \\ \qquad \text{cercles),} \\ 3^e\ \text{Cas. (F, 1 p}^t\text{, 1 tg.), (se ramène à droite menée} \\ \qquad \text{par un p}^t\ \text{tg. à un cercle),} \\ 4^e\ \text{Cas. (F, 1 p}^t\text{, 2 p}^{ts}\text{), (se ramène à tg. commune),} \\ 5^e\ \text{Cas (F, 2 tgs), (se résout par les symétriques).}\end{array}\right.$

Série II.
$\left\{\begin{array}{l}1^{er}\ \text{Cas. (Axe, tg., p}^t\ \text{de contact), (on s'appuiera sur} \\ \qquad \text{ce que la sous-tg. est le double de l'abscisse).} \\ 2^e\ \text{Cas. (Axe, normale), (on s'appuiera sur ce que} \\ \qquad \text{la sous-normale vaut le paramètre).} \\ 3^e\ \text{Cas. (Axe, p}^t\text{, S), (facile).} \\ 4^e\ \text{Cas. (Axe, p}^t\text{, S}_n\text{), (facile).}\end{array}\right.$

Série III.
$\left\{\begin{array}{l}1^{er}\ \text{Cas. (D, 2 p}^{ts}\text{), (intersection de deux cercles).} \\ 2^e\ \text{Cas. (D, 1 p}^t\text{, 1 tg.), (facile).} \\ 3^e\ \text{Cas. (D, 2 tgs), (on prolongera les tgs jusqu'à} \\ \qquad \text{la directrice, et par les points de rencontre} \\ \qquad \text{on mène les pps à ces tgs qui seront de nou-} \\ \qquad \text{velles tgs. — On sera alors ramené à cons-} \\ \qquad \text{truire une P, connaissant quatre tgs).}\end{array}\right.$

Série IV.
$\left\{\begin{array}{l}1^{er}\ \text{Cas. (2 tgs, 2 p}^{ts}\ \text{de contact), (on s'appuiera} \\ \qquad \text{sur ce que la tg. fait des angles égaux avec} \\ \qquad \text{le rayon vecteur du point de contact et la} \\ \qquad \text{plle à l'axe, d'où deux droites donnant le} \\ \qquad \text{foyer).} \\ 2^e\ \text{Cas. (1 p}^t\text{, tg. en ce p}^t\text{, S}_t\ \text{et } 2p\text{), (on com-} \\ \qquad \text{mencera par construire l'ordonnée MP du} \\ \qquad \text{point M, puis menant la normale MN en M} \\ \qquad \text{on construira le } \Delta\ \text{rectangle MPN, d'où l'axe).}\end{array}\right.$

Série IV.

3ᵉ Cas. (S_t et S_n), (construction facile par le Δ rectangle).

4º Cas. (4 tgs), (on s'appuie sur ce que le lieu des foyers des paraboles tgs à trois droites est le cercle circonscrit au Δ formé).

5ᵉ Cas. (2 tgs et tg. au sommet), (on s'appuie sur ce que la podaire du foyer dans la parabole est la tg. au sommet).

FIN.

TABLE DES MATIÈRES

CHAPITRE Ier

Démonstration d'une propriété d'une figure.

Généralités sur la méthode synthétique et analytique............ 7
Façon d'utiliser les données d'une figure...................... 7
Classification des problèmes en quatre catégories.............. 10
Problèmes de la première catégorie............................. 16
§ 1. Prouver que dans une figure deux longueurs sont égales.... 17
Exemples... 18
§ 2. Prouver que deux angles sont égaux........................ 31
§ 3. Prouver que deux longueurs sont inégales.................. 42
§ 4. Prouver que deux angles sont inégaux...................... 49
§ 5. Prouver que des longueurs ou sommes de longueurs sont égales ou inégales... 53
§ 6. Prouver que deux droites sont parallèles.................. 58
§ 7. Prouver que trois points sont en ligne droite............. 66
§ 8. Prouver que trois droites sont concourantes ou passent par un point fixe... 80
§ 9. Prouver que quatre longueurs forment une proportion ou des produits égaux... 91
§ 10. Calculer une longueur.................................... 99
§ 11. Prouver qu'un angle est droit............................ 113
§ 12. Transformer une expression en une autre équivalente...... 120
Problèmes de la deuxième catégorie............................. 134
Problèmes de la troisième et de la quatrième catégorie. 140

CHAPITRE II

Recherche des lieux géométriques.

Marche générale; trois parties................................ 147
Exemples de lieux géométriques qui sont des droites............ 158
Exemples de lieux géométriques qui sont des cercles............ 175
Exemples de lieux qui sont des ellipses, hyperboles ou paraboles. 194

CHAPITRE III

Constructions de figures planes.

Problèmes se ramenant à la construction d'un point............. 212
Construction de triangles...................................... 218

1º Par la détermination directe des sommets.................... 218
2º Par la construction d'un triangle auxiliaire.................. 218
Construction de trapèzes....................................... 237
    —   de rectangles.. 239
    —   de parallélogrammes................................... 241
    —   de quadrilatères...................................... 243
    —   de circonférences..................................... 247
    —   d'une longueur.. 248
    —   d'un ensemble de deux longueurs...................... 251
    —   d'une corde dans un cercle........................... 253
    —   de longueurs équivalentes à des surfaces............. 256
    —   de longueurs liées à d'autres longueurs par des rela-
            tions non homogènes................................ 258
    —   d'ellipses, hyperboles ou paraboles.................. 260

SAINT-CLOUD. — IMPRIMERIE BELIN FRÈRES.